筑梦良渚

——2016 全国五校建筑学专业联合毕业设计作品集

王红　贺耀萱　周曦　许杰青　高宏波　编

在梦想中的良渚小镇，无处不洋溢着生活的温情，蜿蜒的绿色行道，充满文化氛围的社区，融入生活情趣的街道，新颖独特的建筑，邂逅惊喜的教堂，自然生长的宜人景观……这里，是为生活而建的绿色创意小镇；这里，每个人的脸上都浸润着充满幸福和满足的笑容。

而我们，怀抱着年轻的憧憬，以创意的视角，在良渚文化村这片土地上实践着我们的梦想。

2016

浙江工业大学
天津城建大学
苏州科技大学
安徽建筑大学
烟台大学

中国建筑工业出版社

图书在版编目（CIP）数据

筑梦良渚：2016全国五校建筑学专业联合毕业设计作品集 / 王红等编 . —北京：中国建筑工业出版社，2017.7

ISBN 978-7-112-20969-9

Ⅰ.①筑…　Ⅱ.①王…　Ⅲ.①建筑设计－作品集－中国－现代　Ⅳ.①TU206

中国版本图书馆CIP数据核字（2017）第162463号

责任编辑：吴宇江　杨　虹　杨　琪
责任校对：王宇枢　焦　乐

筑梦良渚——2016全国五校建筑学专业联合毕业设计作品集
王红　贺耀萱　周曦　许杰青　高宏波　编

＊

中国建筑工业出版社出版、发行（北京海淀三里河路9号）
各地新华书店、建筑书店经销
北京京点图文设计有限公司制版
北京顺诚彩色印刷有限公司印刷

＊

开本：880×1230毫米　1/16　印张：13¾　字数：422千字
2017年12月第一版　2017年12月第一次印刷
定价：108.00元
ISBN 978-7-112-20969-9
（30555）

序 言 Preface

　　全国建筑学专业五校联合毕业设计活动于2015年始办，选题紧密结合主办地热点现实问题和地域文化特征，经过现场调研、中期交流、最终答辩等三个交流环节，达到促进校间交流、提升教学水平的目的。

　　2016年度联合毕业设计以浙江万科南都房地产有限公司为建设需求方，项目选址在杭州良渚文化村玉鸟流苏创意街区，周边名师作品汇集。期冀通过该毕业设计课题研究，针对该地段特征及存在问题，提出具有针对性的开发与设计策略，以提升人气，改善环境品质，协调整体关系，传承并发扬地域文化。

　　基于目前"建筑设计市场日渐冷清"和由此带来的"新的社会需求导向"，我们在本年度毕业设计中尝试了"以多方面能力的培养使学生适应当今社会需求"、"以多种活动丰富毕设教学"和"以实际工程接轨社会、甲方参与毕设全过程"等毕设教学改革，增加了"建设基地及建筑市场调研、自拟设计任务书"及"用地大范围的城市设计"两个毕设环节，所涉及的策划、经济分析、动画制作等相关产业能力培养增加了学生对当今社会需求的呼应度；与此同时，建设单位、真实场景及实际工程的引入，呼应了"卓越工程师培养计划"，提升了教学的针对性，激发了专业兴趣，达到了以实际工程接轨社会的目的。

　　多校联合由教师与学生形成多层次、立体化的交流讨论渠道，也提供了多城市、高水平、快节奏、广地域的毕业设计教学环境，形成多角度的交流与合作，激发不同师生团队的竞争合作意识。毕设成果推陈出新，百花齐放。

　　"善学者小得，善事者大得，善悟者了不得。" 在不断总结的基础上持续提高，让"多校联合毕设"越办越好，并借此带动建筑教学的改革与发展。

浙江工业大学

目 录 Contents

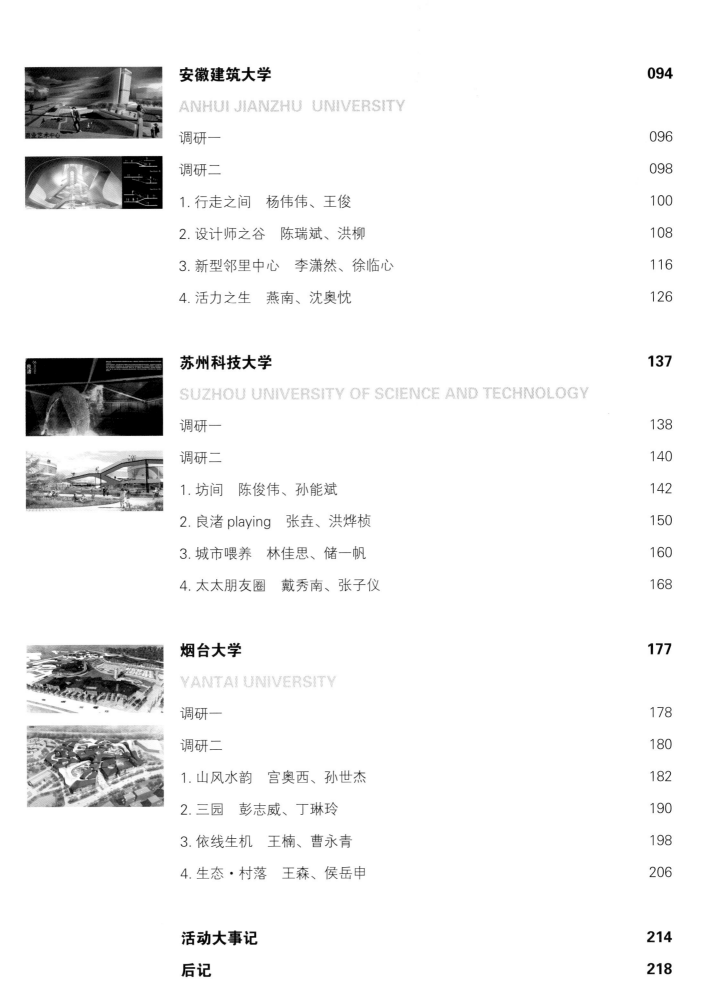

5+1

2016
杭州·万科·良渚文化村玉鸟流苏创意街区规划与建筑设计

全国五校建筑学专业联合毕业设计

安徽建筑大学 苏州科技大学 天津城建大学 浙江工业大学 烟台大学

006

教师感言

谢榕：

联合毕计的初衷就是能有效地集合各校优秀的学生在一起 PK，并通过各阶段的成果展示，给其他同学做个示范。

为了能展示各校教学特色，鼓励各组、各位学生个性化发展，如何出题是很有讲究的。

时至今日，我们不能只停留于手法、功能、创意等传统的专业问题，社会发展要求建筑师具备更为广阔的视野和跨学科协作的能力，需要更加关注社会、文化、经济、城市、环境、交通等关联领域。

甲方早些年已委托多位国内外的知名设计师操刀，对该地块做了不少方案，但迟迟未能实施。究其原因，一者国内产业形势的变化，再者甲方对该地块的定位或有更高的期许。

这样第一阶段的调研就尤为重要。我们只为地块负责，而不是简单地由甲方给个任务书。学生会面临相当多的策划问题，开放的思路足以引起大量的讨论。老师起的作用更多是包容与激励，而不是一味地纠错。

在以问题为导向的推进中，各阶段又会有新的问题出现，这样联合毕设的作用得以彰显。各校师生的每次聚集，都会爆发出足够多的信息量，更能鼓励学生加大精力的投入。最后，同一地块得到多样性解答，学生得到高强度的专业训练，甲方也收获精彩的答案。

王红：

杭城 3 月，春暖花开，我们迎来了烟台大学、苏州科技学院、安徽建筑大学、天津城建大学的师生，在美丽的良渚文化小镇、创意的中国美院象山校区和迷人的杭州西溪湿地，师生们考察基地、参观大师作品、聆听专家讲座，最后进行开题答辩，一周相处，留下了欢乐，带走了收获。六月初夏，五校师生再聚杭州，带来了三个多月的丰硕成果，在模型、展板、PPT 的展示和交流中，有创意的展现、思想的碰撞，有多校老师及建设单位丁总的指导。联合毕设教学提供了多角度、立体化的学习路径，师生们也在活动中建立了友情。

针对当前建筑业萧条景象和建筑学学生就业愈来愈难的"新常态"，我们尝试在本次联合毕设中增加了"建筑市场调研及自拟任务书"环节，拓展建筑技能，让学生能够在低迷的建筑设计市场之外找到更加广阔的发展空间。从最终的结果来看，本次联合毕设设计方案对于项目的思考不再局限于建筑本体，成果百花齐放、争奇斗艳，我们也从中收获到很多意外的惊喜。

"N+1"联合毕设的特点是引入建设单位、真实场景，以实际工程接轨社会。我们这次活动得到万科南都公司的大力支持，作为良渚文化村的规划者和实践者，丁总给了我们极大的帮助，在联合毕设完成之后的学生问卷中，同学们一致认为：甲方参与这种形式好，希望与甲方有更多的交流，得到甲方更多的指导。

明年五校联合的队伍又增加了新成员，希望六校联合毕设越办越好！

贺耀萱：

第二届五校联合毕业设计圆满结束，作为参与其中的一名指导教师，能够深切感受到同学们释放出的设计热情与努力精神。通过五校间师生的交流与学习，本次联合毕设最大程度地扩展了同学们毕业设计的思维广度，丰富了多层次的知识面内容。应该说，"创新""交融"是本次联合毕设的关键词。创新贯穿于设计始终，本次设计融入策划环节，使其形成一个开放式的设计课题，更有助于同学们开拓思维；交融的意义在于打破不同地域同学们的固化思维，通过开放式多元化的题目引导，不同地域的同学们可以通过共同交流学习认清自身优缺点，受益良多。再次衷心感谢本次主办方，同时希望下一届的联合毕设更加精彩！

王旭：

毕业设计对于学生来说既是本科学习的结束，也是人生新的篇章，在他们人生最美的年华，在西子湖畔结交人生挚友，创新思维，探索新的设计手法，这是一笔丰厚的人生财富。对我个人而言，本次五校联合毕业设计时，我初为人师，有喜悦、有收获，更多的是不舍。这也让我常常想起十年前的自己，和他们一样，敢想、敢做、敢拼。感谢浙工大的老师和同学的辛劳和热情，让我们有了一段美好的回忆，也祝五校联合毕业设计越办越好！

许杰青：

又一年毕业设计做完了，响应本次联合毕业设计主持人王红老师的号召，写几句话，谈谈心得。对于本次联合毕业设计，我归纳总结有三个方面的感受：一是设计目的是对学生设计综合研究能力的训练；二是设计理论是建筑、环境与人的和谐共生；三是设计内容以甲方为需求，实践性很强。从最终联合毕业设计的教学全过程和成果来看，应该说还是基本达到了预期的目标。

首先，本次毕业设计的课题对学生设计研究能力的培养，通过学生自己的调查、分析和研究来确定每个学生自己的设计题目和具体的设计任务书，这是一个新的、值得继续进行的设计模式。从学生在开题阶段到现场集中踏勘、专题讲座、进行现场调研，在中期的联合汇报和教师讲座，以及到最后的联合终期答辩，毕业设计的设计研究始终表现为多元和开放的状态，最终看到很多对场地调研形成的独特理解和最终成果完美展现的作品，这有益于学生自我认知并审核其五年来的知识结构和研究能力，也有益于教师对本校教学模式的探索与创新。

其次，建筑应该根植于城市环境中，适应城市多元、细分的特定功能需求，而这些需要在建筑设计中满足的需求还不仅仅源于功能本身、同样来源于场所环境、相关的城市管理要求、最终的使用者、甲方的需求等等，应使得"城市"、"环境"、"人"的意识流淌在设计者的血液中。在设计过程中我既看到了很多作品对建筑、场所与人和谐共生的独特诠释，同时也发现建筑学同学们城市设计能力的不足，继而产生对我们教学内容的思索。

对于本次联合毕业最后成果的展示，每个学校还是表现出各自鲜明的特点，有些注重对场地调研形成的独特理解，有些注重空间概念的呈现，有些注重环境与人的共生，同时，来自不同地域不同院校的教师们的工作方法亦体现了他们各自鲜明的教学理念和教学方式。从毕业设计的选题到现场联合调研，从教学交流到成果分享，所有参与本次联合毕业设计的师生都感触颇深，由此，非常希望这种多校联合毕业设计的模式能在以后继续进行下去，以促进我们教学水平的提高和对教学内容的探索。

周曦：

2016年第二届5+1联合毕业设计题目基地选在了美丽的杭州城郊外，由浙工大老师们拟定的课题与以往的建筑类毕设题目有所区别，更多地侧重于项目的策划和规划，这是建筑系学生课程训练中所缺乏的部分，而他们马上步入社会又不得不面临的问题。经过学生团队和老师们3个月的努力，最终的成效让人欣慰而出乎意料，也超出了万科丁总的预期，原来一群看似不谙世事的、初出茅庐的年轻学生们也蕴藏了巨大的能力，他们观察世界的视角已经把我们这些老师们甩在了身后。建筑设计业经过近30年的高速发展已经进入转型期，建筑教育也应如此，今后的建筑教育中，能否少一点刻板的套路多一点分析与思考，少一点被动的"填鸭"多一点主动的出击。相信我们的学生将具备更广阔的就业舞台。

隋杰礼、贾志林、高宏波、任彦涛：

近年来，我国建筑学教育的发展取得了长足的进步，而对于烟台大学的建筑学专业而言，偏于山东半岛最东端的"交通尽端劣势"在此背景下日益凸显：由于城市的吸引力有限，许多新的教学思路、新的教学方法与我们不断擦肩而过，难以停留。虽然我们自身不断努力提高，无奈杯水车薪，事倍功半。

在这种境况下，通过联合毕业设计，我们看到了兄弟院校同学们精美的设计图纸，精致的实体模型、扎实的理论基础和落落大方的讲解答辩；另一方面，联合教学的内容与时间节点要求与传统毕业设计教学组织的差异又促使我们有动力来真正改变相对固化的教学组织方式；此外，特别需要强调的是，兄弟院校同仁们的敬业与投入也极大地促使我们反思自身的不足与惰性，每次联合毕业设计从选题到开题、从中期到结题的过程中，来自各校的同仁们的知无不言、言无不尽的融洽交流对我们而言是特别好的学习过程。

简言之，"联合毕业设计"的交流带给了烟台大学建筑学专业教学很多积极的变化，我们一定会更加努力地投入到联合毕业设计的教学中，为她的不断发展进步贡献自己微薄的力量。

5+1
2016
全国五校建筑学专业联合毕业设计
杭州·万科·良渚文化村玉鸟流苏创意街区规划与建筑设计

天津城建大学
苏州科技大学
浙江工业大学
安徽建筑大学
烟台大学

007

2016
全国五校建筑学专业联合毕业设计
杭州·万科·良渚文化村玉鸟流苏创意街区规划与建筑设计
天津城建大学
苏州科技大学
安徽建筑大学
浙江工业大学
烟台大学
008

2016全国五校联合毕业设计指导书与任务书

杭州·良渚文化村玉鸟流苏创意街区规划与建筑设计

本次联合毕业设计两点创新

1. 尝试产学研一体的毕业设计教学模式探索，以浙江万科南都房地产有限公司为建设需求方，甲方对联合毕设进行全过程参与和指导；

2. 教学更多地与社会接轨，让学生更多地了解社会需求，在文献及基地调研基础上介入市场与经济分析比较，在此基础上自行拟定设计任务书。

一、选题意义

随着社会发展，生活水平的不断提高，文化创意产业类项目正在成为城市建筑的一道靓丽风景，是形成地区文化独特性和多样性的源泉。也给了建筑师巨大的创作余地。本项目对于统筹考虑建筑与文脉、建筑与环境、新建筑与原有建筑之间的关系，处理好外部空间以及交通组织的关系，发掘建筑在文化和艺术上的特点及投资经济潜力，全面提升学生的综合分析研究和设计能力具有重要的现实意义。

课程设置与主要目的：

1.了解建筑设计与社会需求、开发商利益之间的关系，掌握各种需求信息的采集和分析归纳方法，并通过活动策划、社会调研、信息汇总、经济分析，最后确定投资及建设方向。

2.设计位于著名的良渚文化发源地，周边具有与历史环境相协调的文化创意产业街区。学生需要建立设计的文脉意识，包括时间脉络和空间关系。学习并掌握设计中常用的环境分析技术以及在设计中融入文脉观念的方法。

3.掌握建筑群体空间组织的关系逻辑和技术方法。在小规模城市地段中延伸学习城市中的"空间、功能、结构、环境"互动的设计方法，构筑具有鲜明文化特色和活力的城市空间。

4.了解文化创意建筑及其配套服务的功能特点和空间要求，合理布局各项功能、有序组织交通，综合运用建筑设计知识，巧妙利用各种设计要素与创作手段，合理组织内部功能、流线、空间，设计出具有创意的建筑形式和空间。

二、选题背景

良渚遗址集中而全面地反映了中国新石器时代特定的社会形态。遗址区内能明显地看到中心聚落、次中心聚落、普通聚落这种级差式的聚落结构，其中包括宫殿、祭坛、墓地、工场、农耕区、土垣、城址、村落各类遗存，出土有大量精美玉器，其原始地理环境和遗址保存的完整性、密集度全世界罕见，是今天研究和探讨东方文明起源的重要对象，在人类文明史上具有唯一性和特别的重要性。

"良渚文化村"总占地面积约为11000亩（约8平方公里），由万科南都房产集团独家巨额投资，是一个以生态、观景、人文名胜、休闲游乐与人居为定位的功能完整、形态丰富的泛旅游城镇，它有着充分的商业活力和独特的文化氛围，同时又保持了小镇所特有的宜人尺度和生活气息。良渚文化博物馆以及良渚圣地公园构成了良渚文化村的精神内核，良渚国际度假酒店、玉鸟流苏商业街区则充分展现了小镇商业、休闲和娱乐的多元与丰富，集中了齐欣、张雷等前卫建筑师作品的玉鸟流苏创意街区一期已于2008年完工。

期冀通过该毕设课题研究，针对该地段的特殊问题提出具有针对性的开发与设计策略，提升人气，改善环境品质，协调与良渚度假村和玉鸟流苏一期街区的整体关系，传承并发扬地域文化。

三、教学目标与要点

3.1. 业态研究及总体分析层面

为了尽快融入社会，让学生在低迷的建筑设计市场中具有竞争能力，本毕设要求学生根据开发商设想进行业态研究和市场分析，针对调研信息、市场需求和当前楼市状况提出开发策略。此外，研究当地历史与地域环境，能够在调查研究的基础上对基地文脉传承及表达方式提出自己的见解。

3.2. 城市设计层面

学习城市设计理论与方法，理解城市形态与建筑类型的关系，探讨建设项目之功能分区、交通组织、景观环境处理的规划策略，掌握建筑聚落中空间、路径、边界、地区、节点、地标等的关系和处理方法，在聚落规划设计中为街区注入新的活力。

3.3. 建筑设计层面

掌握聚落类现代中式建筑设计的基本原理与规律，掌握建筑尺度与体量的控制方法，探讨商业、文化创意类建筑性格的表达及其设计语言与手法。掌握在特殊地段进行建筑设计创新的方法，加深理解建筑与区域、历史、社会、文化、环境的关联性，让建筑与社区生活相融合。

四、设计范围、阶段与内容

玉鸟流苏地块分区图

本项目用地位于玉鸟流苏地块中部空地，其西北为已建创意街区一期（齐欣、张雷设计），东北为城市绿地，东侧为已建文化中心（安藤忠雄设计），南侧贴临城市道路，西侧为停车场、食街菜场和公交车站，总用地78818平方米，为创意街区建设用地，规划容积率0.40~1.00，建筑限高20米，功能含商业、餐饮、休闲、办公及居住等；绿地率不小于30%，本工程可设地下停车及附属用房，具体设计内容及功能面积由学生根据现场调研情况确定。

设计程序首先对建设基地及周边环境以及整个良渚文化村、杭州楼市进行调研，做出文脉分析、基地环境分析、社会需求分析及楼市经济效益分析，确定功能业态，完成任务书编制；其次对建设用地进行整体规划设计，包括功能设定、功能分区、建筑形态与空间设计、交通组织（含停车）、景观空间设计等；最后，自选50%以上建筑面积的完整建筑组团进行创意街区群体建筑设计及内外空间与景观设计。

成果：最终完成全部的调研分析、整体规划设计与聚落建筑设计三大部分内容。

4.1. 分析研究阶段

对良渚文化村和杭州楼市进行分析与研究，包括文献研究和现场调研。文献研究专题由各校教师根据各自教学思路自行设定。现场调研以学校为单位编成10个大组进行（4人一组），完成调研报告与PPT汇报。内容包含：

1. 基地历史文脉调研：了解良渚历史，了解当地传统建筑的形式、空间、材料、构造和色彩，了解当地玉石文化。

2. 基地环境调研：踏勘基地，观察基地及外围用地地形、肌理，踏勘周边建筑，感受建筑形态及院落空间、街区空间尺度，感受建筑材料与色彩，注意景观视线。

3. 楼市需求调研：了解适合本项目的功能需求和配套设施需求，研究商业办公各类空间的面积需求、形态需求和各类建筑的配比安排，此外，进行产品的经济性分析比较，最终确定设计任务书。

4.2. 城市设计阶段

该阶段以各校毕业设计（2人）小组合作完成，设计要求：

1. 本项目对于营运空间、办公空间、交流空间、共享空间、居住空间和服务空间有很高的品质要求，在设计中要营建多层次的、丰富的、可体验的、具有活力、有鲜明特色的街区空间。

2. 必须考虑周边环境，建筑布局符合《杭州市城市规划管理技术规定》，车行、步行交通流线合理，停车符合《杭州市城市建筑工程机动车停车位配建标准实施细则》，并符合消防等有关规范，景观环境优美，绿化设计符合《杭州市城市绿化管理条例》，总体布局合理。

5
2016
杭州·万科·良渚文化村玉鸟流苏创意街区规划与建筑设计

全国五校建筑学专业联合毕业设计

天津城建大学
苏州科技大学
浙江工业大学
安徽建筑大学
烟台大学

009

5+
2016

杭州·万科·良渚文化村玉鸟流苏创意街区规划与建筑设计

全国五校建筑学专业联合毕业设计

天津城建大学
苏州科技大学
安徽建筑大学
浙江工业大学
烟台大学

010

4.3. 建筑及环境设计阶段

合作小组（2人）自选不少于地上10000平方米的完整建筑组团进行建筑设计，要求：

1. 建筑功能完善，布局合理，使用方便，空间富有独特魅力，建筑造型及空间符合基地特色，体现文化性、艺术性和低调的奢华。

2. 根据建筑及外部空间完成内外环境设计，整体空间环境舒适宜人。

3. 交通组织合理，合理组织各路流线，避免干扰。创造高品质的街区空间。

4. 应符合现行国家有关规范和标准的要求，满足建筑节能、无障碍设计要求。

五、设计成果要求

六、时间安排

5.1. 总体研究部分：

以大组为单位完成调研报告，编写设计任务书和PPT成果汇报。

5.2. 规划设计部分：

（1）区域位置图及基地分析图，比例自定；（2）总平面图1：500；含主要技术经济指标：总用地面积、地上总建筑面积及各分项建筑功能及面积、容积率、建筑密度、绿地率，地下建筑面积、停车位以及建筑层数、高度等项指标。（3）主要沿街立面图（2个以上），街区剖面图（至少1个）比例自定；（4）典型建筑单元空间与形态图，比例自定；（5）分析图含功能分析图，交通分析图，景观绿化系统分析图，空间层次分析图，设计概念生成示意图等；（6）透视图或鸟瞰图若干(需含总体鸟瞰图、街景透视图)。以上1-6设计成果版面要求：A1图纸不少于4张；（7）过程模型，比例1：1000，含整个玉鸟流苏地块（已建建筑只要大致体块不要细部），其他概念模型自定。（8）设计说明、PPT汇报文件等。

5.3. 建筑设计部分：

在以上5.1主要内容和5.2主要内容的基础上，外加：（1）不少于10000平方米的典型组群建筑场地设计图，地上地下各层平面图、主要立面图、剖面图、墙身大样图、以及各种分析图、典型建筑空间与形态图、透视图及鸟瞰图，不少于4张（含总体鸟瞰图、街景透视图、典型建筑透视图、街区入口、广场、庭院等主要景观空间透视图、建筑细部设计图等）。版面要求：A1图纸不少于8张，（2）选定建筑群及周边建筑的模型，比例1：500。（3）含设计说明及所有设计成果的设计文本2本，A3软装。(4)PPT汇报文件等。

阶段	时间	工作进度	地点
预备阶段	2015.12月12日	筹备组会议，讨论联合毕业设计工作细则，讨论设计任务书概要，安排具体工作时间及内容，确定下届主办单位。建设用地现场踏勘。	杭州
第一阶段	2016年3月4-9日	1、讲解规划条件及调研要求，确定分组学生名单。2、基地现场调研，杭州楼盘调研、市场需求调研、杭州建筑考察。完成现场调研及项目定位报告，以PPT形式进行成果汇报。3、相关讲座。	杭州
第二阶段	2016.3月、4月	各校自行安排讲课、收集案例、分析整理、理念构思、规划方案设计	各自学校
第三阶段	2016.4月22-24日	中期答辩、讲座、各校相互交流、建筑考察。成果为展板及PPT汇报	天津城建大学
第四阶段	2016.5月6月上旬	深化场地空间环境和总体地块总图布局，完善、优化单体建筑方案设计，完成建筑设计成果和模型。	各自学校
第五阶段	约2016.06月11-12日	成果答辩、展览、交流及优秀毕设讲评。成果为文本、展板、模型及PPT汇报	浙江工业大学
第六阶段	2016.06-2016.10	成果展览及交流，出版图书	主办：浙江工业大学 协办：各参与学校

杭州·良渚文化村规划与建筑设计基地介绍

5+ 2016 杭州·万科·良渚文化村玉鸟流苏创意街区规划与建筑设计 全国五校建筑学专业联合毕业设计

天津城建大学 苏州科技大学 安徽建筑大学 浙江工业大学 烟台大学

在杭州有这样一个地方，它有丰厚的历史文化积淀，它有广袤的自然山水景观，它的建筑与地脉融合为一，它的定居者和谐共处，它唤醒了很多人的田园生活记忆，它圆了所有人内心深处渴望已久的一个居住梦想。这就是良渚文化村。

如果说十多年前的良渚文化村，还只是一片荒山野岭，那么现在的良渚文化村，已然是一片温情宜居的绿色小镇。正如数千年前的祖先一样，如今越来越多的人选择良渚文化村作为安居之地。

良渚文化村位于杭州市西北余杭区良渚街道西南。南临杭州市西湖区、距离杭州中心区18公里，东为良堵镇区，北侧2公里远为良渚文化遗址。良渚组团的定位是依托良渚遗址的生态文化旅游景区，而良渚文化村则被列为浙江省重点旅游项目和杭州市旅游西进的重要组成部分。区域内山水环境原始、自然田园风貌保存良好。依托5000年前人类文明的良渚文化，其浓厚的人文环境，得天独厚的地理区位、文化资源、生态旅游资源，使得该区域具备市镇开发的优质条件，使之成为杭州发展最具有潜力的区域之一。

项目定位：

杭州市近部依托良渚文化环境，集文化、旅游、休闲、度假、生态与人居的功能完整、形态丰富的泛旅游城镇，拟打造成为具有世界级影响的田园市镇。

项目规模：

项目总占地约10000亩，其中5000余亩自然山水，3300亩住宅用地，1200亩旅游用地和约600亩的公建配套用地。整个项目拥有9个串联式主题村落，有公寓、排屋、别墅等多样产品。预计未来共有1.5万户常住家庭，可容纳3～5万人口规模，8000个工作岗位。

总建筑面积约340万平方米，其中住宅面积约230万平方米，公建设施面积达50万平方米，旅游服务配套约70万平方米。

打造中国首个创意小镇

将良渚文化村打造成中国首个创意小镇，创意产业将是其中的产业支撑。政府规划的创意产业孵化工程包括五大部分：以良渚文化博物馆新馆为标志和导向，培育文化创意产业；以5000亩山地郊野休闲运动公园为基础，发展休闲旅游创意产业；以317亩乡村创意集市街区为中心，打造创意生活产业；以"良渚论坛"学术活动和良渚艺术节活动为载体，创建科教创意产业；以社区管理系统创意和可持续发展研究为抓手，构建社区创意产业。

图片来源：特色小镇ppp公众号，网络

5+1

2016

杭州·万科·良渚文化村玉鸟流苏创意街区规划与建筑设计

全国五校建筑学专业联合毕业设计

天津城建大学
苏州科技大学
浙江工业大学
安徽建筑大学
烟台大学

012

基地区位图

基地地形图

配套先行构建高品质生活

　　良渚文化村在配套建设方面不惜投入巨资，成功构筑了全方位、高品质的配套体系，涵盖教育、医疗、文化生活等各个层面。良渚博物院是万科在开发房产之先出资建造，现已移交政府管理，这座免费的博物院建筑面积 10000 平方米，展览面积达4000平方米；2008年3月，五星级酒店良渚君澜落成；良渚文化村的大雄寺和美丽洲堂、博物院已经成为许多访客必至的地方，美丽洲堂里还有公益性的图书馆。2009年12月，浙医一院良渚门诊部落户文化村；2010年8月，良渚食街开街，村民食堂营业；2010年9月，"九年一贯制"的安吉路良渚实验学校落户良渚文化村；2011年5月，玉鸟菜场建成；2011年10月，亲子农庄开放；2013年5月，新街坊商业街开业。此外，投资上亿元的安藤忠雄文化艺术中心也已投入使用，它将开辟良渚文化村精神文化生活新阵地。如果说十年前的良渚文化村还是一张白纸的话，那么如今它已成为形象丰满的画卷。

　　良渚文化村以田园城镇的理想,实现着都市人的现代田园居住梦想。让自然融入生活,城镇与自然景观和谐地融合;保持适当的人口密度,居住与就业平衡;有不依赖于主城的基础设施和产业;中心城市与田园城市以便捷的交通相联。在博采众长的基础上,良渚文化村实践了田园城市、功能复合、有机生长、都市村落等规划理念;遵循传统的低密度、小尺度、人性化、亲近自然、有机生长的城市空间构造法则,构建了一个集旅游、居住、就业三重功能为一体的自组织、内循环、自我平衡并不断生长的城市综合有机体。

　　"我从来没有见过一个文化遗址会这样美丽,这样地水草丰美,这样地搭配匀亭"。延续有着5000年悠久历史的良渚文明,万科·良渚文化村正在实践着独特的聚落形态、美丽的居住和创意梦想!

图片来源：特色小镇ppp公众号，网络

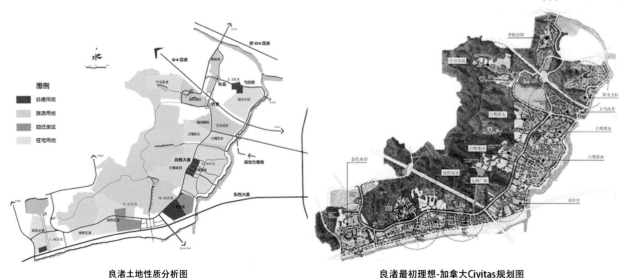

良渚土地性质分析图　　　　　良渚最初理想-加拿大Civitas规划图

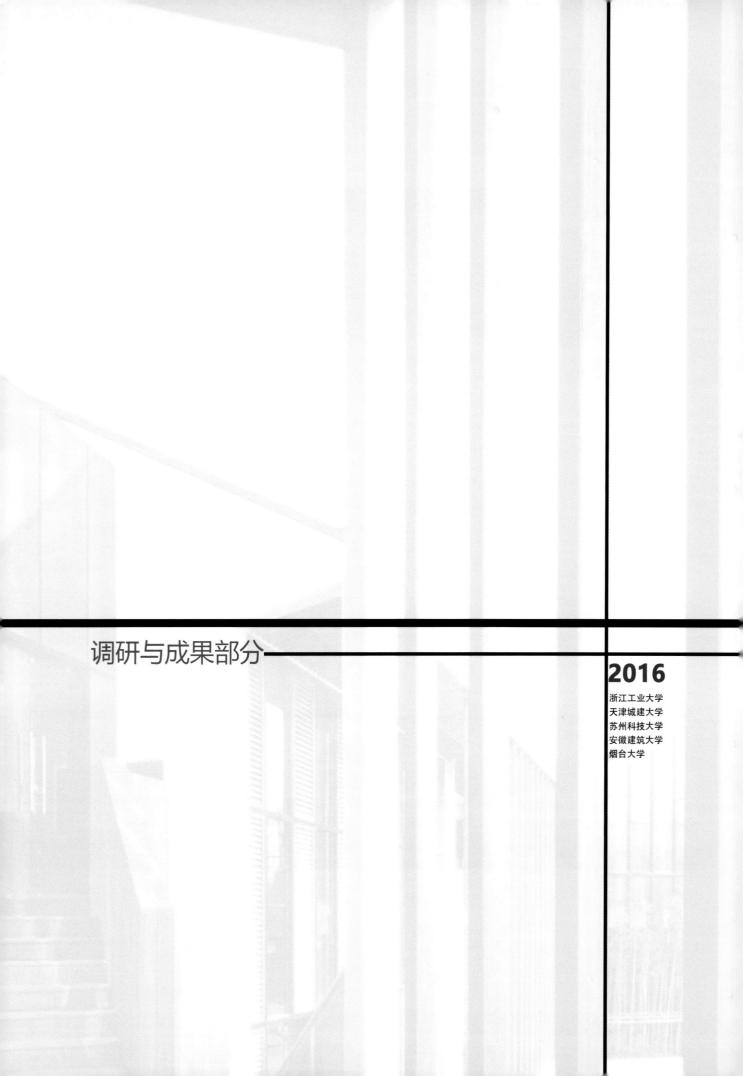

调研与成果部分

2016

浙江工业大学
天津城建大学
苏州科技大学
安徽建筑大学
烟台大学

于文波　　　　　　谢　榕　　　　　　王　红

周炜楠　　季可怡　　朱光远　　胡宇哲

裘嘉珺　　袁子燕　　蒋存贝　　黄卓伟

浙江工业大学
ZHEJIANG UNIVERSITY OF TECHNOLOGY

2016

全国五校建筑学专业联合毕业设计

杭州·万科·良渚文化村玉鸟流苏创意街区规划与建筑设计

天津城建大学
安徽建筑大学
苏州科技大学
烟台大学
浙江工业大学

016

创业街区业态分析及现代建筑营造
良渚玉鸟流苏街区设计调研

The Analysis of Entrepreneurial Block Forms and Modern Construction
2016 - 02

2016全国五校联合毕业设计 指导老师：王红
小组成员：袁子贵 朱光远 蓝嘉顼 幸可怡

良渚文化

良渚文化是中国长江中下游地区在新石器时代晚期文化，发现于浙江余杭良渚，距今约5250～4150年。

良渚文化分布的中心地区——良渚遗址群，位于杭州市余杭区境内的一个良渚镇，是良渚文化分布最密集的地方，也是古代良渚社会的政治、经济、宗教、文化中心。

良渚文化遗址分布示意图

1.1 良渚文化的历史演变

1）良渚文化早期
良渚文化磨合期，部分继承崧泽文化的遗风，特征性起部已萌芽并逐渐形成，但在环太湖的各区域有较大形制的差异。

2）良渚文化中期
良渚文化的高峰期，以物质层面的陶鼎和精神层面的玉琮为代表，文化认同的环太湖各区域文化面貌呈现出大同小异的局面，传承自崧泽文化的遗风已经变得微乎其速。

3）良渚文化晚期
良渚文化的动荡期，伴随征伐与环境变化，出现动荡，太湖流域各地区遗址数量大大超过早中期，显示出聚落分化、小家庭增长的趋势，人口数量增多，文化面貌依旧丰富多彩。

良渚遗址

1.2 良渚文化的代表

1）玉石文化

·良渚玉器造型简洁质朴而意蕴淳朴，外部柔和，富有内在张力，形体流畅又富有表现力。

·玉器功用多体现在宗教层面，用以事神祈福，多以玉鸟的形态出现。

·良渚玉器造型还与纹饰和玉质搭配和谐，主要纹饰由鸟纹、兽面纹、神人兽面纹、人面纹等组成，具有浓郁的民族文化情感。

| 玉琮 | 玉三叉型器 | 玉璧 |

其中又以作为礼器的玉琮为代表，以"内圆外方"为组合基础，以下小上大为形态特征。

玉琮的形制为方外有内圆的柱形，好像方柱套在圆筒的外圆面筒内空，上下贯通，外形略呈上大下小，外壁有纹饰，纹饰亦有分节，且节数不等。琮是引人注目之处，在于它"外方内圆"的结构，外方像地，内圆似天，反映了中国早期的宇宙观模式。

矮琮	高琮
矮琮纹饰多为饰以地纹、鸟纹等纹饰的神人兽面纹	高琮纹饰多为简化神人兽面纹

2. 良渚石器、编织及蚕桑文化

良渚居民以农业生产为主，是世界上最早进行大规模犁耕稻作农业的社会，主要劳动工具为石器。良渚人还拥有早期的蚕桑文化，钱山漾遗址出土的绢片、丝带和丝线，是中国迄今时代最重要的家蚕丝织物。

| 良渚石犁 | 斜柄石刀 | 良渚麻布片 |

良渚建筑形式

2.1 良渚社会结构

良渚文化划分为都城、城邑和村落。

良渚都城的等级最高，国王和权贵居住在城内的巍峨宫殿里，使用大型祭坛，营造豪华大墓。

村落的等级最低，平民一般临水择高而居，死后埋在居址附近，形成了明显的城乡差别。

城邑的等级处于都城和村落之间。

良渚古城全貌

2.2 城郭建筑的特点

良渚时期的建筑空间具有礼仪、景观、山水人居和风景园林美学的性质，从中体现出一种悠远、绵长的审美情感。

在城郭建筑的文化形制方面，从濠沟形制的建筑聚落出现，并渐成完善，发展形成围有濠池的城。这时期建筑遗址的布局结构和出土的良渚玉琮形制有惊人的相似。

同时，筑台挖池是中国古典园林的建造史中基本的造园手法之一。

2.3 房屋建筑的特点

房屋特点：临河而居，大多都建在高于地面的台土上。

构造：这些房屋用粗树杆交叉搭成南北两面坡、东西垂直的框架，架上扎树枝、竹及芦苇，抹上掺糠和草的黄泥，做成椽架式屋顶。

空间：体现一夫一妻制的对偶婚的双间和单间，平面以长方形、正方形居多，采用隔墙划分卧室与比间

材料：粘土、木、竹、芦苇、陶片

色彩：墙体以筑土的黄褐色为主

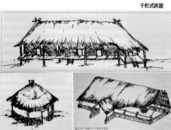

千栏式房屋

圆形半穴　　半地穴两面坡型

2.4 礼仪与祭祀建筑特点

祭坛从建筑形式上看，可分为方形、长方形和圆形三种，从建筑结构看，有单重土台、多重土台、阶梯式土台。这些祭祀建筑周往往设有围沟或河流，起着防护和防御的作用，其意义与中地区新石器居遗址周围所设的濠沟作用一致，礼仪和祭祀建筑都建在人工建筑的高土台上，面积一般都达几千平方米或几万平方米，建筑的规模相当宏伟。

构造：土坯砌墙的大型梁柱木构

材料：烧土、木、碎陶、砂石

空间：多台林立、遥相呼应，高远、平远、深远之境徐徐展开，空间层叠丰富。祭台规划布局、构建采用艺术手法是身对自然物的模仿。暗示人与自然鸟兽的和谐、天子与民同乐的象征意义，有着调研的美学渊源与精神内涵。

文脉小结

1、天圆地方的宇宙观

作为礼器的玉琮为代表，以"内圆外方"为组合基础，以下小上大为形态特征。

2、自然设计观

良渚先民的造物设计中前把自然作为各种形态和造型的主要依据。在良渚文化器中出土了大量模仿植物或动物造型的陶器。

3、组合化、系列化的设计理念

在良渚玉器设计中，不少祭祀法器和装饰器物运用了组合化、系列化的设计思想。

4、和谐、可持续的设计理念

良渚古城的设计充分考虑周边的山系、水系、生态环境，进行因势利导，形成人的生存环境和自然系统的良性循环。

5、筑台挖池的建筑特点

建筑大多建在人工堆筑的高土台上，四周设有围沟和河流。

竹节形杯

虑酒器

良渚古城的设计

区位条件

杭州
杭州市区位位置

良渚
良渚在杭州市区的位置

基地

杭州市位于中国东南沿海、浙江省北部、钱塘江下游、京杭大运河南端。市区拥有江、河、湖、山交融的自然环境，属于亚热带季风区，四季分明，雨量充沛。

良渚镇是浙江省杭州市余杭区辖镇，在杭州市区西北，距市中心约20公里，是余杭区中部中心城镇。全镇区域面103.1平方公里，常住人口9.1万人。

本方案地块位于良渚镇区西南角大美丽洲区域，距离良渚镇中心区域约2公里。该地以良渚文化遗址为依托，以良渚文化深厚内涵和自然环境优势为基础，致力于发展文化休闲旅游业、文化会展业和时尚消费业。是杭州十大创意产业基地之一。

20km

本地块位于杭州北郊、杭州市中心半小时生活圈内，距离杭州约16公里，50分钟车程。距离良渚遗址保护区2公里。

交通条件

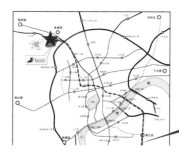

（1）现状：

项目基地周围设有公交车站台，路线密集，与杭州境内各个区域贯连，公共交通条件相当良好。

（2）未来交通：

从远期进一步巩固项目所在街区公共交通能力。
地铁2号线：2号线1期工程从丰潭路文二西路交叉口出发，一路经文二西路至保俶路转弯，到庆春路向东过钱塘江后至萧山，未来规划西北延伸段到良渚，设良渚站、新良渚站。

地铁2号线

地块东北面为104国道，向东经良渚镇通向杭州市区，向西连接德清县，双向四车道，是该区域的交通主干道。

基地南面为玉鸟路，双向四车道，两侧有绿化带隔离的非机动车道及人行道，是基地与外界通行的主要道路。

经玉鸟路向西经过环岛进入风情大道。风情大道同样为双向四车道，中心有绿化带隔离。风情大道向北汇入104国道，向南串联良渚博物院、玉鸟流苏创意街区、美丽洲公园等该区域主要元素点。

同时区块周围有若干次级车行道路，其中玉鸟流苏、良渚艺术馆等周围的道路紧邻基地，可考虑连接利用。

5＋
2016
杭州·万科·良渚文化村玉鸟流苏创意街区规划与建筑设计
全国五校建筑学专业联合毕业设计

■ 天津城建大学
■ 苏州科技大学
■ 安徽建筑大学
■ 浙江工业大学
■ 烟台大学

017

周边环境

玉鸟流苏（一期）

良渚食街

颐园嘉树

远山

文化艺术中心

白鹭郡东

产品定位　vs　人气激活 ?

解决策略：针对地块未来使用人群进行分区设计，主区布置高端产品，次区置入辅助性功能，激活一期，同时为主区业主提供配套服务。

内外分区

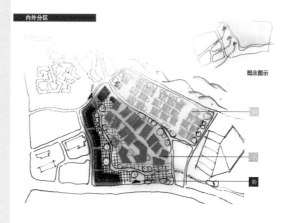

概念图示

上下分区

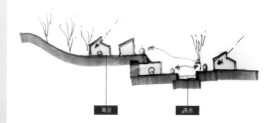

高台

亲水

单体组合

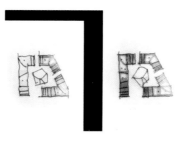

5+1
2016
全国五校建筑学专业联合毕业设计
杭州·万科·良渚文化村玉鸟流苏创意街区规划与建筑设计
天津城建大学
苏州科技大学
安徽建筑大学
浙江工业大学
烟台大学
018

A 基地文脉

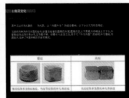
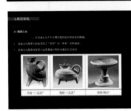

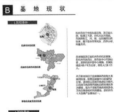

B 基地现状

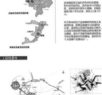

调研二　浙江工业大学　袁子燕/朱光远/裘嘉珺/季可怡

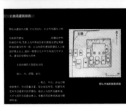

良渚文化艺术中心
Culture and Art Center

C 产品定位

楼市调研

	2002.04	2003.06	2004.03	2006.04	2008.09	2012.06
分期情况	竹径茶语公寓3-5层	白鹭郡北多层公寓	白鹭郡南多层公寓	阳光天际联体排屋 叠排	白鹭郡东多层公寓	白鹭郡西坡地洋房
价格走势	花园洋房开盘均价5000元/㎡，目前市场平均估价为20000元/㎡	均价13535元/㎡	均价12000元/㎡	均价24000元/㎡	均价16000元/㎡	均价16000-19000元/㎡

名称	物业类型	面积 ㎡	销售情况
竹径茶语	4-5层的坡地花园洋房、坡地排屋、独栋别墅以及坡地叠排的居住村落	190-335	各期物业均热销
白鹭郡北	山地花园洋房	92-186	
白鹭郡南	4-5层公寓/精装修多层公寓	55-89/120-240	
阳光天际	山地联体排屋、叠排	190-230	
白鹭郡东	3-5层建筑，以两房、三房为主的中小居住单元	80-120	

随园嘉树
品质养老、养生社区，均价16000/㎡

三个要素：
万科品牌价值
周边集聚高端产品
地块核心地位的价值

文化艺术中心
安藤忠雄设计，地块标志性建筑

白鹭郡西
起价2500万一套，最高靠近水库的是1亿，是杭州最高端的别墅项目之一

浙江工业大学　袁子燕/朱光远/裴嘉珺/季可怡

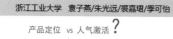

产品定位 vs 人气激活 ?

解决策略：针对地块未来使用人群进行分区设计，主区有置高端产品，次区置入辅助性功能，带活一脉，同时为主区业主提供配套服务

5+
2016
全国五校建筑学专业联合毕业设计
杭州·万科·良渚文化村玉鸟流苏创意街区规划与建筑设计

天津城建大学
苏州科技大学
安徽建筑大学

烟台大学

浙江工业大学

019

2.产品定位

奢华高端
创意复合功能的会所型单体
可租售销售
目标定价：4000万以上

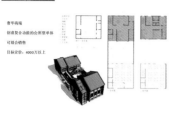

2.产品定位

产品意向

2.产品定位

产品意向

3.建筑单体案例

项目位于东侧休闲区神童路附近景区，山石心降台路旁，与地域天候建，峰地的背、冬、北三面群山坏境之，"水榭痕阁"之形态。

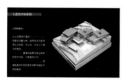

6.项目经济效益分析

假定复合体占地面积2X＝建筑面积X＝相当于拥有基地面积5X
假定商业体占地面积X＝建筑面积2X＝相当于拥有基地面积2X

容积率	复合体数量	复合体单价	商业建筑面积	商业单价	销售总价
0.4	64	4000万/栋	0	2万/平米	25.6亿
0.5	53	4000万/栋	13580m2	2万/平米	23.9亿
0.6	43	4000万/栋	26700m2	2万/平米	22.4亿
0.7	32	4000万/栋	39500m2	2万/平米	20.7亿
0.8	21	4000万/栋	53094m2	2万/平米	19.0亿

7.任务书

1、定位通过对调研对象的筛选，有针对性的寻得一些成功人士的诉求，并经合开发企业的经验积累，总结出产品的定位。

2、客户人群，中产阶层为主，主要包括企业家和经理层，知识界优秀人士，专业技术人才（IT、法律、医疗、新闻、艺术界人士）。

3、产品定位，参考同等品质的别墅区项目，结合等级空间形态的需求，得出较为适合项目的居住空间配比。

4、建筑形式，两层联排建筑，配积在300-400平米，建筑控制保持在14-16米。

5、按照0.4的容积率计算，建筑数量保持在50-60栋。

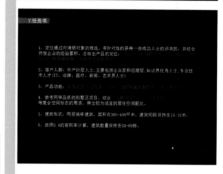

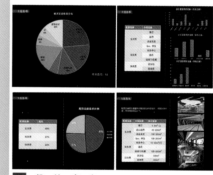

4总体案例一——街景1912

产品定位 vs 人气激活 ?

扬州1912酒吧街

合肥1912酒吧街

南京1912酒吧街

南京1912已经成为高端消费群体聚集地之一，年营业额2亿元以上，将南京夜生活推迟3个小时

无锡1912酒吧街

苏州1912酒吧街

4参总体案例二——杭州西溪天堂

西溪湿地博物馆

精品商业街

悦庄

设计意向

1.内外分区

西溪湿地博物馆

概念展示

2.上下分区

精品商业街

3.单体组合

悦庄

5+
2016
全国五校建筑学专业联合毕业设计

杭州·万科·良渚文化村玉鸟流苏创意街区规划与建筑设计

天津城建大学
苏州科技大学
安徽建筑大学
浙江工业大学
烟台大学

020

杭州 · 良渚
玉鸟流苏地块二期设计

学生：朱光远 袁子燕　老师：王红

区位分析 LOCATION ANALYSIS

浙江省

杭州市

良渚镇

浙江

杭州

良渚

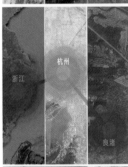

浙江

杭州

良渚

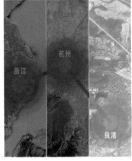

浙江

杭州

良渚

需求分析 DEMAND ANALYSIS

■ 人群功能调查

	居民	商务人	购物者	艺术家	旅游者
高端购物商铺					
普通住宅					
超市					
旅馆					
商务办公					
图书馆					
文化创意中心					
艺术展览区					
手工艺体验区					
商业街					
书市					
餐馆					
艺术家工作室					
公园					

■ 功能策划　　● 使用频率高　　● 使用频率中等　　● 使用频率低

0:00　　8:00　　12:00　　18:00　　24:00

景观公园区
文化娱乐区
艺术创作区
互联商务区
步行商业区

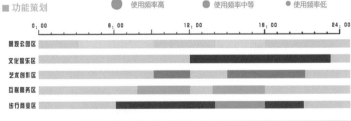

人群调查样本

■ 作品名称　山水城市　　　　　■ 学　　校　浙江工业大学
■ 设计者　朱光远 袁子燕　　　　■ 指导老师　王红

1 2 3 4 5 6 7 8 9

解决策略 STRUCTURE ANALYSIS

■ 总体布局 借鉴良渚古城规划，筑台挖池，既根据人群使用情况进行业态分区，同时将场地内形成双向景观，平衡了经济效益和环境品质的矛盾。

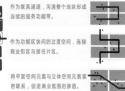

OLD
保留玉鸟流苏街区特色

NEW
加入新文化创意元素

CREATIVE
塑造互联创意街区

作为联系通道，沟通整个地块形成连续的服务功能带。

作为功能区块间的过渡空间，连接商业街区与居住片区。

将平面空间元素与立体空间元素紧密联系，促进商业氛围的渗透。

■ 功能设计 根据前期同春调查进行功能定位和业态设计，整体功能分为五个特性不同的区域，并通过趣味多变的路径组织联系各个区域，为地块注入活力感和体验性。

杭州·良渚
玉鸟流苏地块二期设计

学生：朱光远　袁子燕　　　老师：王红

5+1

2016
全国五校建筑学专业联合毕业设计

杭州·万科·良渚文化村玉鸟流苏创意街区规划与建筑设计

天津城建大学
苏州科技大学
安徽建筑大学
浙江工业大学
烟台大学

021

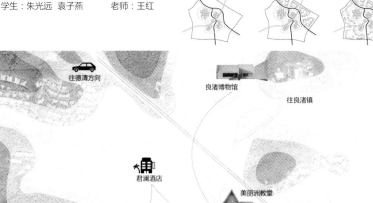

往德清方向
良渚博物馆
往良渚镇
君澜酒店
美丽洲教堂
茶语公园
青旅
玉鸟流苏
往杭州市区方向
食堂
菜场
文化艺术中心
大雄寺
白鹭公园

周边建筑分析 SURROUNDING BUILDINGS ANALYSIS

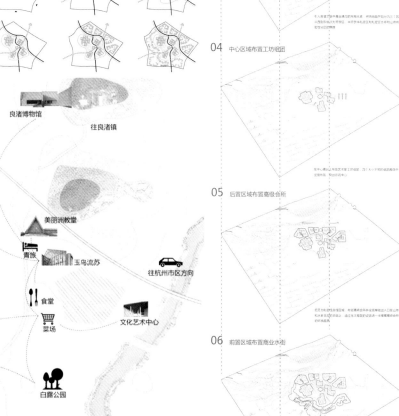

01 寻找人流车流切入点

02 确定车道结构和景观主轴

03 筑太挖池，进行私密性分区

04 中心区域布置工坊组团

05 后置区域布置高级会所

06 前置区域布置商业水街

5+2

2016

全国五校建筑学专业联合毕业设计

杭州·万科·良渚文化村玉鸟流苏创意街区规划与建筑设计

天津城建大学
苏州科技大学
浙江工业大学
安徽建筑大学
烟台大学

022

规划结构水平向分析 STRUCTURE ANALYSIS

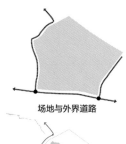
场地与外界道路

场地内道路生成

进入场地方式

建筑形态延续

场地水系生成

水街建筑组团

工坊建筑组团

住宅建筑组团

规划结构竖向分析 STRUCTURE ANALYSIS

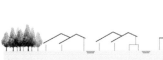
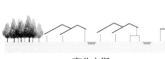
商业水街

主题艺术工坊组团

高端住宅

杭州·良渚
玉鸟流苏地块二期设计
学生：朱光远 袁子燕   老师：王红

车行入口
次入口
主入口
车行入口
次入口
次入口
车行入口

作品名称   山水城市   ■ 学   校   浙江工业大学
设 计 者   朱光远 袁子燕   ■ 指导老师   王红

1 2 3 4 5 6 7 8 9

5+

2016

全国五校建筑学专业联合毕业设计

杭州·万科·良渚文化村玉鸟流苏创意街区规划与建筑设计

天津城建大学
苏州科技大学
安徽建筑大学
浙江工业大学
烟台大学

023

杭州·良渚

玉鸟流苏地块二期设计

学生：朱光远 袁子燕　　老师：王红

空间与界面/SPACE AND MATERIAL

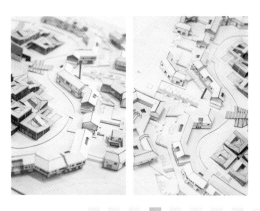

综合运用多种材质，遵循杭州灰、万科灰的色彩基调，
创造亲切丰富的界面体验。

■作品名称 山水城市　　　■学　校 浙江工业大学
■设计者　朱光远 袁子燕　　■指导老师 王红

4

5+1
2016
全国五校建筑学专业联合毕业设计
杭州·万科·良渚文化村玉鸟流苏创意街区规划与建筑设计

天津城建大学
苏州科技大学
安徽建筑大学
浙江工业大学
烟台大学

024

杭州·良渚
玉鸟流苏地块二期设计
学生：朱光远 袁子燕　　　老师：王红

水街场景展示/COMMERICIAL STREET

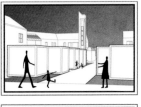 

 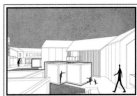

功能盒组合分析/CREATIVE CUBES

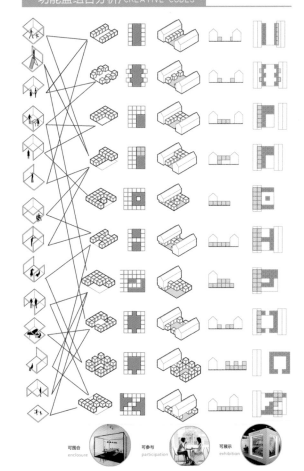

可围合
enclosure

可参与
participation

可展示
exhibition

■ 作品名称　　山水城市　　　　■ 学　校　　浙江工业大学
■ 设计者　　朱光远 袁子燕　　■ 指导老师　　王红

1 2 3 4 5 6 7 8 9

水街平面图/THE FLOOR PLAN

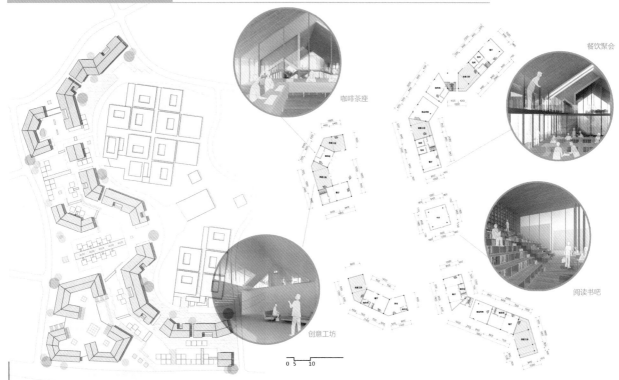

咖啡茶座

餐饮聚会

阅读书吧

创意工坊

0 5 10

5

2016

杭州·万科·良渚文化村玉鸟流苏创意街区规划与建筑设计

全国五校建筑学专业联合毕业设计

■ 天津城建大学
■ 苏州科技大学
■ 安徽建筑大学
■ 浙江工业大学
■ 烟台大学

025

杭州·良渚
玉鸟流苏地块二期设计
学生：朱光远 袁子燕　　老师：王红

■ 作品名称　山水城市　　　　■ 学　校　浙江工业大学
■ 设计者　朱光远 袁子燕　　■ 指导老师　王红

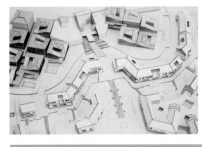

5+1
2016
全国五校建筑学专业联合毕业设计
杭州·万科·良渚文化村玉鸟流苏创意街区规划与建筑设计

天津城建大学
苏州科技大学
安徽建筑大学
浙江工业大学
烟台大学

026

艺术展馆平面拆解/THE PLAN ANALYSIS

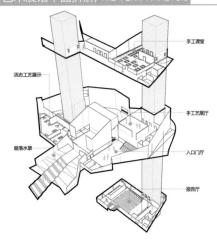

手工课堂
活态工艺展示
手工艺展厅
叠落水景
入口门厅
报告厅

展馆一层平面图

展馆二层平面图

■ 艺术家工坊组团主题分析

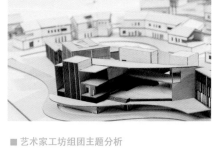

美术主题区　手工艺主题区　网络艺术主题区　音乐主题区

使用基本单元进行多重叠合，将成艺术家社区的四个组团，每个组团具有相对独立的主题，分别为音乐、网络、美图和手工，为朝赴留的未来发展注入人群吸引力。

■ 艺术家工坊组团基本功能分析

工坊体块组合/THE COMBINATION ANALYSIS

展馆三层平面图

杭州·良渚
玉鸟流苏地块二期设计
学生：朱光远 袁子燕　　老师：王红

杭州·良渚
玉鸟流苏地块二期设计

学生：朱光远 袁子燕　　老师：王红

5+
2016
全国五校建筑学专业联合毕业设计
杭州·万科·良渚文化村玉鸟流苏创意街区规划与建筑设计

天津城建大学
苏州科技大学
浙江工业大学
安徽建筑大学
烟台大学

027

单元功能分区

二层单元

创意商铺

工作坊

私家住宅

三层单元

创意商铺

工作坊

私家住宅

艺术家工坊平面图/THE FLOOR PALN

艺术家社区组团共有三种工坊单元，一种展厅单元。工坊单元私密性由下至上逐层增加，满足了工坊对外展示和销售、对内办公和居住的复合要求。展厅单元一至三层可以布置不同形式的展厅，作为社区内工坊单元的辅助性存在。

单元与分区/THE UNIT ANALYSIS

A型单元
一层平面图
1：100

A型单元
二层平面图
1：100

B型单元
一层平面图
1：100

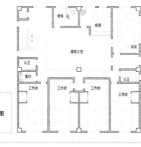

B型单元
二层平面图
1：100

B型单元
三层平面图
1：100

展厅
一层平面图
1：100

展厅
二层平面图
1：100

展厅
三层平面图
1：100

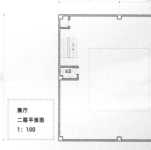

■ 作品名称　山水城市　　　　■ 学　校　浙江工业大学
■ 设计者　袁子燕 朱光远　　■ 指导老师　王红

5+1
2016
杭州·万科·良渚文化村玉鸟流苏创意街区规划与建筑设计

天津城建大学
苏州科技大学
安徽建筑大学
浙江工业大学
烟台大学

028

全国五校建筑学专业联合毕业设计

路径分析/THE ROAD ANALYSIS

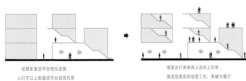

杭州·良渚
玉鸟流苏地块二期设计
学生：朱光远 袁子燕　　老师：王红

艺术家工坊组团平面拆解/THE PLAN ANALYSIS

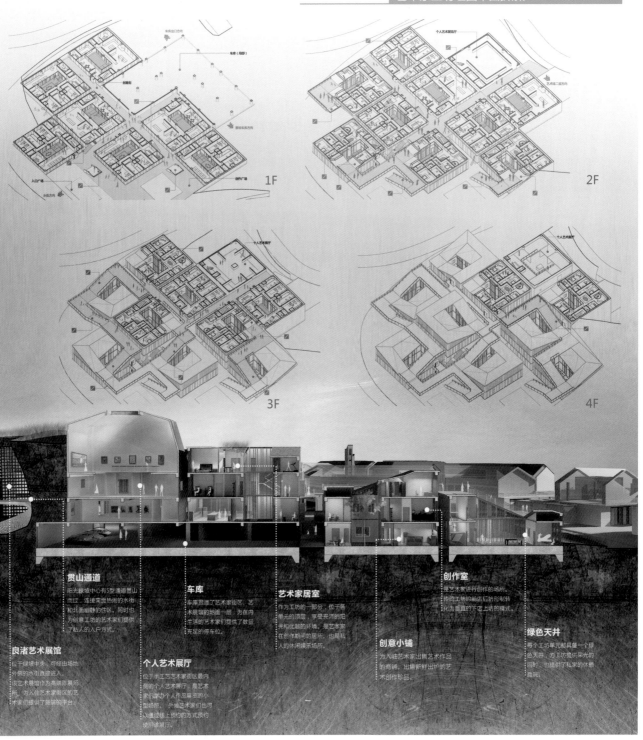

贯山通道
阳光缓坡中心有5型通道贯山而过，连接南面热闹的水街和北面幽静的住区。同时也为创意工坊的艺术家们提供了私人的入户方式。

车库
车库贯通了艺术家街区、艺术展馆的地面一层，为在内生活的艺术家们提供了数量充足的停车位。

艺术家居室
作为工坊的一部分，位于各单元的顶层，享受充沛的阳光和优越的环境，是艺术家在创作闲间的居所，也是私人的休闲娱乐场所。

创作室
是艺术家进行创作的场所。依据工坊的商店后期形制转化为垂直的下店上坊的模式。

良渚艺术展馆
位于缓坡中央，可经由场地外侧的水街直接进入，该艺术展馆作为高端陈展场所，为入住艺术家街区的艺术家们提供了陈展的平台。

个人艺术展厅
位于手工艺艺术家居区最内围的个人艺术展厅，是艺术家们各办个人作品展览的小型场所，外地艺术家们也可以通过线上预约的方式预约使用该展厅。

创意小铺
为入驻艺术家出售艺术作品的商铺，出售新鲜出炉的艺术创作珍品。

绿色天井
每个工坊单元都具备一个绿色天井，为工坊提供采光的同时，也提供了私人的休憩庭院。

■ 作品名称　山水城市　　　　■ 学　校　浙江工业大学
■ 设 计 者　袁子燕 朱光远　　■ 指导老师　王红

1 2 3 4 5 6 7 8 9

5+1
2016
全国五校建筑学专业联合毕业设计
杭州·万科·良渚文化村玉鸟流苏创意街区规划与建筑设计

天津城建大学
苏州科技大学
浙江工业大学
安徽建筑大学
烟台大学

029

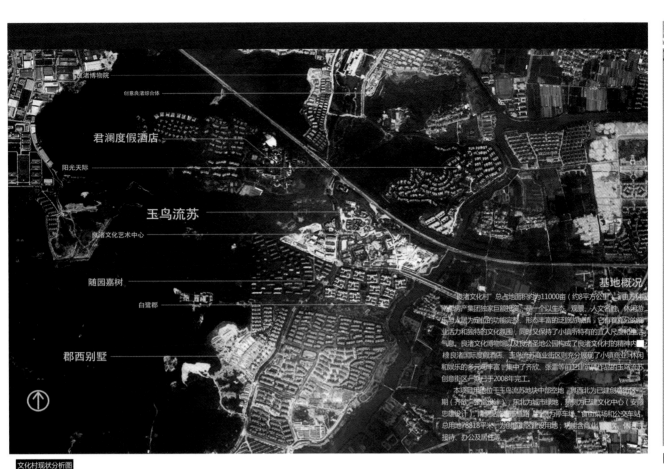

良渚博物院
创意良渚综合体
君澜度假酒店
阳光天际
玉鸟流苏
良渚文化艺术中心
随园嘉树
白鹭郡
郡西别墅

基地概况

"良渚文化村"总占地面积约为11000亩（约8平方公里），由万科房地产集团独家巨额投资，是一个以生态、观景、人文名胜、休闲游乐与人居为定位的功能完整、形态丰富的泛旅游城镇，它有着充分的商业活力和独特的文化氛围，同时又保持了小镇所特有的宜人尺度和生活气息。良渚文化博物馆以及良渚圣地公园构成了良渚文化村的精神内核，良渚国际度假酒店，玉鸟流苏商业街区则充分展现了小镇商业、休闲和娱乐的多元而丰富，集中了齐欣、张雷等前卫建筑师作品的玉鸟流苏创意街区一期已于2008年完工。

本项目用地位于玉鸟流苏地块中部空地，其西北为已建创意街区一期（齐欣、张雷设计），东北为城市绿地，东侧为已建文化中心（安藤忠雄设计），南侧则为城市道路，西侧为停车场、食街菜场和公交车站，总用地78818平米，为创意街区建设用地，功能含商业、休闲、接待、办公及居住等。

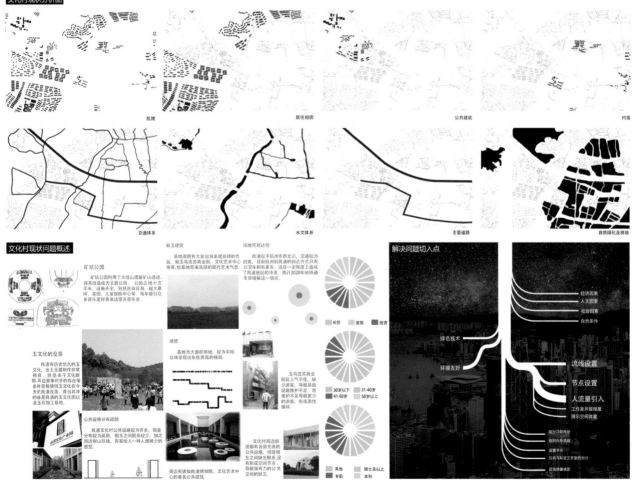

文化村现状分析图

肌理　　　居住组团　　　公共建筑　　　村落

交通体系　　　水文体系　　　主要道路　　　自然绿化及田地

文化村现状问题概述

矿坑公园

　　矿坑公园利用了太璞山遗留矿山遗迹，将其改造成为主题公园。公园占地十万平米，设施齐全，包括咖啡花海、超大草坪、茶园、儿童乐园中心等，每年毕业季引众多音乐爱好者来这里开音乐会。

玉文化的没落

　　良渚有历史悠久的玉文化，出土玉器制作非常精良，但是由于文化断裂，其边竞争对手的存在等等，使得玉文化存在今天的良渚没落，真当玉石的最著名的玉石加工基地。

公共设施分布疏朗

　　良渚文化村公共设施较为齐全，但是分布较为疏朗，相互之间联系较少，加之周边群山环绕，客易给人一种人烟稀少的感受。

前卫建筑

基地周围有大量出自各建筑师的作品，如玉鸟流苏商业园、文化艺术中心等，给基地带来浓厚的现代艺术气息。

地势

基地为大面积田地，较为平坦，总体呈现出东低西高的格局。

玉鸟流苏商业街区人气不佳，缺少游客，导致基础设施维护不足，而维护不良的游客，形成恶性循环。

文化村周边团组都有各自完善的公共设施，相互之间联系不，没有形成有力的公共空间节点。周边有诸如良渚博物馆、文化艺术中心的著名公共建筑。

长住　度假　投资

30岁以下　31-40岁
41-50岁　50岁以上

其他　　硕及以上
专职　　本科

解决问题切入点

经济因素
人文因素
社会因素
自然条件

绿色技术
环境友好

流线设置
节点设置
人流量引入

工作室开放程度
展示空间体量

细分功能地块
组织内外流线
设置节点
公共与私密方案的划分
建筑体量确定

作品名称：玉鸟流苏街区设计　　学校：浙江工业大学
设计者：周炜楠 蒋存贝　　指导老师：于文波

地块总平面规划设计图

左侧边栏：

5+
2016
杭州·万科·良渚文化村玉鸟流苏创意街区规划与建筑设计

■天津城建大学
■苏州科技大学
■浙江工业大学
■安徽建筑大学
■烟台大学

030

总平面图标注：
一期街区
人工绿地
良渚食街
村民菜场
主入口
文化艺术中心

经济技术指标
容积率：0.62
总用地面积：78818㎡
规划建筑面积：48510㎡
绿地率：42%
规划建筑密度：39%
规划地下建筑面积：8400㎡

区位概况

杭州市，中国著名古都之一，是家喻户晓的国家历史文化名城。曾是繁盛的宋朝首都，而位于市中心西侧的西湖，风景秀美，名胜古迹众多而广为人知，吸引着国内外众多游客的来访。在马可波罗的《东方见闻录》中被称为"壮丽无比的大都会"。

是长三角地区的主要经济中心之一，交通四通八达，第三产业发达。

杭州温暖多雨、四季分明、光照充足。春多雨、夏湿热、秋气爽、冬干冷，适合居住游玩。

区域背景

良渚组团是杭州市"一主、三副、六组团"和余杭区"一副、三组团"城市功能新格局的重要组成部分。

良渚组团是2009年12月份杭州市正式挂牌的一个行政机构，杭州市规划的"一主三副六组团"，良渚组团在整个杭州区里处于中心的位置。

对于杭州市来说，良渚组团的位置也是正北面这个地方，从杭州往北去所有的高速公路都要通过良渚，而且良渚组团在绕城公路以内的面积是杭州所有的组团，包括余杭组团在内是面积最大的一个区域。

从交通上来说，绕城公路穿过良渚组团，而且具有两个车口，其中一个是南山出口，还有一个是仁和出入口。

还有杭宁高速也是通过这里，高速公路来看，几条大的往北去的高速公路都是经过良渚组团。

规划背景

"新版"杭州城规，增加了3个城市副中心：城西科创暨余杭组团中心、城北组团暨良渚中心以及大江东新城暨乔司组团中心，并提出要强化省城市服务功能，引导优质医疗、教育、文化资源向副城和组团布局。良渚组团主要承担主城人口疏散和文化创意产业功能。

SWOT分析

S-优势

区位优势——依托良渚文化遗址与万科房产开发品牌效应以"历史文化、优美自然环境与人文居住环境"为主线的优势。

资源优势

自然景观资源优势——开辟有美丽洲公园、茶语公园、游山步道、白鹭湾公园、悠园、矿坑公园等。

居住人群数量优势——周边有大量楼盘开发销售业绩良好，有较多消费人群。

文化优势

玉文化——深厚的良渚文化底蕴。

"村民"文化——良渚文化村村民公约，优良的社区氛围。

创意文化——基地周边已建成的创意街区。走在时代前沿的部分"村民"。在良渚新城新建的万科浙大创业城。作为浙大工业设计专业学生的创业园。规划建设面积达33万平方米。

W-劣势

项目地块没有直接利用的自然景观，如果做纯度假产品等处于劣势，规模较小，仅8公顷。

距离市中心较远，目前没有地铁线路开通，未来地铁站距离地块步行距离超过15分钟。

良渚镇的大型高端办公业态尚处于开发阶段，附近人口主要为居住人口。但局限于目前几个开发楼盘的人数。

没有高等院校、区域型规模企业形成特色产业的支撑。

地块附近的大型商业休闲娱乐配置尚处于开发阶段。如永旺梦乐城购物中心、中青文化广场。对地块业态经济文化层次要求较高。

O-机会

良渚文化村品牌有着良好的口碑，良渚组团有着良好的发展前景。

创意文化产业受到政府的扶持，整个组团在这方面有着良好的发展势头。

周边居民存在较高的消费水平潜力。

地铁2号线规划中设良渚站。

杭州市文化创新、艺术产业人才济济，产业前景乐观。

T-挑战

如何激活场地活力。

高端配置与吸引大众人群进入的矛盾。

如何通过差异化竞争获得优势。

定位分析

目标
1、引入周边大量良渚文化村居民形成创意品牌集聚效应
2、引入外来人群
3、由长期在此办公的人进一步激发场所内部的活力
4、由度假居住的人激发内部活力

措施
1、完善、丰富配套商业激发消费、娱乐行为聚集
2、创意商业文化主题的延续
3、创意工作室的设立
4、兼居住功能的创意工作室的设立

针对地块优势，打造活力街区

街区活动意象

茶话交流--静谧休闲，轻松的开放空间　创意创作--充满创意气息的环境　散步游玩--高品质有归属感的街道空间　聊天交流--整洁有品质的高品质室外小空间　餐饮--多层级、高品质的室内外就餐环境　购物--多层级高品质传统及现代购物环境　参观--开放充满活力四射的高级公共空间　休闲娱乐--具有地域特色的休闲娱乐空间　休息--配套休息空间，满足不同休息需求　住宿--适合多类人群的多层次高品质住宿

规划概念形成

调研分析得，由西到东场地私密性逐渐降低，而西侧及西北侧的开放性最高，更适合作为活跃的公共活动场所。

工作区组团
开放的工作
展示区
主商业区

考虑引入南北向线性要素划分场地为三个区域，形成不同特征的场所。

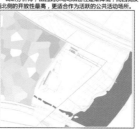

因地制宜，引入周边水系为对场地进行分割的要素。

引入的水在形式上塑造成面积不同的两个水域，分别营造不同水岸景观和空间氛围，形成划分场地的柔性界面。

根据现状场地活动热点分布，细化公共活动动线。

东西向结合周边绿化环境形成多层次绿地空间，南北向则串联周边绿化形成步行绿轴。

对现状一期玉鸟流苏创意街区建筑形式进行提取与纯化。

院落组织逻辑：建筑组团院落主要由线性街道组织，临近的组团间互相关联。

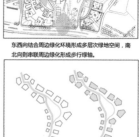

■ 作品名称　玉鸟流苏街区设计
■ 设计者　周炜楠 蒋存贝

■ 学　校　浙江工业大学
■ 指导老师　于文波

1 2 3 4 5 6 7 8 9

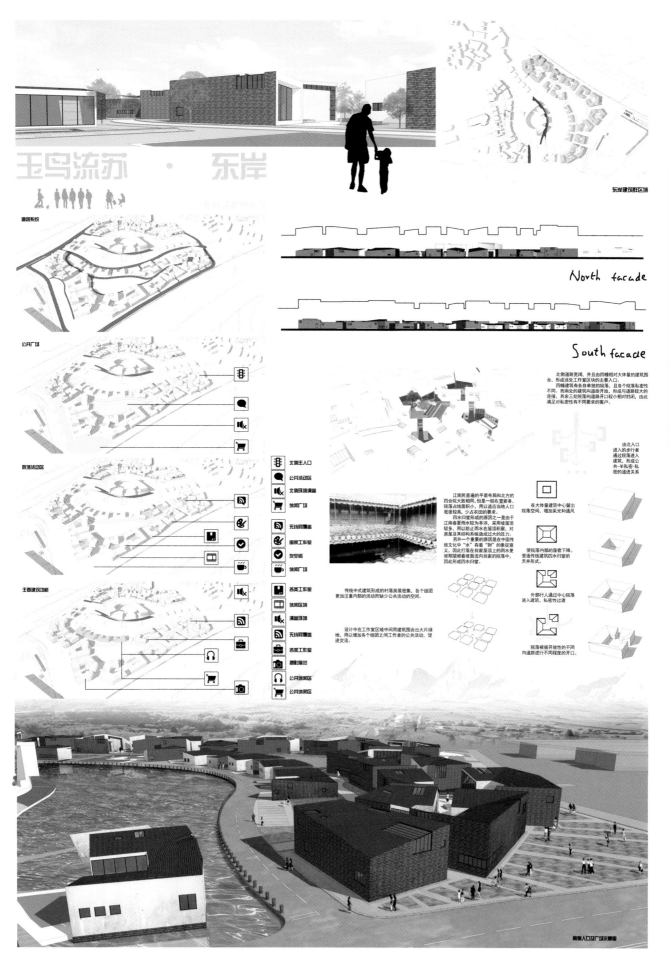

玉鸟流苏 · 东岸

5+1
2016
杭州·万科·良渚文化村玉鸟流苏创意街区规划与建筑设计
全国五校建筑学专业联合毕业设计

■ 天津城建大学
■ 苏州科技大学
■ 安徽建筑大学
■ 浙江工业大学
■ 烟台大学

031

道路系统

公共广场

院落活动区

主要建筑功能

东岸建筑群区域

North facade

South facade

北侧道路宽阔，并且由四幢相对大体量的建筑围合，形成该处工作室区块的主要入口。四幢建筑有各自单独的院落，且各个院落私密性不同。西南处的建筑向道路开放，形成与道路较大的连接。其余三处院落向道路开口较小相对封闭，由此满足对私密性有不同要求的客户。

北侧主入口
公共活动区
北侧环境清幽
镇阔广场

无线网覆盖
国家工作室
灰空间
镇阔广场

各类工作室
镇阔区域
清幽环境
无线网覆盖
各类工作室
摄影展览
公共镇阔区
公共镇阔区

江南民普遍的平面布局和北方的四合院大致相同，但是一般布置更凑。院落占地面积小，用以适应当地人口密度较高，少古农田的要求。

四水归堂形成的原因之一是由于江南春夏雨水较为丰沛，采用坡屋顶较为，用以防止雨水在屋顶积留，对房屋及其结构系统造成过大的压力。另外一个重要的原因是在中国传统文化中"水"有着"财"的象征意义，因此打落在自家屋顶上的雨水更被期望顺着坡流向自家的院落中，因此形成四水归堂式。

传统中式建筑形成的村落房屋密集，各个组团更加注重内部的活动而缺少公共活动的空间。

设计中在工作室区域中间用建筑围合出大片绿地，用以增加各个组团之间工作者的公共活动，促进交流。

由北入口进入的步行者通过内部的院落进入建筑，形成公共-半私密-私密的递进关系

在大体量建筑中心留出院落空间，增加采光和通风

使院落内部的屋檐下降，营造传统建筑四水归堂的天井形式。

外部行人通过中心院落进入建筑，私密性过渡

院落根据开放性的不同向道路进行不同程度的开口。

■ 作品名称 玉鸟流苏街区设计   ■ 学 校 浙江工业大学
■ 设计者 周炜楠 蒋存贝   ■ 指导老师 于文波

5+
2016
杭州·万科·良渚文化村玉鸟流苏创意街区规划与建筑设计

全国五校建筑学专业联合毕业设计

天津城建大学
苏州科技大学
安徽建筑大学
浙江工业大学
烟台大学

032

采光设计

建筑组团中设置天井，用以增加房屋天照。设计中采取的手法是使传统的雨水归檐抽变形，将北侧的屋面变矮，南高北低，从而增大受光面。

同时将背阴的建筑高度拉高，南面的建筑降低，增加高差而使得院落北侧的房屋受到更多光照。

河岸景观设置

场地中有两条水系景观，在此拥有较好的视野。

河岸两边设置小体量的窗采群，通过在沿河一边设置立面拥有窗采来增加建筑内的景观效果。

场地内的水系为南北贯穿，长度较长，因此对建筑群的立面产生相应的要求：既要避免单一立面带来的沉闷，又不能有过显立面导致缺少统一性。因此沿河采用黑白两种主色调的立面，其中黑色主导。

综合以上两点考虑，产生设计中的立面效果。

商业带位于基地周边，为增加场地整体性，也采用小体量的建筑单体聚落。由于商业建筑对空间连续性的要求，在设计中通过透明的玻璃空间将部分均衡分布的单体商业建筑连接。

玻璃空间的存在一方面增加了各个单体建筑之间可到达性，使建筑之间的联系增强，另一方面增加了建筑的采光面，使得室内的自然光照更强，更为舒适。

从第五立面来看，玻璃带来透明轻盈的感觉与建筑屋顶相互映村，达到虚实结合的效果，既增加了功能，又不破坏整个场地对于建筑体量的规划。

该建筑位于基地西南角，外接村民食堂、公交车站，内临西南角重要的公共空间。

由于紧邻场地内的公共广场，建筑向广场面的立面设置为大面积的玻璃，采取联通二层的落地窗，在落地窗的内部设置隔间。落地窗的存在使得建筑内的人群与广场使用者的视线联系变得更强，增加建筑的公共性质。

建筑内部的隔间又起到了一定的隔离效果，使得建筑内部的私密性不至于丧失。

同时，由于广场该处的围合采用的是玻璃，让身处其中的使用者感受到空间的延伸，而不至于被限制在四周密封的空间中，强化空间感受。

玉鸟流苏·西岸

西侧靠近玉鸟流苏商业街及公交车站，设置升级的商业街。

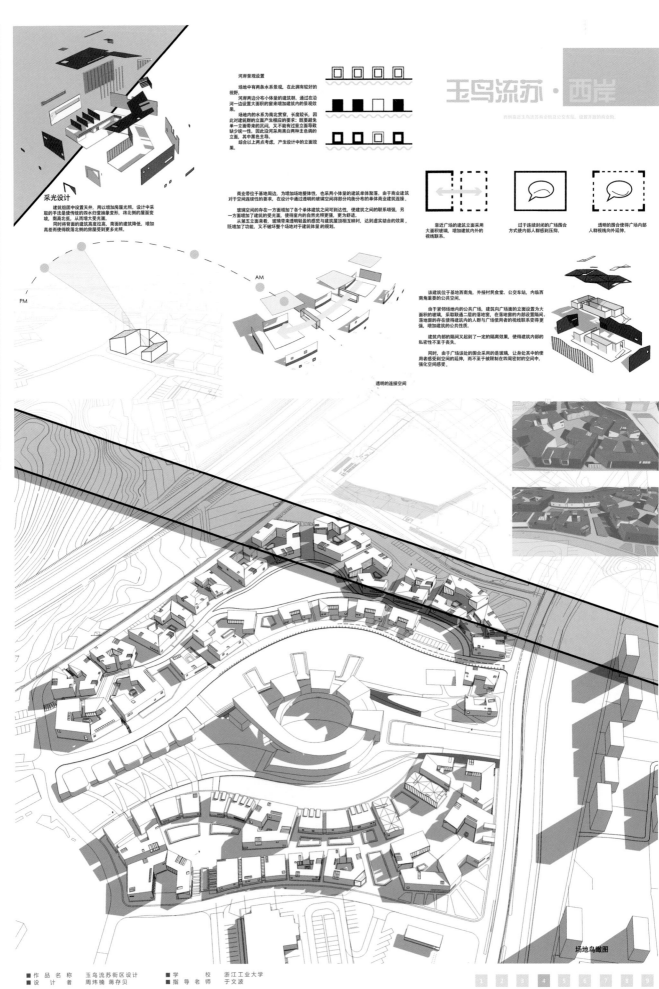

场地鸟瞰图

■ 作品名称 玉鸟流苏街区设计　　■ 学　校 浙江工业大学
■ 设计者 周炜楠 蒋存贝　　　　■ 指导老师 于文波

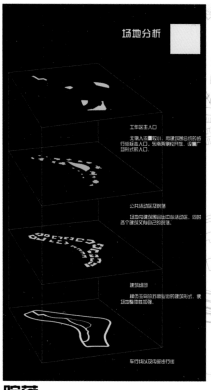

场地分析

工作区主入口

公共活动区及院落

建筑组团

车行轨迹及内部步行街

院落

东岸周边环境较为静，紧邻丘陵带，东面为艺术活动中心，因此在此处设置办公区域，办公区，沿着周边的滨水道路展开，并且在中间融合出公共活动区，将自然元素引人到环境中。

场地西北侧有的玉鸟流苏商业街，入口处设置两排紧凑的小体量建筑，以此引导入口商性，两侧相对的小体量建筑的存在使商业空间变得紧凑，从而使人口广场空间得到突破。

场地西南面存在一块空地，规划为市民广场，依着广场的形状在地块与广场连接处设置紧凑的建筑，对广场进行围合，加强地块与周边环境的关系。

场地西南侧有一公交车站，贯穿在的主要步行人流来源之一，因此在此处设置商业人口。

整个场地的院落设计遵循以中心建筑为主导，周边设置小体量的建筑围绕，因此周边的建筑和中心建筑的联系尤为重要。

场地西南面的建筑下沉，建筑立面形式根据中心进行开放制处理，增加整个场地的整体性。

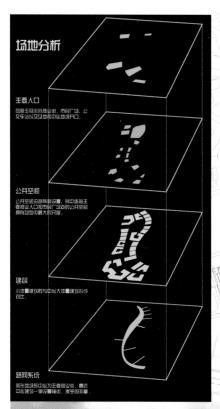

场地分析

主要入口

公共空间

建筑

路网系统

步行人流视线处理

小体量的商业建筑设置在道路两旁，同时在建筑的另一侧设置辅街，增加商业街的可使用面积。

双面布局的建筑进行分隔，形成小型街巷，拉大主街和辅街的相互距离，步行街中的建筑能够围成更好的视线线路，因此这些小型街巷的存在使得城镇的时间显更加浓厚。

东立面图 1:400

5+1

2016

全国五校建筑学专业联合毕业设计

杭州·万科·良渚文化村玉鸟流苏创意街区规划与建筑设计

天津城建大学

苏州科技大学

安徽建筑大学

浙江工业大学

烟台大学

034

东立面图 1：300

西立面图 1：300

南立面图 1：300

设计说明

建筑为创作者提供工作场所的同时，还为创作者之间以及创作者与访客之间提供了展示、交流创意的场所。同时建筑的中心庭院对公众开放，成为基地的一个重要活动节点。

剖透视图 1：300

绘图：周炜楠 蒋存贝

指导老师：于文波

■ 作品名称 玉鸟流苏街区设计 　　■ 学　校 浙江工业大学
■ 设计者 周炜楠 蒋存贝 　　　　■ 指导老师 于文波

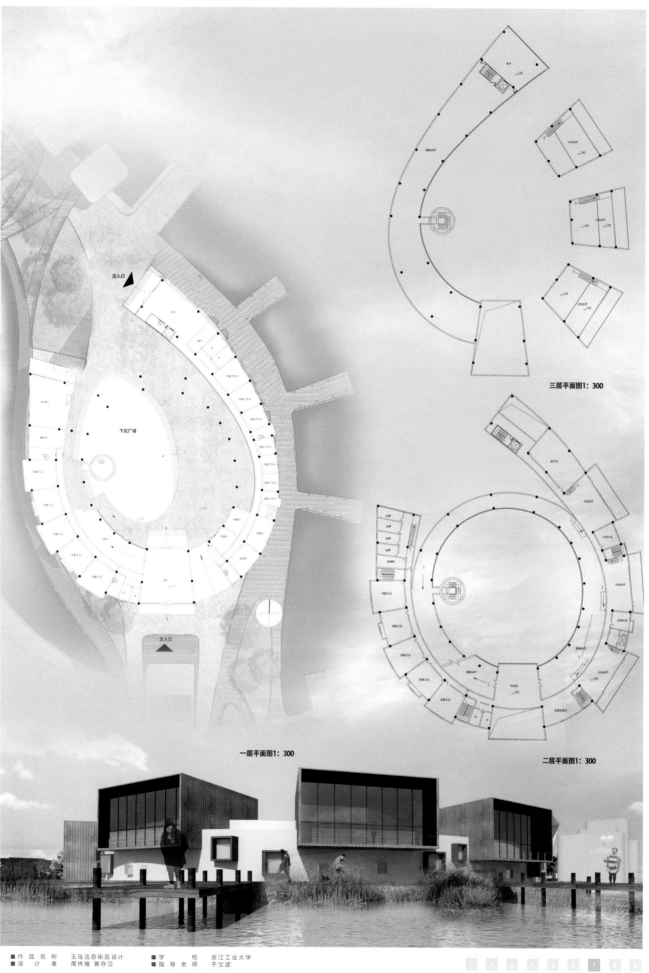

次入口

主入口

下沉广场

一层平面图1: 300

二层平面图1: 300

三层平面图1: 300

5+
2016
杭州·万科·良渚文化村玉鸟流苏创意街区规划与建筑设计

全国五校建筑学专业联合毕业设计

天津城建大学
苏州科技大学
安徽建筑大学
浙江工业大学
烟台大学

035

■ 作品名称 玉鸟流苏街区设计　　■ 学　校 浙江工业大学
■ 设计者 周炜楠 蒋存贝　　■ 指导老师 于文波

5+2

2016

全国五校建筑学专业联合毕业设计

杭州·万科·良渚文化村玉鸟流苏创意街区规划与建筑设计

天津城建大学
苏州科技大学
安徽建筑大学
浙江工业大学
烟台大学

036

通向一期街道

青年公寓

次入口

3F

2F

下沉广场

建筑主入口

场地主入口

工作室组群

青年公寓

景观

典型建筑群总平面图1：500

商业/展示

商业/展示

商业/展示

会客室 玄关
餐厅
卫生间

储藏室

工作室

起居室

卧室

更衣室

卫生间

艺术家工作室西立面图
1：150

西立面图1：150

南立面图1：150

西立面图1：150

地下车库通道

西立面图1：150

西立面图1：150

■ 作品名称　玉鸟流苏街区设计　　　■ 学　　校　浙江工业大学
■ 设计者　周炜楠 蒋存贝　　　　　　■ 指导老师　于文波

5+1
2016
杭州·万科·良渚文化村玉鸟流苏创意街区规划与建筑设计
全国五校建筑学专业联合毕业设计

天津城建大学
苏州科技大学
浙江工业大学
安徽建筑大学
烟台大学

037

经济技术指标
容积率：0.62
总用地面积：78818㎡
规划建筑面积：48510㎡
绿地率：42%
规划建筑密度：39%
规划地下建筑面积：8400㎡

地块总平面规划设计图

区位概况

杭州市，中国著名古都之一，是家喻户晓的国家历史文化名城。曾是繁盛的宋朝首都。而位于市中心西侧的西湖，风景秀美、名胜古迹众多而广为人知，吸引着国内外众多游客的来访。在马可波罗的《东方见闻录》中被称为"壮丽无比的大都会"。
是长三角地区的主要经济中心之一，交通四通八达，第三产业发达。
杭州温暖多雨、四季分明。光照充足。春多雨、夏湿热、秋气爽、冬干冷。适合居住游玩。

区域背景

良渚组团是杭州市"一主、三副、六组团"和余杭区"一副、三组团"城市功能新格局的重要组成部分。
良渚组团是2009年12月份杭州市正式挂牌的一个行政机构，杭州市规划的"一主三副六组团"，良渚组团在整个余杭区是处于中心的位置。
对于杭州市来说，良渚组团的位置也是正北面这个地方，从杭州往北北去所有的高速公路都要通过良渚，而且良渚组团在绕城公路以内的面积是最大所有的组团，包括余杭组团在内是面积最大的一个区域。
从交通上来说，绕城公路穿过良渚组团而且有两个下车口，其中一个是南庄出入口，还有一个是仁和出入口。
还有杭常高速也是通过这里，高速公路来看，几条大的往北北去的高速公路都是经过良渚组团。

规划背景

"新版"杭州规划，增加了3个城市副中心：城西科创暨余杭组团中心、城北地区暨良渚组团中心以及大江东新城暨义蓬组团中心。并提出要强化省会城市服务功能，引导优质医疗、教育、文化资源向副城和组团布局。
良渚组团主要承担主城人口疏散和文化创意产业功能。

SWOT分析

S-优势

区域优势——依托良渚文化遗址与万科房产开发品牌效应以"历史文化、优美自然环境与人文居住环境"为主线的优势。
资源优势
自然景观资源优势——开辟有美丽洲公园、茶语公园、游山步道、白鹭湾公园、悠园、矿坑公园等。
居住人群数量优势——周边有大量楼盘开发销售业绩良好，有较高消费人群。
文化优势
玉文化——深厚的良渚文化底蕴。
"村民"文化——良渚文化村村民公约，优良的社区氛围。
创意文化——基地周边已建成的创意街区。走在时代前沿的部分"村民"。在良渚新城新建的平湖浙大创业城。作为浙大工业设计专业学生的创业园。规划建设用地达33万平方米。

O-机会

良渚文化村品牌有着良好的口碑，良渚组团有着良好的发展前景。
创意文化产业受到政府的扶持，整个地块在这方面有着良好的发展势头。
周边居民存在较高的消费水平潜力。
地铁2号线规划中设良渚站。
杭州市文化创新、艺术产业人才济济，产业前景乐观。

W-劣势

项目地块没有可直接利用的自然景观，如果做纯度假产品或等处于劣势，规模较小，仅8公顷。
距离市中心较远，目前没有地铁线路开通，未来地铁站距离地块步行距离超过15分钟。
良渚镇的大型高端办公业态尚处于开发阶段，附近人口主要为居住人口。但局限于目前几个开发楼盘的人数。
没有高等院校、区域型规模企业形成特色产业的支撑
地块附近的大型商业休闲娱乐配置尚处于开发阶段，如永旺梦乐城购物中心、中青文化广场。
对地块业主经济文化层次要求较高。

T-挑战

如何激活地块活力。
高端配置与吸引大众人群进入的矛盾。
如何通过差异化获得竞争优势。

定位分析

目标

1、引入周边大量良渚文化村居民形成创意品牌集聚效益
2、引入外来人群
3、由长期在此办公的人进一步激发场所内部的活力。
4、由度假居住的人激发内部活力。

措施

1、完善、丰富配套商业。激发消费、娱乐行为聚集。
2、创意商业文化主题的延续
3、创意工作室的设立
4、兼居住功能的创意工作室的设立

针对地块优势，打造活力街区

创意工作室
休闲娱乐商业配套
高作品质创意文化街区休闲娱乐环境
文化教育
创意文化展示场所
创意创作者虚拟工作室
创意商业

街区活动意象

茶话交流--静谧休闲轻松的开放小空间

创意创作--充满创意气息的环境

散步通过--高品质有序的街道空间

聊天交流--整洁有序的高品质室外小空间

餐饮--多层级、高品质室内外就餐环境

购物--多层级高品质传统&现代购物环境

参观--开放激活力四射的高级公共空间

休闲娱乐--具有地域特色的休闲娱乐空间

休息小坐--配套休息空间，满足不同休息需求

住宿--适合多类人群的多层次高品质住宅

规划概念形成

工作区组团
开放的工作展示区
主商业区

调研分析得，由西到东场地私密性逐渐降低，而西侧与西北侧的开放性最高，更适合作为活跃的公共活动场所。

考虑引入南北向线性要素划分场地为三个区域，形成不同特征的场所。

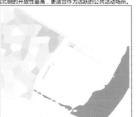

因地制宜，引入周边水系对场地进行分割。

引入的水在形式上塑造成面积不同的两个水域，分别营造不同水岸景观和空间氛围，形成划分场地的柔性界面。

根据现状场地活动热点分布，细化公共活动动线

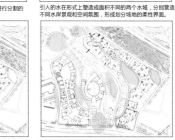
东西向结合周边绿化环境形成多层次绿化空间，南北向则串联周边绿化形成步行绿轴。

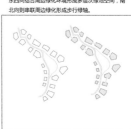
对现状一期玉鸟流苏创意街区建筑形式进行提取与纯化

院落组织逻辑：建筑组团院落主要由线性街道组织，临近的组团相互联系。

5+1 2016
全国五校建筑学专业联合毕业设计
杭州·万科·良渚文化村玉鸟流苏创意街区规划与建筑设计

天津城建大学
苏州科技大学
安徽建筑大学
浙江工业大学
烟台大学

038

城市之生

▎基地现状分析

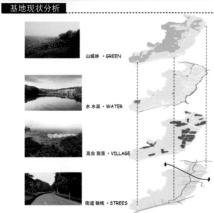

山城林·GREEN

水水溪·WATER

高台聚落·VILLAGE

街道轴线·STREES

现状居住区占现状建筑用地比较高，分布集中，教育用地与文化用地占现状建筑用地比较低，分布较为分散。现状水系南北贯通，少数渗透到内部；现状交通满足通需求；基地西北侧存在大面积林地。

▎解决问题的手段

01/水系对基地的影响

原有水系

水脉延伸

水脉串联

聚水成片

02/建筑肌理的延续

中国传统小镇建筑肌理

提炼 通过对玉鸟流苏一期建筑肌理及中国园林、传统街道的分析、提炼，建筑主要以围合院落的形式进行有机组合。

玉鸟流苏一期

中国乌镇

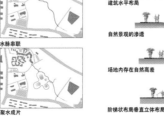

本次建筑规划方案建筑肌理

衍生 本次规划建筑形式在围合院落的基础上进行衍生、裂变，并重新组合，形成三种尺度的新型院落空间。

创意BLOCK   高端休闲会所   高端定制专享区

03/地势对基地的影响

建筑水平布局

自然景观的渗透

场地内存在自然高差

阶梯状布局垂直立体布局

基地区位分析

良渚文化村地理位置优越，杭州市中心半小时生活圈内基地位置优越处于核心地带，基地周围有随园嘉树、良渚文化中心、玉鸟流苏一期以及白鹭都西别墅。

至杭宁高速

SITE

至余杭镇

西溪湿地

杭州市区

项目思考

任务1： 如何营造适合高端人群的生活、消费、工作环境？

任务2： 基于现状山水资源和现状建筑，如何营造村落氛围？

任务3： 如何为良渚文化村吸引更多的人气？

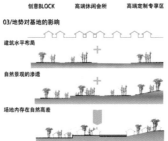

■ 作 品 名 称　城市之生　　　■ 学　　校　浙江工业大学
■ 设 计 者　裘嘉珺 季可怡　　■ 指 导 老 师　王红

城市之生

5
2016
杭州·万科·良渚文化村玉鸟流苏创意街区规划与建筑设计

全国五校建筑学专业联合毕业设计

■ 天津城建大学
■ 苏州科技大学
■ 安徽建筑大学
■ 浙江工业大学
■ 烟台大学

039

商业空间的演变

01　休闲·········商业　　集会·········商业

02　创作·········商业　　运动·········商业

03　固定商业空间　固定商业空间　商业　商业
不固定商业空间
商业繁华时，固定商业向不固定商业渗透

04　固定商业空间　固定商业空间　健身　娱乐
不固定商业空间
商业淡季时，不固定商业向固定商业渗透

05　传统商业空间，商面封闭，缺少人们交流空间　打破传统商面的封闭，让商业空间呼吸起来　嵌入呼吸空间即可变的空间　嵌入绿化空间供人们休闲娱乐交流

水域与建筑的关系

01　在水面上方建造平台作为活动场所

02　水域中岛状建筑，利用桥与岸边联系

03　将建筑物延伸至水面上方

04　在水下建筑

05　将水域引入室内

06　在水面上方建筑

高端会所平面图

类型1　首层平面图　　二层平面图

类型2　首层平面图　　二层平面图

■ 作品名称　城市之生　　　　■ 学　　校　浙江工业大学
■ 设计者　裘嘉珺 李可怡　　　■ 指导老师　王红

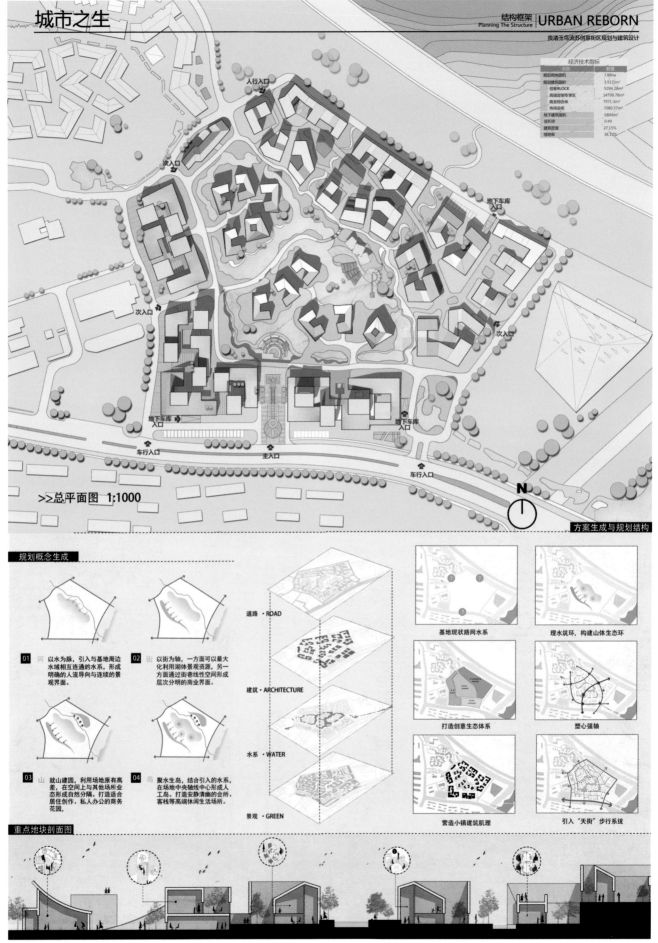

城市之生

5+
2016
杭州·万科·良渚文化村玉鸟流苏创意街区规划与建筑设计

全国五校建筑学专业联合毕业设计

天津城建大学
苏州科技大学
安徽建筑大学
浙江工业大学
烟台大学

040

经济技术指标

名称	数值
规划用地面积	7.88ha
规划建筑面积	3.912万m²
创意BLOCK	9284.28m²
高端定制专区	14799.78m²
商业综合体	7971.3m²
活动会所	
地下建筑面积	6804m²
容积率	7080.57m²
建筑密度	0.49
绿地率	27.15%
	38.12%

>>总平面图 1:1000

N

方案生成与规划结构

规划概念生成

01 网 以水为脉，引入与基地周边水域相互连通的水系，形成明确的人流导向与连续的景观界面。

02 街 以街为轴，一方面可以最大化利用湖体景观资源，另一方面通过街巷线性空间形成层次分明的商业界面。

03 山 就山建园，利用场地原有高差，在空间上与其他场所业态形成自然分隔。打造适合居住创作、私人办公的商务花园。

04 岛 聚水生岛，结合引入的水系，在场地中央轴线中心形成人工岛。打造安静清幽的会所、客栈等高端休闲生活场所。

道路·ROAD

建筑·ARCHITECTURE

水系·WATER

景观·GREEN

基地现状路网水系

理水筑环，构建山体生态环

打造创意生态体系

塑心强轴

营造小镇建筑肌理

引入"天街"步行系统

重点地块剖面图

■ 作品名称 城市之生
■ 设计者 裘嘉珺 季可怡
■ 学校 浙江工业大学
■ 指导老师 王红

1 2 3 4 5 6 7 8 9

城市之生

5+1
2016
杭州·万科·良渚文化村玉鸟流苏创意街区规划与建筑设计

天津城建大学
苏州科技大学
安徽建筑大学
浙江工业大学
烟台大学

水街平面图

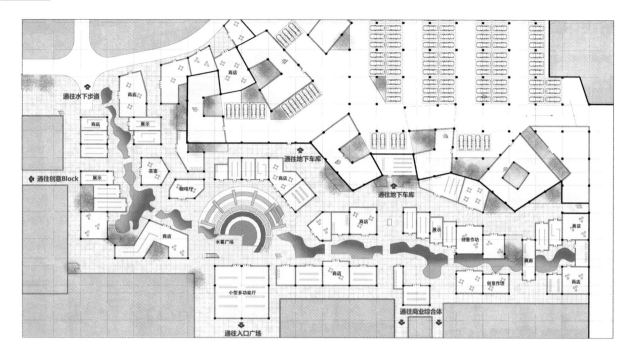

商店
通往水下步道
商店
展示
商店
展示
通往创意Block
展示
茶室
通往地下车库
咖啡厅
商店
通往地下车库
水幕广场
商店
展示
创意作坊
商店
小型多功能厅
创意作坊
商店
通往商业综合体
通往入口广场

建筑受众群体

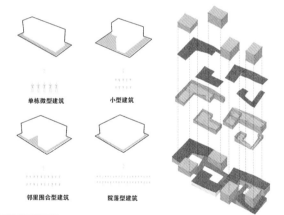

单栋微型建筑　　小型建筑

邻里围合型建筑　　院落型建筑

建筑空间组合

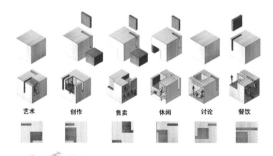

艺术　创作　售卖　休闲　讨论　餐饮

休闲会所中庭内景

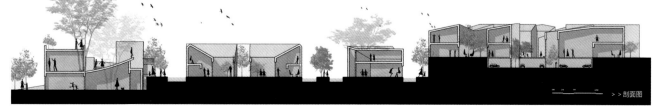

>> 剖面图

■ 作品名称　城市之生　　　■ 学　　校　浙江工业大学
■ 设计者　裘嘉珺季可怡　　■ 指导老师　王红

5+1
2016
杭州·万科·良渚文化村玉鸟流苏创意街区规划与建筑设计

全国五校建筑学专业联合毕业设计

天津城建大学
苏州科技大学
安徽建筑大学
浙江工业大学
烟台大学

城市之生

Street Square Design for hangzhou Liangzhu

建筑设计 | URBAN REBORN
Architecture Design

良渚玉鸟流苏创意街区规划与建筑设计

本设计基地位于良渚玉鸟流苏二期，在设计中沿用了场地村落水乡肌理，打造多样式交流空间，并利用放大湖面景观和带状河流景观，适度引入水街，形成良好的商业购物环境。

建筑形式上，起伏的建筑屋顶取自于山的意向，建筑的群体布局取自于传统古镇的肌理，穿插于建筑群体的点状建筑表现了现代建筑简洁的特点，实现了传统与现代相结合的建筑模式。

同时，我们提出了"条形码"商铺的概念，突破传统的商业模式，让每个零售商业空间，就像商品拥有自己的条形码一样，每个不同的布局，拥有独特的墙壁分布状态，让空间彼此关联。

■ 作品名称   城市之生   ■ 学   校   浙江工业大学
■ 设计者   裘嘉琦 季可怡   ■ 指导老师   王红

建筑设计 | URBAN REBORN

1 2 3 4 5 6 7 8 9

城市之生

5
2016
全国五校建筑学专业联合毕业设计
杭州·万科·良渚文化村玉鸟流苏创意街区规划与建筑设计

天津城建大学
苏州科技大学
安徽建筑大学
浙江工业大学
烟台大学

043

创意block体块生成

高端会所平面图

01	02
03	04
05	06
07	08

类型1　首层平面图　　二层平面图

类型2　首层平面图　　二层平面图

室外广场空间

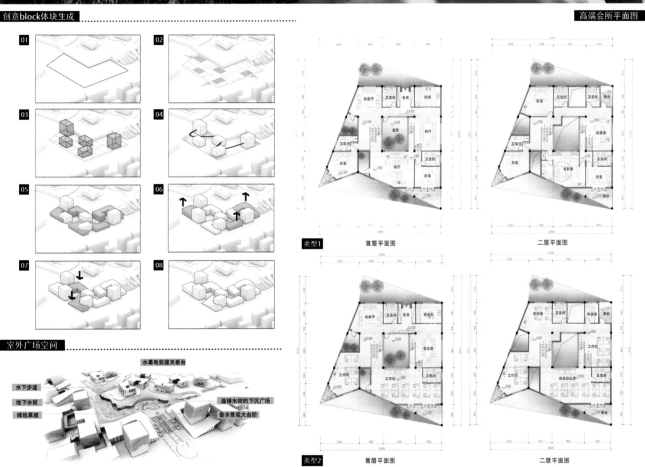

水幕电影露天看台
水下步道
地下水街
绿地草坡
连接水街的下沉广场
叠水景观大台阶

5+1
2016
杭州·万科·良渚文化村玉鸟流苏创意街区规划与建筑设计

全国五校建筑学专业联合毕业设计

天津城建大学
苏州科技大学
安徽建筑大学
浙江工业大学
烟台大学

044

创意Block平面图

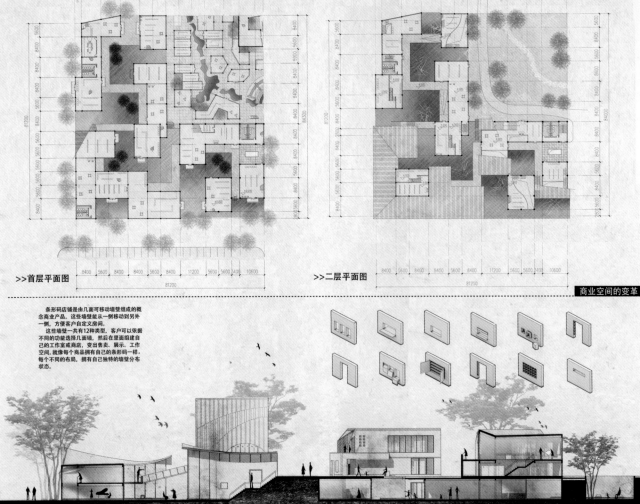

>>首层平面图

>>二层平面图

商业空间的变革

条形码店铺是由几面可移动墙壁组成的概念商业产品。这些墙壁能从一侧移动到另外一侧，方便客户自定义房间。
这些墙壁一共有12种类型，客户可以依据不同的功能选择几面墙壁，然后在里面组建自己的工作室或商店，变出售卖、展示、工作空间，就像每个商品拥有自己的条形码一样，每个不同的布局，拥有自己独特的墙壁分布状态。

重点地块剖面图

作品名称　城市之生　　　　学　校　浙江工业大学
设计者　裘嘉珺 季可怡　　　指导老师　王红

传统商户的演变

01 传统商铺　增设楼梯间，屋顶提供活动空间　外置楼梯，提供活动平台　顶层设置开放商加强展示宣传

02 传统餐饮　增设楼梯间，屋顶提供餐饮空间　外置楼梯，屋顶花园提升就餐环境提供　顶层设置与中央平台相连的就餐微空间

03 传统娱乐　增设楼梯间，屋顶为居民提供运动器械　外置楼梯，设置不同高度的活动平台和运动设施　顶层设置遮阳，屋顶绿化，提供自然景观

商业空间与广场绿化的融合

商业空间与广场绿化相邻　商业空间退台形式，自然从上部渗透　底层后退自然下层渗透　布置出挑自然从上下层渗透

商业空间通过灰空间与自然广场联系　商业空间底层架空，下层为自然或广场　商业空间转为半室外与自然广场联系　实体商业空间转为广场空间

商业综合体平面图

商业综合体室内透视

水街街景效果图

5+1 2016

杭州·万科·良渚文化村玉鸟流苏创意街区规划与建筑设计

全国五校建筑学专业联合毕业设计

天津城建大学
苏州科技大学
安徽建筑大学
浙江工业大学
烟台大学

045

■ 作品名称　城市之生　　　■ 学校　浙江工业大学
■ 设计者　裴嘉珺 李可怡　　■ 指导老师　王红

5+
2016
杭州·万科·良渚文化村玉鸟流苏创意街区规划与建筑设计

全国五校建筑学专业联合毕业设计

天津城建大学
苏州科技大学
安徽建筑大学
浙江工业大学
烟台大学

046

区位分析图

杭州市位置位置

良渚在杭州市区的位置

竹径茶语
阳光天际
白鹭郡西
基地

基地在良渚文化村位置

杭州市位于中国东南沿海、浙江省北部、钱塘江下游、京杭大运河南端。市区拥有江、河、湖、山交融的自然环境，属于亚热带季风区，四季分明，雨量充沛。

良渚镇是浙江省杭州市余杭区辖镇，在杭州市区西北，距市区中心约20公里，是余杭区中部中心城镇。全镇区域面积103.1平方公里，常住人口9.1万人。

本方案地块位于良渚镇区西南角大美丽洲区域，距离良渚镇中心区城约2公里，该地区以良渚文化遗址为依托，以良渚文化深厚内涵和自然环境优势为基础，致力于发展文化休闲旅游业、文化会展业和时尚消费业。是杭州市十大创意产业基地之一。

合院的再造策略

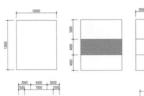
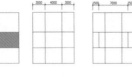

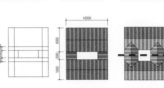
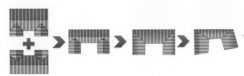

二进制住宅平面原型 　二进制住宅挑檐 　二进制住宅屋顶尺度 　四合院切割

重新演绎形式与材料

01

通过对中国传统建筑进行解析，提取一些文化符号来指导现代建筑形式设计。让现代建筑诠释出传统文化，增强场所记忆和象征性。

02

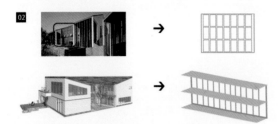

中国传统建筑里最具特色的应该是屋顶和建筑材料，我们对它进行剖析和重新组合，确保新建筑不仅拥有传统建筑的文化内涵也拥有现代建筑的空间优势。

文脉调研

01 玉石文化

玉琮　玉三叉形器　玉璧

02 陶器文化

子丑"三足鼎"　鬶鶴"三足盉"　纺轮"陶纺轮"

03 石器、编织及蚕桑文化

良渚石器　刮削石刀　良渚蚕丝毛巾

良渚古城分布示意图

在城郭建筑的文化形制方面，从壕沟形制的建筑聚落出现，并渐成完善，发展形成成围有濠池的城。这时期建筑遗址的布局结构和出土的良渚玉琮形制有惊人的相似。

楼市调研

	2002.04	2003.06	2004.03	2006.04	2008.09	2012.06
分期情况	竹径茶语公寓3-5层	白鹭郡北多层公寓	白鹭郡南多层公寓	阳光天际联体排屋 叠排	白鹭郡东多层公寓	白鹭郡西 璟地洋房
价格走势	花园洋房开盘均价5000元/m²，目前市场平均售价为20000元/m²	均价13535元/m²	均价12000元/m²	均价24000元/m²	均价16000元/m²	均价14000-19000元/m²

名称	物业类型	面积 m²	销售情况
竹径茶语	4-5层的坡地花园洋房、坡地排屋、独栋别墅以及坡地叠排的居住村落	190-335	各期物业均热销
白鹭郡北	山地花园洋房	92-186	
白鹭郡南	4-5层公寓/精装修多层公寓	55-89/120-240	
阳光天际	山地联体排屋、叠排	190-230	
白鹭郡东	3-5层建筑，以两房、三房为主的中小居住单元	80-120	

创意Block效果图

创意Block室内

创意Block街景

■ 作品名称　城市之生　　　■ 学校　浙江工业大学
■ 设计者　袭嘉珺季可怡　　■ 指导老师　王红

5+1
2016
杭州·万科·良渚文化村玉鸟流苏创意街区规划与建筑设计

全国五校建筑学专业联合毕业设计

天津城建大学
苏州科技大学
安徽建筑大学
浙江工业大学
烟台大学

047

区位分析
ANALYSIS OF LOCATION

设计说明
THE INSTRUCTION OF DESIGN

本次村落更新选址于浙江省杭州市良渚文化村玉鸟流苏建筑中部空地，场地为五边形鸟瞰形式，环境优美，依傍、东北面靠大片山林。本村落更新通过对现代社会特殊群体——建筑师的探索与分析，建筑师的工作生活以特殊的群居性与离居性并存，而村落形式在一定程度上符合建筑师的这种特殊要求，同时，借助环境优美，幽静，靠山，繁华等建筑周感等手法，激发创意力的灵感，进过组织，转厅，收发等等建筑手法着力为建筑师塑造了一个惬意生活，创意艺术，表达思想的村落空间意境。

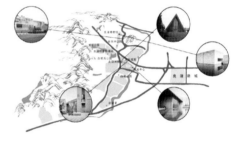

●空间结构分析

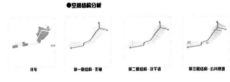

规划策略
STRATEGY OF PLANNING

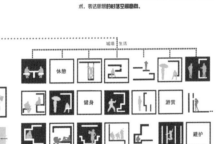

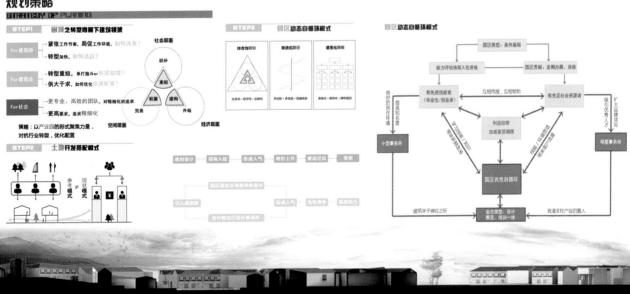

作品名称　匠人部落　　学校　浙江工业大学
设计者　胡宇哲 黄卓炜　　指导老师　谢榴

5+1
2016
良渚文化村 建筑师聚落小镇

浙江省杭州市良渚文化村玉鸟流苏规划设计　02
ARCHITECTS' SETTLEMENT TWON
环境与概念

2016
杭州·万科·良渚文化村玉鸟流苏创意街区规划与建筑设计

全国五校建筑学专业联合毕业设计

天津城建大学
苏州科技大学
浙江工业大学
安徽建筑大学
烟台大学

048

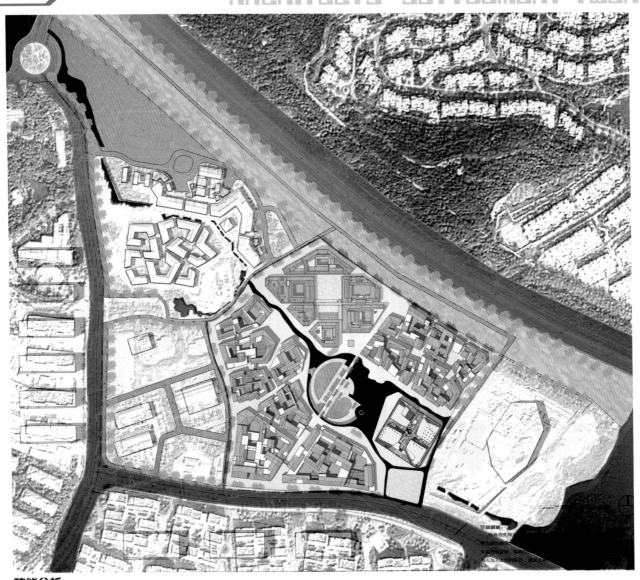

功能分析
ANALYSIS OF FUNCTIONS

规划生成
THE INSTRUCTION OF DESIGN

路网分析

庭院分析

围庭分析

连廊分析

组团分析

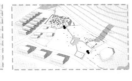
环境压力

山水脉络

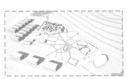
慢行流线

路网生成

建筑置入

5

2016

全国五校建筑学专业联合毕业设计

杭州·万科·良渚文化村玉鸟流苏创意街区规划与建筑设计

天津城建大学
苏州科技大学
安徽建筑大学
浙江工业大学
烟台大学

049

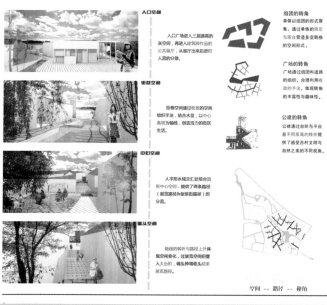

入口空间

入口广场进入三层通高的灰空间，再进入建筑师作品的公共展厅，从展厅出来后进行人流的分散。

街巷空间

街巷空间通过收放的空间组织手法，结合水景，以中心高塔为轴线，创造活力的街区生活。

中心空间

人字形水域交汇处结合圆形中心空间，提供了两条路径（展览路径&创意街路径）的分流。

尽头空间

轴线的转折与路径上升体现空间变化，过展览空间后叠入大台阶，端头钟塔收头结束展览路径。

组团的转角

单体以组团的形式聚集，通过单体的限定与围合营造多变转换的空间形式。

广场的转角

广场通过组团与道路的组织，合理利用收放的空间，体现转角的丰富性与趣味性。

公建的转角

公建通过台阶与平台在不同层高的转折提供了感受古村文明与自然之美的不同视角。

空间 -- 路径 -- 楼角

5+1
2016
杭州·万科·良渚文化村玉鸟流苏创意街区规划与建筑设计

全国五校建筑学专业联合毕业设计

天津城建大学
苏州科技大学
安徽建筑大学
烟台大学
浙江工业大学

050

挤压　提联　拍转　加剧　升华

功能分区　流线分析　开窗分析

涌高分析

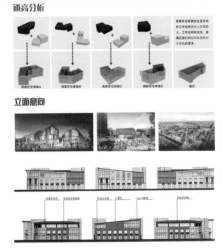

立面意向

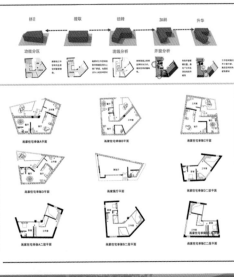

组团分析

组团内单体分析

组团视线分析

组团内庭院分析

组团内道路节点分析

ARCHITECTS' SETTLEMENT TWON

5+2016
杭州·万科·良渚文化村玉鸟流苏创意街区规划与建筑设计
全国五校建筑学专业联合毕业设计

天津城建大学
苏州科技大学
安徽建筑大学
浙江工业大学
烟台大学

051

狭窄空间　＋　污浊空气

这样的环境，我们还能 活多久？

●传统设计模式

在这样一个市场竞争激烈的环境下，它四面都是壁垒。在市场环境好的时候，我们浑然不觉，当市场不好的时候，这个盒子让我们透不过气来我们目前遇到的主困境是：项目少、成本高、管理难、质量差。

缺点：项目少、成本高、管理难、质量差。

●互联网+设计模式

代表了对数据的处理、加工和分析，正是这样的大数据盒子，正在引领我们社会飞速向前发展。（互联网+概念）

盒子和空气（传统）　　开放的盒子加上流动的空气（新模式）　　封闭的盒子＋污浊的空气

●优势：

① 设计机构可以　　　　　　　，需要什么专项设计就随时采购，不再有忙闲不均，专业化的团队也可以服务多个设计机构。

② 我们将自己的特长展示出来，让需求方主动找到最适合的我们，而不是四处找任务，我们看到所有的互联网平台都是需求方主动发起，而不是提供方四处寻找，因为这符合互联网逻辑，这样的逻辑。从而让优秀的团队有充足的任务，

③ 所有的专家级外援，专业化团队都可以随时调用，

·实名大数据系统

依托　　　　实名注册系统进行数据积累，互联网能够提取大量的设计资源，可以为设计采购提供最清晰直观的数据支持和团队保障。

·能力评测数据系统

个人：全面的专业能力评估模型，包括：　　　　　　　　。通过这六个维度来帮助我们定位设计师和工程师的个人能力。

·项目匹配数据系统

当设计任务进入以后，会根据这个设计任务的类型和特点，系统会自动向符合这个标签特征的团队发出邀请，计算

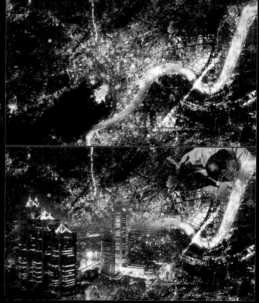

大数据系统
ONE

■ 作品名称　匠人部落
■ 设 计 者　胡宇哲 黄卓玮
■ 学　　校　浙江工业大学
■ 指导老师　谢榴

5+
2016
杭州·万科·良渚文化村玉鸟流苏创意街区规划与建筑设计

全国五校建筑学专业联合毕业设计

天津城建大学
苏州科技大学
安徽建筑大学
浙江工业大学
烟台大学

052

良渚文化村 建筑师聚落小镇

STEP1. 场地压力
来自南面主入口的人流渗透压
来自西北面期星建筑事务所的形势压
来自东面安藤文化中心的建筑压

STEP2. 切割地块
依据场地内的人流走下场地主要出入位置
将地块进行划分

STEP3. 细分地块
根据block大致面积需要进一步划分
梳理主要路径走势
初步营造小路径

STEP4. 体块形成
按照路网block体块升起

STEP5. 体块变形
周边block降低以减少对外部压迫感
中心block的升起形成中心
眺望良好的观景视野

STEP6. 局部抽取
西北靠近园区主面, 抽取局部形成停车场
主要路径中部局部抽取形成较大的广场, 供人停留
端部位置抽取形成较大的广场汇聚本地块内人流

STEP7. 肌理深化
根据地块内业态分布, 进一步梳理体块
参照安藤街区图底关系, 生成院落

STEP8. 院落提取
考虑院落与院落间的穿透关系
通过一层或二层的局部架空得疏院初步联系

STEP9. 廊道联系
设计廊道为设计师们提供休息区域
利用二层或三层的廊道和平台联系block
提供两一极高的空间为不定发生的活动创造可能
视线的穿透制造各种透明性

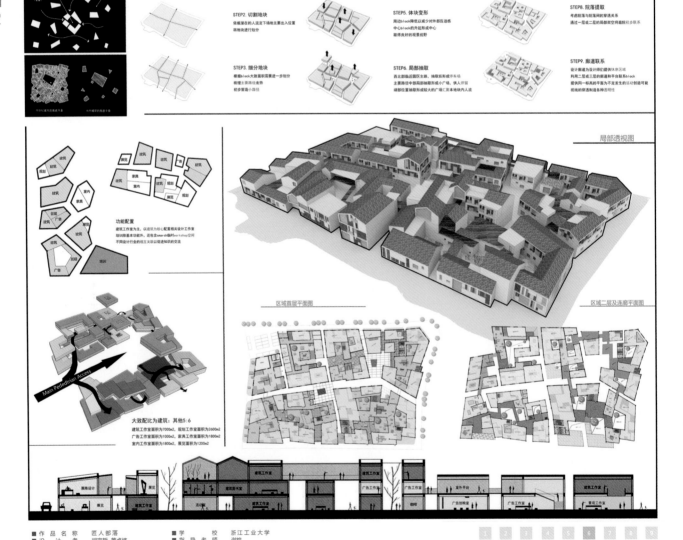

功能配置
建筑工作室为主, 以建筑为核心配置相关设计工作室
培训项目基本难度以外, 还包含smart城市workshop空间
不同设计行业的相互关系以促进知识的交流

大致配比为建筑: 其他5:6
建筑工作室面积为7000m2, 规划工作室面积为2600m2
广告工作室面积为1000m2, 家具工作室面积为1800m2
室内工作室面积为1800m2, 展览面积为1200m2

局部透视图

区域首层平面图

区域二层及连廊平面图

Main Pedestrian Access

5+
2016
杭州·万科·良渚文化村玉鸟流苏创意街区规划与建筑设计

全国五校建筑学专业联合毕业设计

天津城建大学
苏州科技大学
安徽建筑大学
浙江工业大学
烟台大学

053

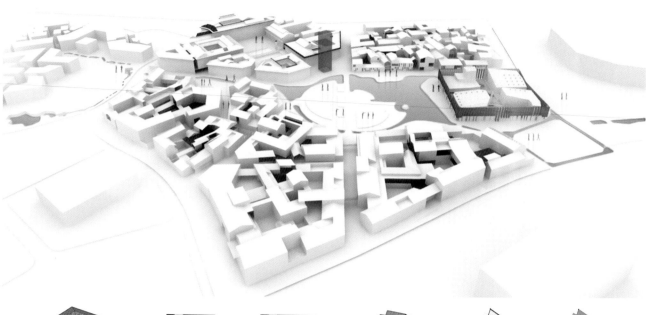

早在21世纪之初，某位广告就提出了一个发人深省的问题，这个问题揭示了时代发展的命脉所在，为各个国家，各个领域指出了明路，虽然在很多人地方沦为了笑谈，却被拥有智大慧的人所重视，这个问题就是：21世纪最重要的是什么？人才。

在一块地上，置入的产业，就好比一课移植的树苗，要如何长成给予人阴凉的大树，他需要长出根须，然后去周边，去更远的地方吸收水分和养分，而这个产业中的参与者们，就是能够深入地下的根，只有他们不断生长，才能将这个产业锚固在地块上。沙漠是怎么来的？是能锁住水的根须被拔掉，水分流失，风化。反映到我们的产业选择而言，激活块的产业，关键在于要把人留住。

从这个角度来说，不能仅仅是周末经济。

初步定位的疗养功能，人群定位、相关业态辅助都比较吻合，但是以周末经济为主导，不足以将从业者、消费者锚固在这块地上。新的产业关系会影响产业格局分布。

笔者调研过程中发现，国内很多建筑师事务所在选择办公场所时，摈弃了设计院那样呆板、沉闷的办公空间，转向营造富有活力与创意的办公环境，有的选择了旧厂房。幼儿园等建筑进行改造，设计适合自身发展与创作模式的办公空间。

另外，这些建筑事务所内部，由于组织结构上不同于大中型设计院，建筑师事务所由于人才管理模式不同于大中型设计院它们在日常的工作中十分注重对创作环境的营造，对员工进行人性化的管理，让设计师们感受到关爱，使得设计工作变得充满乐趣，从而激发员工的工作积极性"在方案设计过程中，团队内的每个成员都可以自由地表达自己的创意构想，方案的深入方向不是主创建筑师个人思想的表达，而是大家集思广益！共同解决问题，积极创新的结果。

有的在地块中发挥能量，而更多的则是被禁锢，无法充分发挥其能量。

吸引人来，然后把人留住

墙体构造

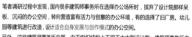

墙体材料

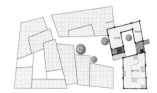
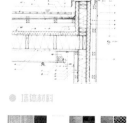

作品名称　匠人部落
设计者　胡宇哲　黄卓炜
学校　浙江工业大学
指导老师　谢超

7

5+1

2016

全国五校建筑学专业联合毕业设计

杭州·万科·良渚文化村玉鸟流苏创意街区规划与建筑设计

■ 天津城建大学

■ 苏州科技大学

■ 浙江工业大学

■ 安徽建筑大学

■ 烟台大学

054

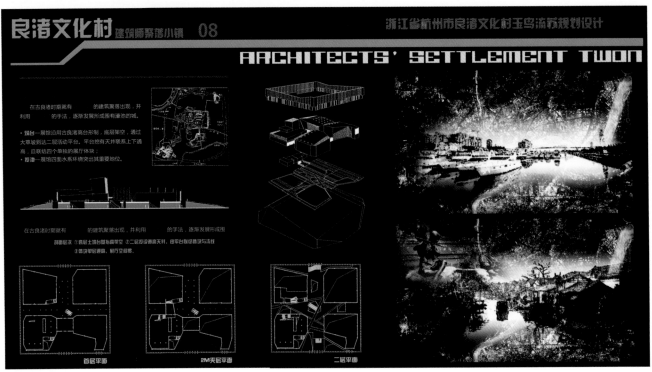

5+1
2016
全国五校建筑学专业联合毕业设计
杭州·万科·良渚文化村玉鸟流苏创意街区规划与建筑设计
天津城建大学
苏州科技大学
安徽建筑大学
浙江工业大学
烟台大学

055

●展厅透视

■ 作 品 名 称　匠人部落　　　　■ 学　　　校　浙江工业大学
■ 设 计 者　胡宇哲 黄卓炜　　　■ 指 导 老 师　谢栩

贺耀萱　　　　　　王旭

陈克明　　张静茹　　郭凡丁　　尹丽君

白胤君　　范碧瑆　　李宜谦　　刘子路

5+1 2016
全国五校建筑学专业联合毕业设计
杭州·万科·良渚文化村玉鸟流苏创意街区规划与建筑设计
天津城建大学
苏州科技大学
安徽建筑大学
浙江工业大学
烟台大学
058

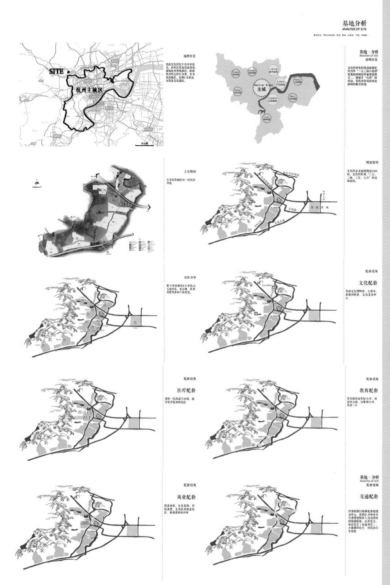

调研一
天津城建大学　陈克明/张静茹/郭凡丁/伊丽君

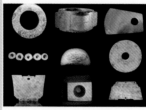

基地·分析　玉鸟流苏

基地·分析　美丽洲堂

基地·分析　文化中心

基地·分析　良渚博物院

基地·分析　中国草创设计博物馆

基地·分析　良渚食街

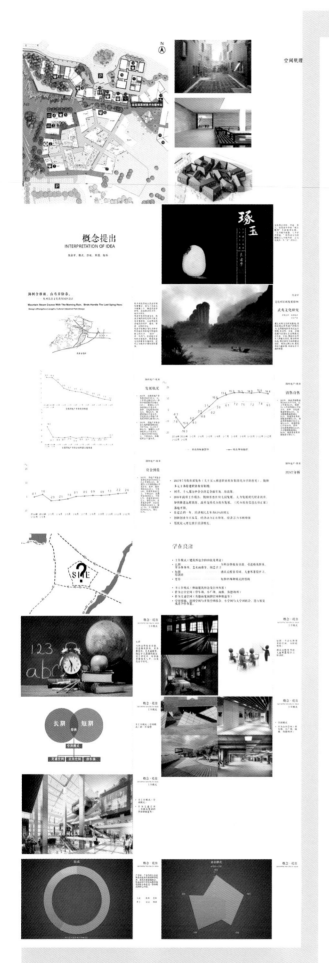

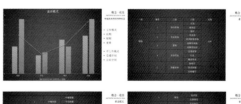

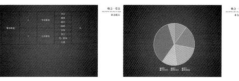

空间肌理

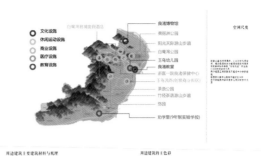

天津城建大学　陈克明/张静茹/郭凡丁/伊丽君

空间尺度

- 文化设施
- 休闲运动设施
- 商业设施
- 医疗设施
- 教育设施

良渚博物馆

白鹭湾地域旅游商店

概念提出
INTERPRETATION OF IDEA

琢玉

湖树含朝雨，山鸟弄馀春。
——杭州良渚文化村玉鸟流苏创意街区设计

Mountain Steam Course With The Morning Rain, Birds Handle The Last Spring Here.
Design ofHangzhou Liangzhu Cultural Industrial Park Design

成熟文化研究

基础研究

发展轨迹

消费更替

PEST分析

学在良渚

周边建筑主要建筑材料与肌理

周边建筑的主色彩

地区	城镇非私营单位从业人员	城镇私营单位从业人员
北京	102268	52902
浙江	61572	38689
广东	59481	41295
青海	57084	30337
重庆	55588	40139
宁夏	54858	33229
内蒙古	53748	34778
福建	53426	
四川	52555	32671
安徽	50894	35268
陕西	50535	30483
海南	49882	32707
山西	48969	
湖南	47112	30568
甘肃	46960	
吉林	46516	26140
江西	46218	30149
广西	45424	
河北	45114	31459
湖南	42179	27414

平均收入

基础研究

基础研究

概念·提炼

概念·提炼

概念·提炼

概念·提炼

长期　短期

SITE

2016 全国五校建筑学专业联合毕业设计

杭州·万科·良渚文化村玉鸟流苏创意街区规划与建筑设计

天津城建大学
苏州科技大学
安徽建筑大学
浙江工业大学
烟台大学

059

5+2016

杭州·万科·良渚文化村玉鸟流苏创意街区规划与建筑设计

全国五校建筑学专业联合毕业设计

天津城建大学
安徽建筑大学
苏州科技大学
浙江工业大学
烟台大学

060

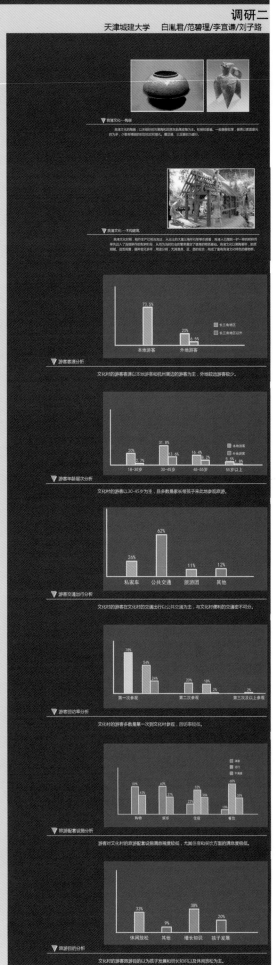

调研二

天津城建大学　白胤君/范碧瑶/李宜谦/刘子路

5
2016

全国五校建筑学专业联合毕业设计

杭州·万科·良渚文化村玉鸟流苏创意街区规划与建筑设计

■ 天津城建大学
■ 苏州科技大学
■ 安徽建筑大学
■ 浙江工业大学
■ 烟台大学

天津城建大学　白胤君/范碧理/李宜谦/刘子路

商业活动分析 Commercial activities Analysis

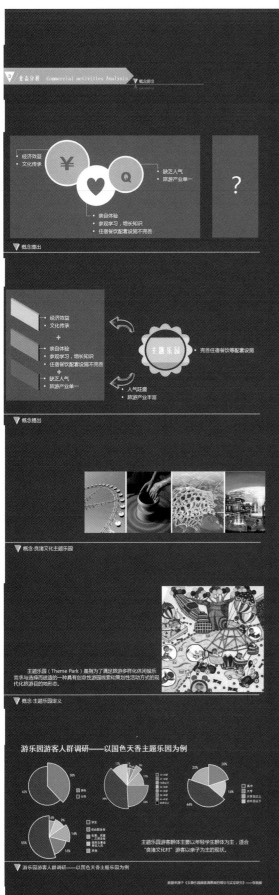

▽ 概念提出

▽ 概念提出

▽ 概念:良渚文化主题乐园

主题乐园(Theme Park)是指为了满足旅游多样化休闲娱乐需求与选择而建造的一种具有创意性游园线索和策划性活动方式的现代化旅游目的地形态。

▽ 概念:主题乐园定义

游乐园游客人群调研——以国色天香主题乐园为例

主题乐园游客群体主要以年轻学生群体为主,适合"良渚文化村"游客以亲子为主的现状。

▽ 游乐园游客人群调研——以国色天香主题乐园为例

数据来源于《主题乐园顾客满意度的理论与实证研究》一张海涛

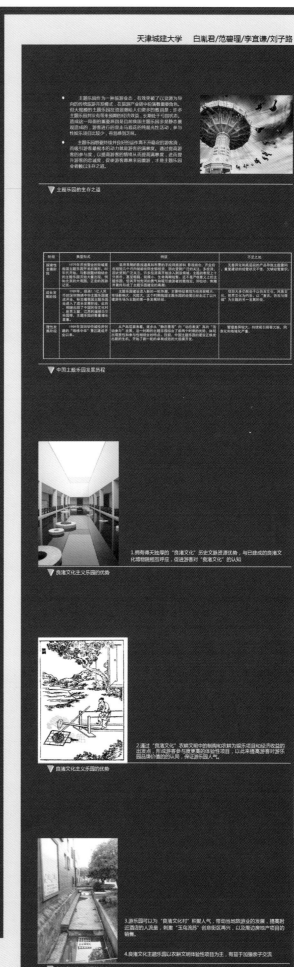

▽ 主题乐园的生存之道

▽ 中国主题乐园发展历程

1.拥有得天独厚的"良渚文化"历史文脉资源优势,与已建成的良渚文化博物院相互呼应,促进游客对"良渚文化"的认知

▽ 良渚文化主义乐园的优势

2.通过"良渚文化"农耕文明中的制陶和农耕为娱乐项目和经济收益的出发点,形成游客参与度更高的体验性项目,以此来提高游客对游乐园品牌价值的认同,保证游乐园人气。

▽ 良渚文化主义乐园的优势

3.游乐园可以为"良渚文化村"积聚人气,带动当地旅游业的发展,提高附近酒店的人流量,刺激"玉鸟流苏"创意街区再兴,以及周边房地产项目的销售。

4.良渚文化主题乐园以农耕文明体验项目为主,有益于加强亲子交流

▽ 良渚文化主义乐园的优势

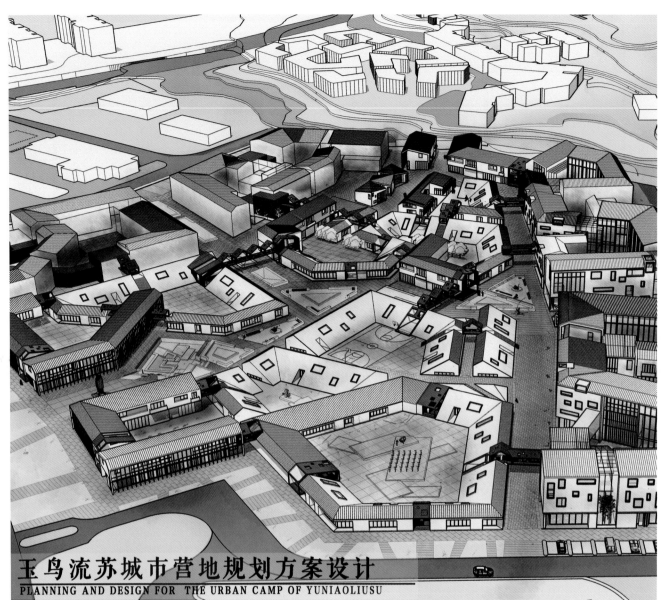

5+1
2016
杭州·万科·良渚文化村玉鸟流苏创意街区规划与建筑设计
全国五校建筑学专业联合毕业设计

天津城建大学
苏州科技大学
浙江工业大学
安徽建筑大学
烟台大学

062

玉鸟流苏城市营地规划方案设计
PLANNING AND DESIGN FOR THE URBAN CAMP OF YUNIAOLIUSU

区域背景
Regional Background

良渚文化是一支分布在中国东南地区太湖流域的新石器文化类型，代表遗址为良渚遗址。良渚文化遗址位于杭州市城北18公里处余杭区良渚镇，区内能明显看到中心聚落、次中心聚落、普通聚落这种组织式的聚落结构，以及宫殿、祭坛、墓地、工场、农耕区、土场、城址、村落等各类遗存。

文化遗址最大特色是所出土的玉器，以其数量多、质量高而超越同时期其他地区玉器制造业之上，充分说明玉器制作已经成为专业化程度很高的手工业行业。

基地位于万科南都产业集团投资的良渚文化村玉鸟流苏地块中部，东为良渚镇区，北侧2公里远为良渚文化遗址，南临杭州市西湖区，距离杭州中心区16公里。

技术路线
Research Technical Courses

资料研究 → 调查研究 → 确定目标 → 确立策略 → 规划设计 → 设计成果

基地调研
Problems Research

基地现为荒地，西北为已建创业街区一期（齐纵、张宽区），东北为现状城市绿地，东侧为已建文化中心（安藤忠雄设计），南侧贴临城市道路，西侧为停车场、食街菜场及公交车站。在调研中我们发现已建良鸟流苏整个地块与良渚食街对应。

SITE

用地红线   住宅用地   停车用地
文化建筑   商业建筑   教育建筑

现状分析
Problems Research

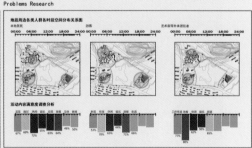

城市印记
City Memory

基地原为良渚老城住区。老城与杭州市传统建筑风格相承；坊巷规划结构、大天井、小花园、高围墙、硬山顶、人字坡、以文脉延续为中心。在区域规划的层面上沿用古良渚坊式的聚落结构，并保留城市印记。

问题分析
Problems Research

城市营地
culture 文脉
hot 人气
arts 艺术
shopping 商业

■ 作品名称 玉鸟流苏城市营地   ■ 学校 天津城建大学
■ 设计者 白胤君 范碧瑾   ■ 指导老师 贺耀萱 王旭

5+1
2016
杭州·万科·良渚文化村玉鸟流苏创意街区规划与建筑设计

全国五校建筑学专业联合毕业设计

天津城建大学
苏州科技大学
安徽建筑大学
浙江工业大学
烟台大学

063

技术经济指标

总用地面积：78818.41m²	建筑密度：0.35
地上总建筑面积：54625.78m²	绿地率：52%
1.零售：6555.09m²	容积率：0.69
2.餐饮：9286.38m²	停车位：65
3.住宿：9832.84m²	建筑层数：4层
4.休闲：8193.86m²	建筑高度：20m
5.教育：18026.51m²	
6.服务：2185.03m²	

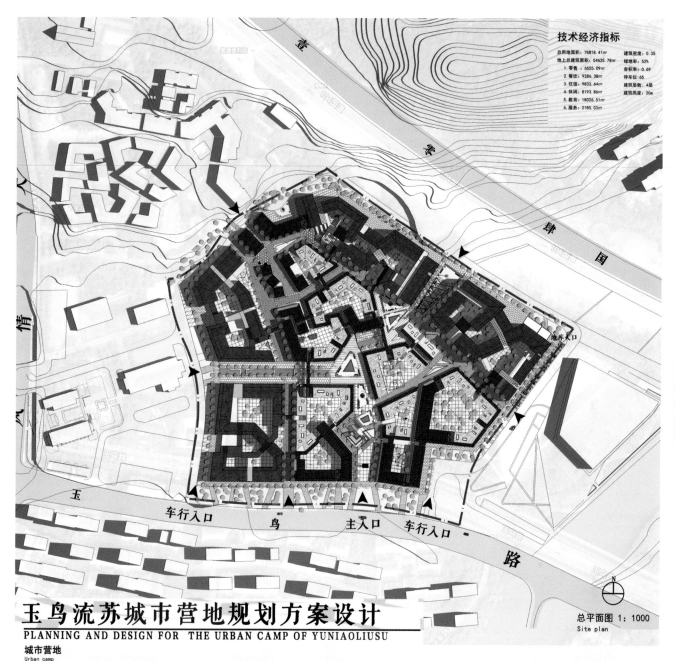

玉鸟流苏城市营地规划方案设计
PLANNING AND DESIGN FOR THE URBAN CAMP OF YUNIAOLIUSU

城市营地
Urban camp

总平面图 1：1000
Site plan

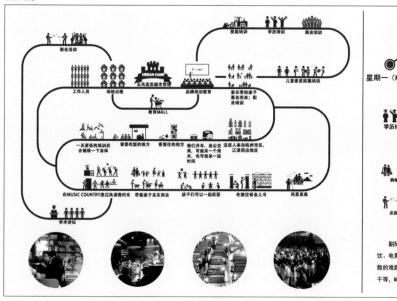

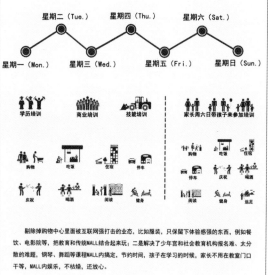

删除掉购物中心里面被互联网强打击的业态，比如服装，只保留下体验感强的东西，例如餐饮、电影院等，把教育和传统MALL结合起来玩；二是解决了少年宫和社会教育机构报名难、太分散的难题，钢琴、舞蹈等课程MALL内搞定，节约时间，孩子在学习的时候，家长不用在教室门口干等，MALL内娱乐，不枯燥，还放心。

■ 作品名称　玉鸟流苏城市营地　　■ 学　校　天津城建大学
■ 设计者　白胤君 范碧瑶　　　　■ 指导老师　贺耀萱 王旭

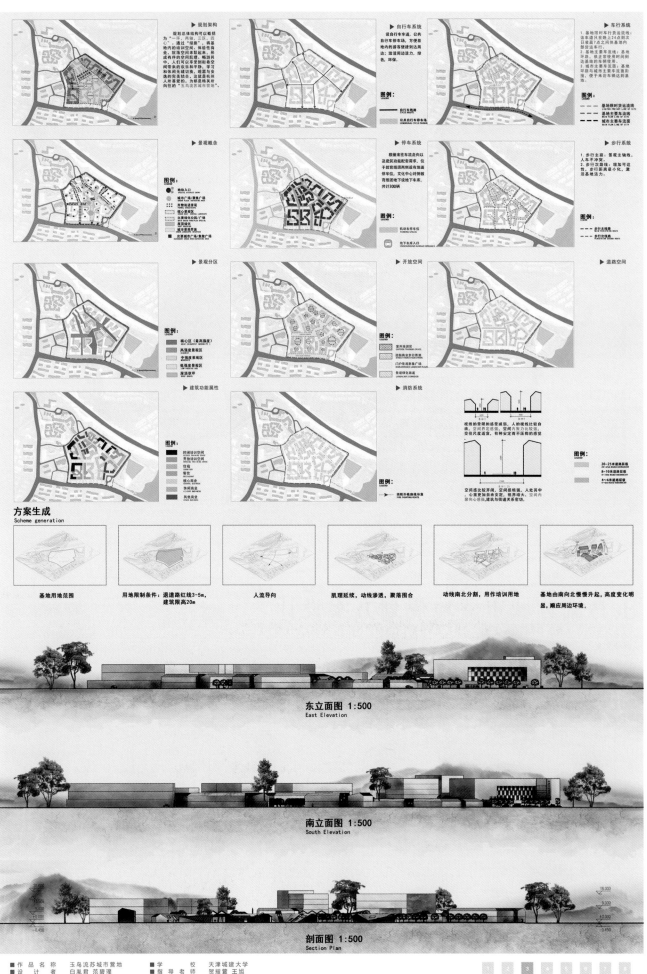

5+1
2016

杭州·万科·良渚文化村玉鸟流苏创意街区规划与建筑设计

全国五校建筑学专业联合毕业设计

■ 天津城建大学
■ 苏州科技大学
■ 安徽建筑大学
■ 浙江工业大学
■ 烟台大学

064

▶ 规划架构

▶ 自行车系统

▶ 车行系统

▶ 景观概念

▶ 停车系统

▶ 步行系统

▶ 景观分区

▶ 开放空间

▶ 道路空间

▶ 建筑功能属性

▶ 消防系统

方案生成
Scheme generation

基地用地范围

用地限制条件：退道路红线3-5m，建筑限高20m

人流导向

肌理延续，动线渗透，聚落围合

动线南北分割，用作培训用地

基地由南向北慢慢升起，高度变化明显，顺应周边环境。

东立面图 1:500
East Elevation

南立面图 1:500
South Elevation

剖面图 1:500
Section Plan

5
2016
杭州·万科·良渚文化村玉鸟流苏创意街区规划与建筑设计

全国五校建筑学专业联合毕业设计

■ 天津城建大学
■ 苏州科技大学
■ 安徽建筑大学
■ 浙江工业大学
■ 烟台大学

065

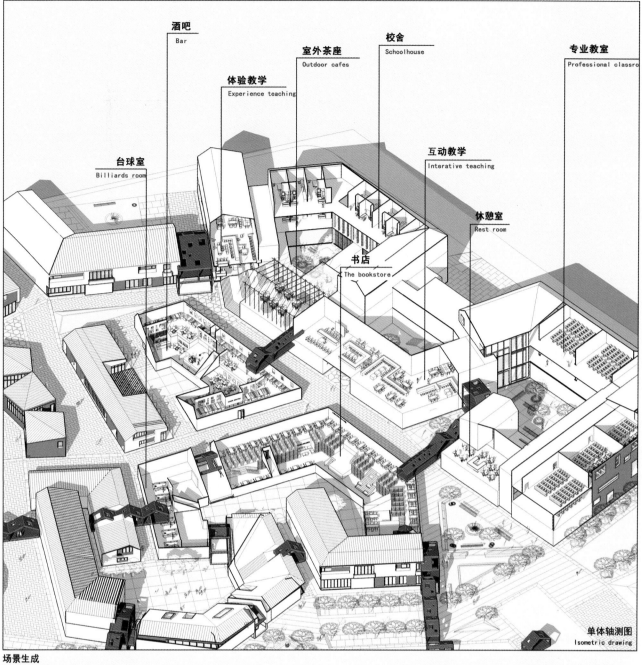

酒吧
Bar

台球室
Billiards room

体验教学
Experience teaching

室外茶座
Outdoor cafes

校舍
Schoolhouse

专业教室
Professional classroom

互动教学
Interative teaching

休憩室
Rest room

书店
The bookstore

单体轴测图
Isometric drawing

场景生成
Scene representing

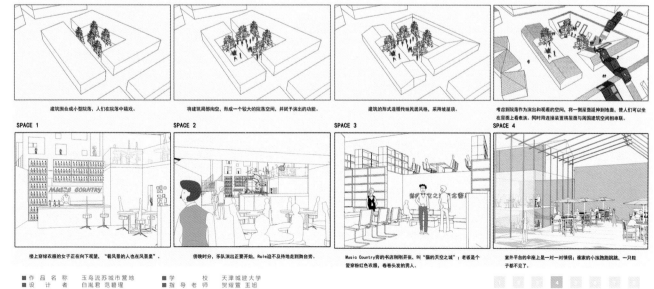

建筑围合成小型院落，人们在院落中嬉戏。

将建筑局部掏空，形成一个较大的院落空间，并赋予演出的功能。

建筑的形式追循传统民居风格，采用坡屋顶。

考虑到院落作为演出和观看的空间，将一侧屋面延伸到地面，使人们可以坐在屋顶上看表演。同时用连接装置将屋面与周围建筑空间相串联。

SPACE 1

SPACE 2

SPACE 3

SPACE 4

楼上穿绿衣服的女子正在向下观望，"看风景的人也在风景里"。

傍晚时分，乐队演出正要开始，Role迫不及待地走到舞台旁。

Music Country旁的书店刚刚开张，叫"猫的天空之城"；老板是个爱穿粉红色衣服，卷卷头发的男人。

室外平台的伞座上是一对一对情侣，谁家的小孩跑跑跳跳，一只鞋子都不见了。

■ 作 品 名 称　玉鸟流苏城市营地　　■ 学 校　天津城建大学
■ 设 计 者　白胤君 范碧瑾　　■ 指 导 老 师　贺耀萱 王旭

5+1

2016
全国五校建筑学专业联合毕业设计

杭州·万科·良渚文化村玉鸟流苏创意街区规划与建筑设计

天津城建大学
苏州科技大学
安徽建筑大学
浙江工业大学
烟台大学

066

玉鸟流苏城市营地规划方案设计
PLANNING AND DESIGN FOR THE URBAN CAMP OF YUNIAOLIUSU

方案演绎
Infer of scheme

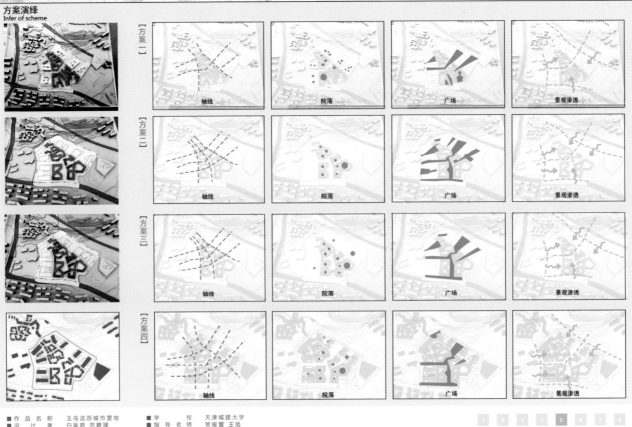

■ 作 品 名 称　玉鸟流苏城市营地　　　　■ 学　　　校　天津城建大学
■ 设 计 者　白岚君 范碧瑶　　　　　■ 指 导 老 师　贺耀萱 王旭

5²
2016
全国五校建筑学专业联合毕业设计
杭州·万科·良渚文化村玉鸟流苏创意街区规划与建筑设计

■ 天津城建大学
■ 苏州科技大学
■ 浙江工业大学
■ 安徽建筑大学
■ 烟台大学

067

首层平面图 1：350
First floor plan

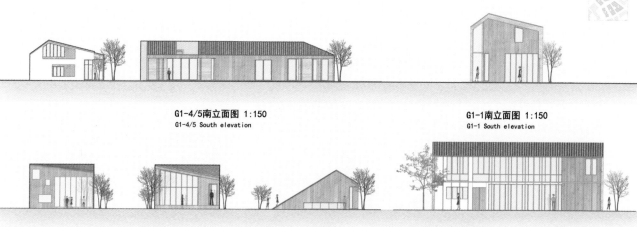

G1-4/5南立面图 1:150
G1-4/5 South elevation

G1-1南立面图 1:150
G1-1 South elevation

G1-2东立面图 1:150
G1-2 East elevation

G1-2西立面图 1:150
G1-2 West elevation

G1-5西立面图 1:150
G1-5 West elevation

G1-1西立面图 1:150
G1-1 West elevation

■ 作品名称 玉鸟流苏城市营地
■ 设计者 白岚君 范碧瑾
■ 学校 天津城建大学
■ 指导老师 贺耀萱 王旭

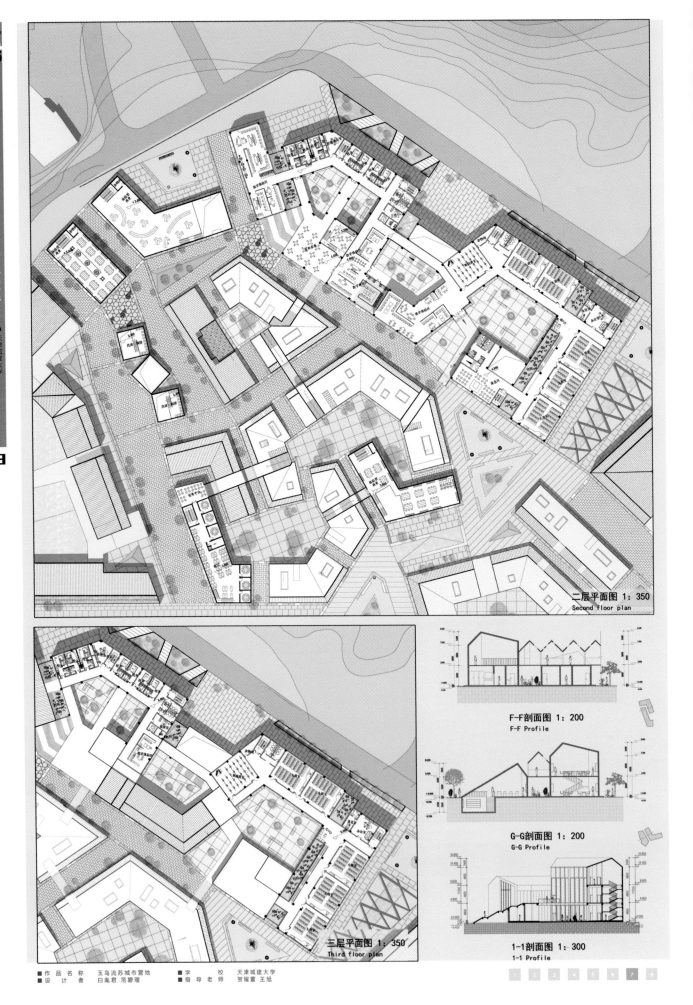

5十
2016

杭州·万科·良渚文化村玉鸟流苏创意街区规划与建筑设计

全国五校建筑学专业联合毕业设计

天津城建大学
苏州科技大学
浙江工业大学
安徽建筑大学
烟台大学

068

二层平面图 1：350
Second floor plan

F-F剖面图 1：200
F-F Profile

G-G剖面图 1：200
G-G Profile

1-1剖面图 1：300
1-1 Profile

三层平面图 1：350
Third floor plan

■ 作 品 名 称　玉鸟流苏城市营地　　■ 学　　　校　天津城建大学
■ 设 计 者　白胤君 范碧瑾　　　■ 指 导 老 师　贺耀萱 王旭

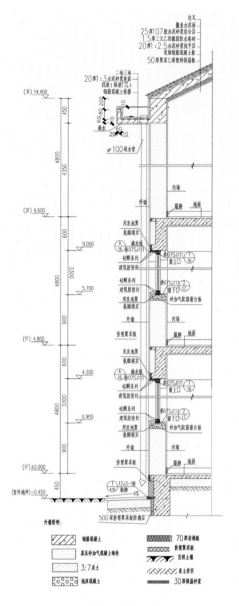

H1墙身大样图 1：20
H1 Wall detail

外墙图例：

钢筋混凝土	70厚岩棉板
蒸压砂加气混凝土砌块	挤塑聚苯板
3：7灰土	自流土填
泡沫混凝土	30厚保温砂浆

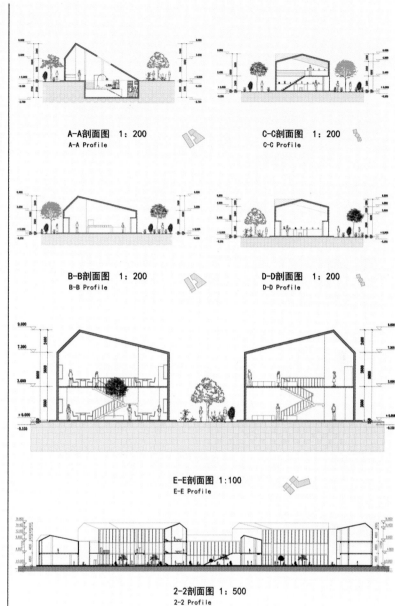

A-A剖面图 1：200
A-A Profile

C-C剖面图 1：200
C-C Profile

B-B剖面图 1：200
B-B Profile

D-D剖面图 1：200
D-D Profile

E-E剖面图 1：100
E-E Profile

2-2剖面图 1：500
2-2 Profile

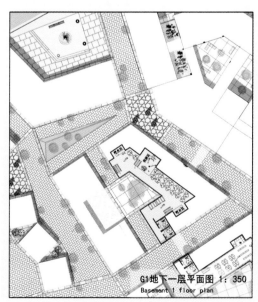

G1地下一层平面图 1：350
Basement 1 floor plan

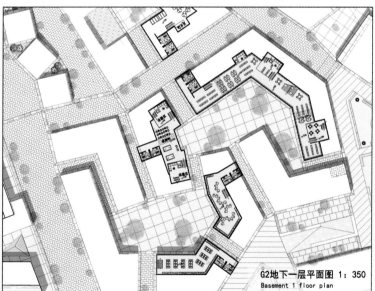

G2地下一层平面图 1：350
Basement 1 floor plan

5+2
2016
全国五校建筑学专业联合毕业设计
杭州·万科·良渚文化村玉鸟流苏创意街区规划与建筑设计

天津城市建设大学
苏州科技大学
安徽建筑大学
浙江工业大学
烟台大学

069

■ 作品名称 玉鸟流苏城市营地 　　　■ 学 校 天津城市建设大学
■ 设计者 白胤君 范碧瑶 　　　■ 指导老师 贺耀萱 王旭

5+毕业设计

2016
杭州·万科·良渚文化村玉鸟流苏创意街区规划与建筑设计

全国五校建筑学专业联合毕业设计

天津城建大学
安徽建筑大学
苏州科技大学
浙江工业大学
烟台大学

070

基地分析

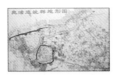

杭州位于中国东南沿海、钱塘江下游、京杭大运河南端，是浙江省的政治、经济、文化和金融中心，中国七大古都之一。

基地位于杭州市良渚组团核心区，杭州市主要路网渗透到基地周边，基地交通便利。基地周边有距杭州市区中心最近的丘陵绿地和水网平原相结合的生态环境。

在良渚组团区域，天目山余脉和东苕溪、京杭大运河贯穿其中，沪杭、沪宁高速公路在区内设有入口，104国道和宣杭铁路过境，有天独厚的文化、生态旅游资源与便捷的水陆交通。

良渚遗址集中而全面地反映了中国新时期时代特定的社会形态。遗址区内能明显的看到中心聚落、次中心聚落、普通聚落这种极差式的聚落结构，其原始地理环境和遗址保存的完整性、密集度全世界罕见，是今天研究和探讨东方文明起源的重要对象，在人类文明史上具有唯一性和重要性。

周边业态

本项目用地位于玉鸟流苏地块中部空地，总用地面积为79024㎡。

本项目基地临近文化村主要交通干道，交通便利。

本项目基地周围建有大量地产项目，且项目种类丰富，包含多层住宅区以及别墅区。

本项目基地周围建有居民艺术活动中心、美丽洲教堂以及菜市场等公建。

本项目基地周围各项配套比较完善，西南侧建有文化创意街区、幼儿园，西侧建有食街、停车场等。

本项目基地西侧建有老年地产·随园嘉树，属于文化村一大特色。

现有活动

音乐 出行 商业
休息 聊天 演讲
集会 通信 新闻

电视 隐私 休息 音乐
广播 居住 配套 交通
通信 运输 餐饮 服饰

电视 服饰 中餐
广播 休息 咖啡
出行 住宿 闲谈

宠物 时间 咖啡
出行 种植 休息
休息 商业 辅助

调研数据

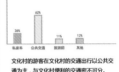
文化村的游客在文化村的交通出行以公共交通为主，与文化村便利的交通密不可分。

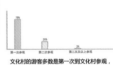
文化村的游客多数是第一次到文化村参观，回访率较低。

休息 餐饮
老人 交通
电视 辅助

餐饮 酒吧 憩息
餐饮 餐饮 快餐
咖啡 中餐 西餐

植物 果汁
宠物 休息
座椅 咖啡

通过对基地的实地调研可以得出以下结论：
1、基地位于杭州市良渚组团核心区，杭州市主要路网渗透到基地周边，基地交通便利。
2、基地周边有距杭州市区中心最近的丘陵绿地和水网平原相结合的生态环境。
3、基地所在的良渚文化村距离良渚文化遗址仅2公里，有浓厚的文化氛围。
4、整个良渚文化村的基础配套设施很完善，居民生活品质高。
5、基地周边缺乏人气，旅游产品单一。

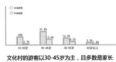
文化村的游客以30-45岁为主，且多数是家长带孩子来此参观旅游。

现有资源

"良渚文化" 历史史脉资源，良渚文化中著名的陶器、玉器、农业文明等，可以促进游客对"良渚文化"的认知。

自然生态资源，基地周边有距杭州市区中心最近的丘陵绿地和水网平原相结合的生态环境，是游客旅游观光的好去向。

整个良渚文化村的基础配套设施很完善，居民生活品质高。良渚文化村宜人的街道尺寸、良渚食街、村民卡、村民公约以及老年地产都是良渚文化村的特色，处处体现着居民对生活品质的追求不只停留在物质层面。

潜在活动

文化 茶艺 制陶 娱乐 电视 服饰
陶艺 种植 体验 宠物 广播 休息
插花 绿植 森林 休息 出行 住宿
骑行 online 陶艺 闲谈 宠物 时间
配套 交通 老人 交通 乐园 种植

基地所处位置的现有资源使基地自然而然衍生出一些潜在的活动，就如文化产业中的陶艺展览、陶艺制作、种植体验等一系列活动。

游客对文化村的旅游配套设施满意度较低。

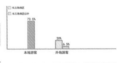
文化村的游客旅游是以孩子发展、增长知识以及休闲放松为主。

文化村的游客来源以本地游客和杭州周边的游客为主，外地较远游客极少。

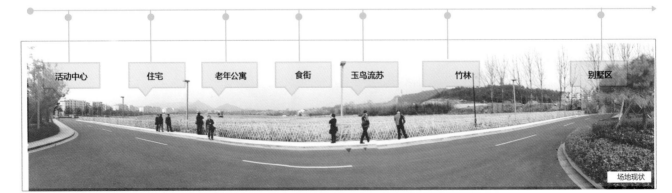

活动中心　住宅　老年公寓　食街　玉鸟流苏　竹林　别墅区

场地现状

■ 作品名称　良渚文化主题乐园规划与设计　■ 学　校　天津城建大学
■ 设计者　郭凡丁 尹丽君　■ 指导老师　贺耀萱 王旭

主题乐园业态分布

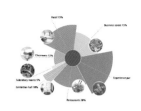

特色体验区与商业街区的配比为4：6。

权衡方案一和方案二的利弊，最终确定以特色体验区与商业街区比例接近但特色体验区相对少一点的配比进行业态分布。旨在以特色体验区为卖点，吸引大量游客来此地。

产业链

参观 → 稻田 → 学习 → 种植 → 种植田 → 售卖 → 教学

| 展览馆 种植田 | 专业教室 | 种植田 种植室 | 工作室 研发室 | 工作室 online | 工作室 专业教室 |

周边与基地场地

071

总平面图设计

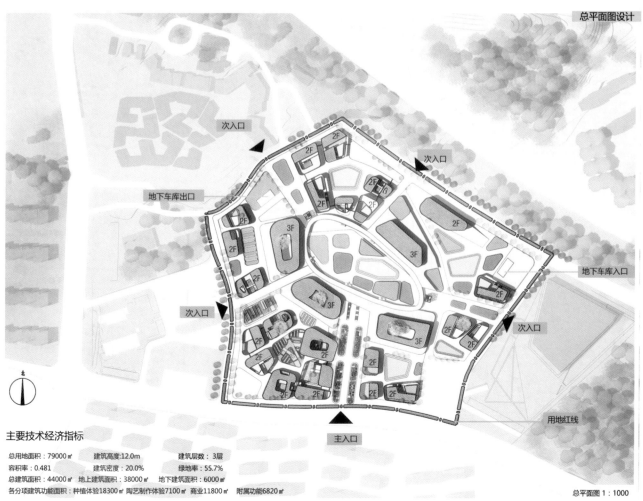

次入口　次入口　地下车库出口　地下车库入口　次入口　次入口　主入口　用地红线

主要技术经济指标

总用地面积：79000㎡　　建筑高度：12.0m　　建筑层数：3层
容积率：0.481　　建筑密度：20.0%　　绿地率：55.7%
总建筑面积：44000㎡　地上建筑面积：38000㎡　地下建筑面积：6000㎡
各分项建筑功能面积：种植体验18300㎡　陶艺制作体验7100㎡　商业11800㎡　附属功能6820㎡

总平面图1：1000

■ 作品名称　良渚文化主题乐园规划与设计　■ 学　校　天津城建大学
■ 设计者　郭凡丁 尹丽君　■ 指导老师　贺耀萱 王旭

5+毕业

2016

杭州·万科·良渚文化村玉鸟流苏创意街区规划与建筑设计

全国五校建筑学专业联合毕业设计

天津城建大学
苏州科技大学
安徽建筑大学
浙江工业大学
烟台大学

072

中心广场局部效果图

规划设计分析

 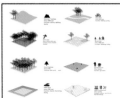   

功能分区　　停车系统　　绿地分布　　广场分布

规划流线分析

规划结构　　消防车流线　　车行流线　　人行流线　　二层流线

鸟瞰图

■ 作 品 名 称　良渚文化主题乐园规划与设计　■ 学　校　天津城建大学
■ 设 计 者　郭凡丁 尹丽君　■ 指 导 老 师　贺耀萱 王旭

主入口广场透视图

入口广场设计

本案入口广场位于临街基地主入口，承担着引导主要人流进入场地、展示主题乐园的面貌等极其重要的角色。本案的定位是良渚文化主题乐园，通过解读良渚文化，选取几个具有代表性且符合本案的文化分支设置不同主题的体验乐园。因此，入口广场的设计从激活整个场地入手，设计吸引游客的活动装置，配备基本的配套服务以及提供优美的观光环境。入口广场设计从道路、绿化带以及特色活动区三个方面进行详细设计。

step1:

预留入口广场宽度为32米。

step2:

对入口广场计划分为车行道路、人行道路并植入绿化带，对入口广场进行初步设计。

step3:

在入口广场绿化带划分出一部分活动场地，与入口广场处的建筑内部活动空间相呼应。

step4:

在绿化带活动场地中植入活动装置，丰富入口广场，并激活整个场地。

组团轴测

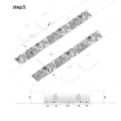
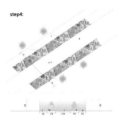

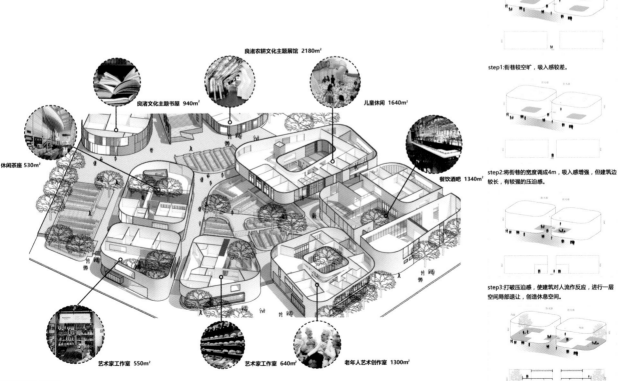

良渚农耕文化主题展馆 2180m²

良渚文化主题书屋 940m²

儿童休闲 1640m²

休闲茶座 530m²

餐饮酒吧 1340m²

艺术家工作室 550m²

艺术家工作室 640m²

老年人艺术创作室 1300m²

组团轴测及功能分布

建筑空间设计

step1:街巷较空旷，吸入感较差。

step2:将街巷的宽度调成4m，吸入感增强，但建筑边较长，有较强的压迫感。

step3:打破压迫感，使建筑对人流作反应，进行一层空间局部退让，创造休息空间。

step4:建筑室内空间被街巷压缩，使室内空间伸向内庭，加强室内活动，加强人与自然的接触。

5 十一
2016
全国五校建筑学专业联合毕业设计
杭州·万科·良渚文化村玉鸟流苏创意街区规划与建筑设计

天津城建大学
苏州科技大学
安徽建筑大学
浙江工业大学
烟台大学

073

5+1

2016

杭州·万科·良渚文化村玉鸟流苏创意街区规划与建筑设计

全国五校建筑学专业联合毕业设计

天津城建大学

苏州科技大学

浙江工业大学

安徽建筑大学

烟台大学

074

北

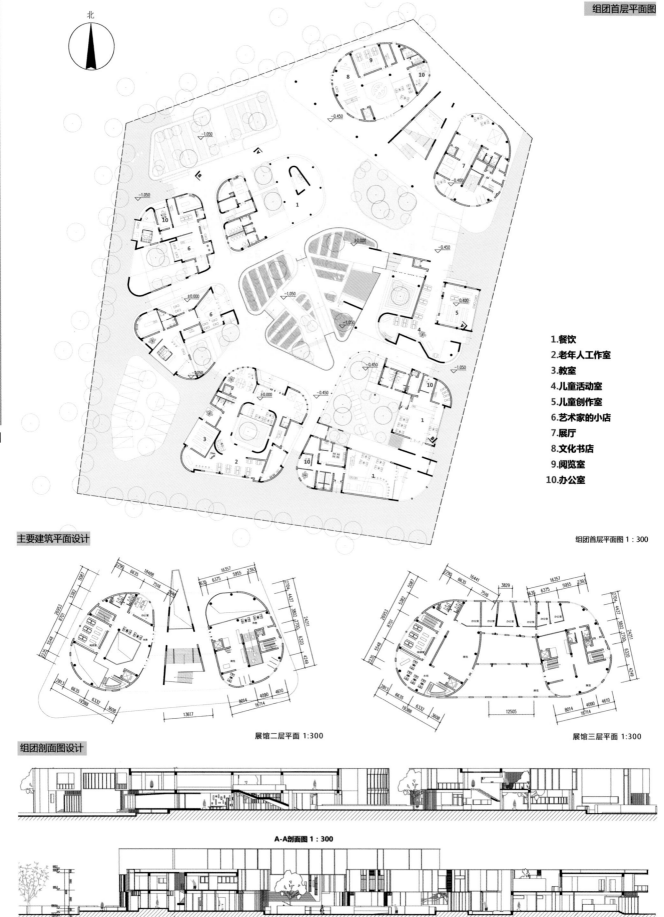

1.餐饮
2.老年人工作室
3.教室
4.儿童活动室
5.儿童创作室
6.艺术家的小店
7.展厅
8.文化书店
9.阅览室
10.办公室

组团首层平面图 1:300

主要建筑平面设计

展馆二层平面 1:300

展馆三层平面 1:300

组团剖面图设计

A-A剖面图 1:300

B-B剖面图 1:300

■作品名称 良渚文化主题乐园规划与设计　■学校 天津城建大学
■设计者 郭凡丁 尹丽君　■指导老师 贺媛萱 王旭

组团广场效果图

5+
2016
杭州·万科·良渚文化村玉鸟流苏创意街区规划与建筑设计
全国五校建筑学专业联合毕业设计
■ 天津城建大学
■ 苏州科技大学
■ 安徽建筑大学
■ 浙江工业大学
■ 烟台大学
075

老年人创意工坊

老年创意工坊首层平面 1:300

老年创意工坊二层平面 1:300

餐饮酒吧

餐饮酒吧一层平面 1:300

艺术家工作室1

艺术家工作室1 首层平面 1:300

艺术家工作室1 二层平面 1:300

餐饮酒吧二层平面 1:300

艺术家工作室2

艺术家工作室2 首层平面 1:300

艺术家工作室2 二层平面 1:300

组团功能分布示意图

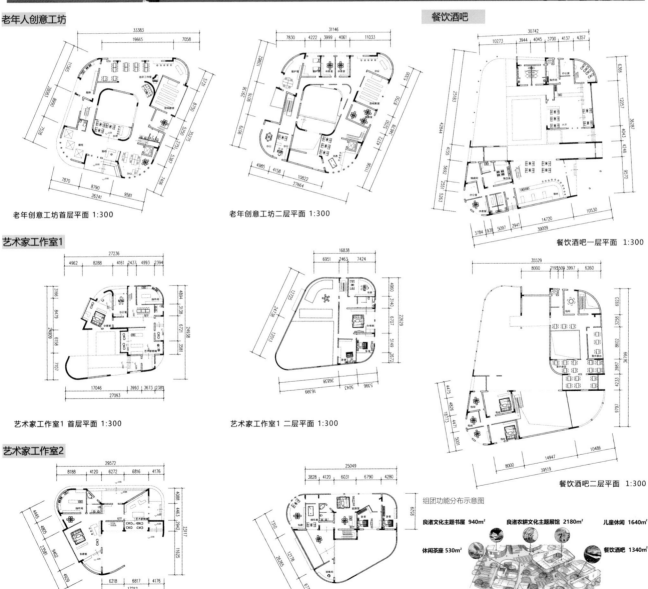

良渚文化主题书屋 940m²　　良渚农耕文化主题展馆 2180m²　　儿童休闲 1640m²

休闲茶座 530m²　　　　　　　　　　　　　　　　　　餐饮酒吧 1340m²

艺术家工作室 640m²　　艺术家工作室 550m²　　老年人艺术创作室 1300m²

■ 作品名称 良渚文化主题乐园规划与设计　　■ 学　校 天津城建大学
■ 设计者 郭凡丁 尹丽君　　■ 指导老师 贺耀萱 王旭

5+1

2016

杭州·万科·良渚文化村玉鸟流苏创意街区规划与建筑设计

全国五校建筑学专业联合毕业设计

■ 天津城建大学
■ 苏州科技大学
■ 浙江工业大学
■ 安徽建筑大学
■ 烟台大学

076

组团中心广场透视图

组团中心广场设计

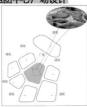

通过其对组团中心广场人流行为的分析，对广场进行切割，并创造出一条组团广场到达整个场地中心广场的种植带。

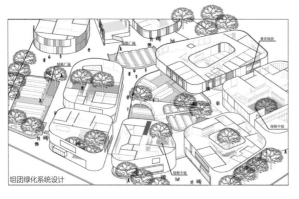

组团绿化系统设计

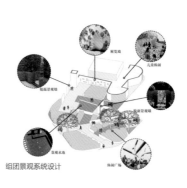

组团景观系统设计

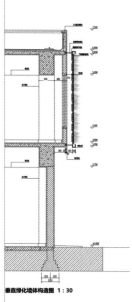

垂直绿化墙体构造图 1：30

建筑立面设计

立面设计手法

老年创意工作室立面图 1：200

儿童乐园临街立面图 1：200

休闲酒吧临街立面图 1：200

南方传统民居，它的工艺特征和造型风格主要体现在民居、祠庙、牌坊和园林等建筑实物中。它集南方山川风景之灵气，融风俗文化之精华，风格独特、结构严谨、雕镂精湛，不论是村镇规划构思，还是平面及空间处理、建筑雕刻艺术的综合运用都充分体现了鲜明的地方特色。在总体布局上，依山就势、构思精巧、自然得体。本案建筑造型通过对南方传统建筑进行解读后，提取一部分因素加入到本方案的设计。

屋顶

通过对徽派建筑马头墙的模仿，对建筑女儿墙进行压檐处理，模仿墙上小青瓦以及统一色彩，塑造建筑的地域性。

墙体

部分立面边框采用钢网作为围护结构创造，丰富的建筑立面层次创造优美的夜景，继承南方建筑的朦胧美。

开窗形式

立面在开窗上灵活，要求塑造建筑的轻盈感，同时还用传统传统建筑元素来丰富立面，体现其地域性。

材质

建筑立面采用加入小麦皮的白色混凝土抹饰建筑二层部分的外墙，建筑一层部分外墙在向内收的前提下采用当地石材饰面，配合相应的立体种植以及镜面、木窗棂和建筑之间狭长的空间，塑造具有历史感的南方意向。

■ 作品名称 良渚文化主题乐园规划与设计　■ 学　　校 天津城建大学
■ 设 计 者 郭凡丁 尹丽君　■ 指导老师 贺耀萱 王旭

5
2016
全国五校建筑学专业联合毕业设计
杭州·万科·良渚文化村玉鸟流苏创意街区规划与建筑设计

天津城建大学
苏州科技大学
安徽建筑大学
浙江工业大学
烟台大学

077

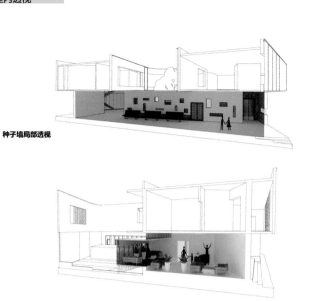

种子墙局部透视

艺术家工作室局部透视

室外茶座局部透视

儿童乐园平面设计

1.儿童室内游乐区
2.儿童手工创作室

儿童乐园一层平面图 1:300

1.儿童室内游乐区
2.儿童手工创作室
3.儿童阅读室
4.哺乳间
5.看护室
6.医务室
7.办公室

儿童乐园二层平面图 1:300

1.室外茶座 2.操作间 3.储藏室
4.茶室 5.办公室 6.休息室

茶室平面设计

茶室平面设计

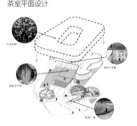

通过建筑部分底层架空增加檐下空间,为儿童提供一个遮阳挡雨的空间。

通过景观坡道将二层活动室与一层采摘广场联系,增加空间的趣味性与空间的流动性。

对建筑外墙进行垂直绿化处理,营造局部微气候,为儿童创造一个舒适的玩乐空间。

茶室一层平面 1:300

茶室二层平面 1:300

建筑二层内庭外墙由孩子们所做的折纸作品悬挂形成特殊立表皮面,在展示孩子们天赋的同时,形成柔和的光影效果

种子特色展墙丰富了室内空间,展现了该区域的体验主题。

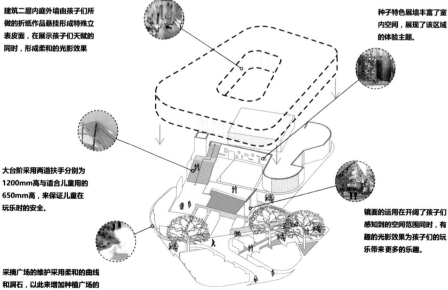

大台阶采用两道扶手分别为1200mm高与适合儿童用的650mm高,来保证儿童在玩乐时的安全。

镜面的运用在开阔了孩子们感知到的空间范围同时,有趣的光影效果为孩子们的玩乐带来更多的乐趣。

采摘广场的维护采用柔和的曲线和洞石,以此来增加种植广场的自然感和原始感,以及流动感。

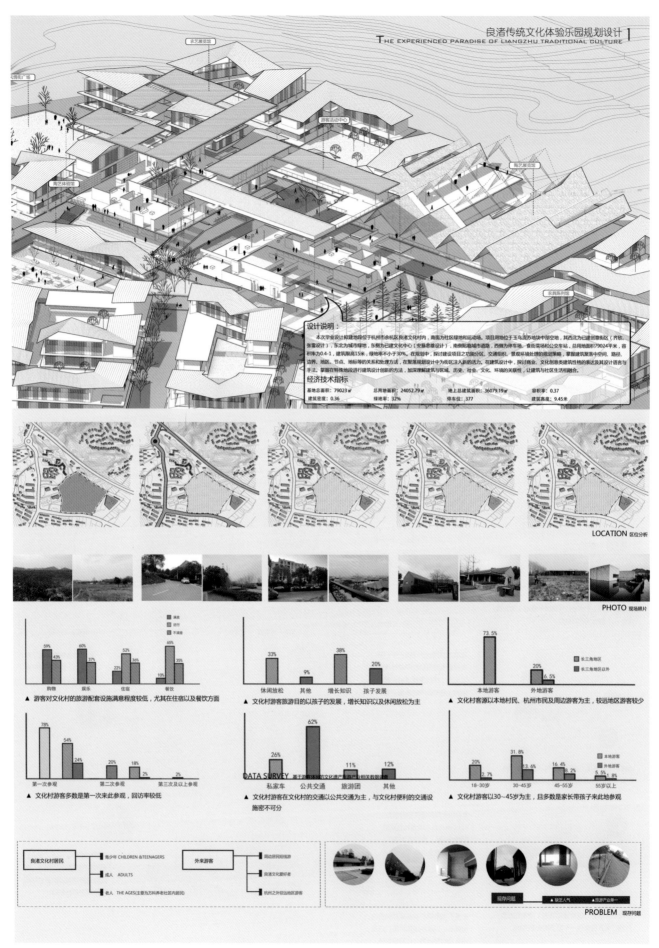

5+2016
杭州·万科·良渚文化村玉鸟流苏创意街区规划与建筑设计

全国五校建筑学专业联合毕业设计

天津城建大学
安徽建筑大学
苏州科技大学
烟台大学
浙江工业大学

078

设计说明：

本次毕业设计拟建建地段位于杭州市余杭区良渚文化村内，南面为社区绿地和运动场，项目用地位于玉鸟流苏地块中部空地，其西北为已建创意街区（齐欣，张雷设计），东北为城市绿地，东侧为已建文化中心（安藤忠雄设计），南侧临瑞城市道路，西侧为停车场、食街菜场和公交车站。总用地面积79024平米，容积率为0.4-1，建筑限高15米，绿地率不小于30%。在规划中，采用建设项目之功能分区，交通组织，景观环境处理的规划策略，掌握建筑聚落中空间，路区，边界，地区，节点，地标等的关系和处理方法，在聚落规划设计中为街区注入新的活力。在建筑设计中，探讨商业，文化各类建筑性格的表达及其设计语言与手法。掌握在特殊地设计行建筑创新的方法，加深理解建筑与区域，历史，社会，文化，环境的关联性，让建筑与社区生活相融合。

经济技术指标

| 基地总面积：79023 m² | 总用地面积：24052.79m² | 地上总建筑面积：36079.19 m² | 容积率：0.37 |
| 建筑密度：0.36 | 绿地率：32% | 停车位：377 | 建筑高度：9.45米 |

LOCATION 区位分析

PHOTO 现场照片

▲ 游客对文化村的旅游配套设施满意程度较低，尤其在住宿以及餐饮方面

▲ 文化村游客旅游目的以孩子的发展，增长知识以及休闲放松为主

▲ 文化村客源以本地村民、杭州市民及周边游客为主，较远地区游客较少

▲ 文化村游客多数是第一次来此参观，回访率较低

DATA SURVEY 基于游客体验的文化遗产旅游产业相关数据调查

▲ 文化村游客在文化村的交通以公共交通为主，与文化村便利的交通设施密不可分

▲ 文化村游客以30~45岁为主，且多数是家长带孩子来此地参观

良渚文化村居民
青少年 CHILDREN &TEENAGERS
成人 ADULTS
老人 THE AGES(主要为万科养老社区内居民)

外来游客
周边居民短线游
良渚文化爱好者
杭州之外较远地区游客

现存问题　▲缺乏人气　▲旅游产业单一

PROBLEM 现存问题

5+ **2016 全国五校建筑学专业联合毕业设计**

杭州·万科·良渚文化村玉鸟流苏创意街区规划与建筑设计

天津城建大学
苏州科技大学
浙江工业大学
安徽建筑大学
烟台大学

- 经济效益
- 文化传承

+

- 亲自体验
- 参观学习，增长知识

+

- 住宿餐饮及配套设施需完善
- 缺乏人气
- 旅游产业单一

玉器文化 + 农耕文化 + 陶艺体验 + 现代种植

传统文化体验园

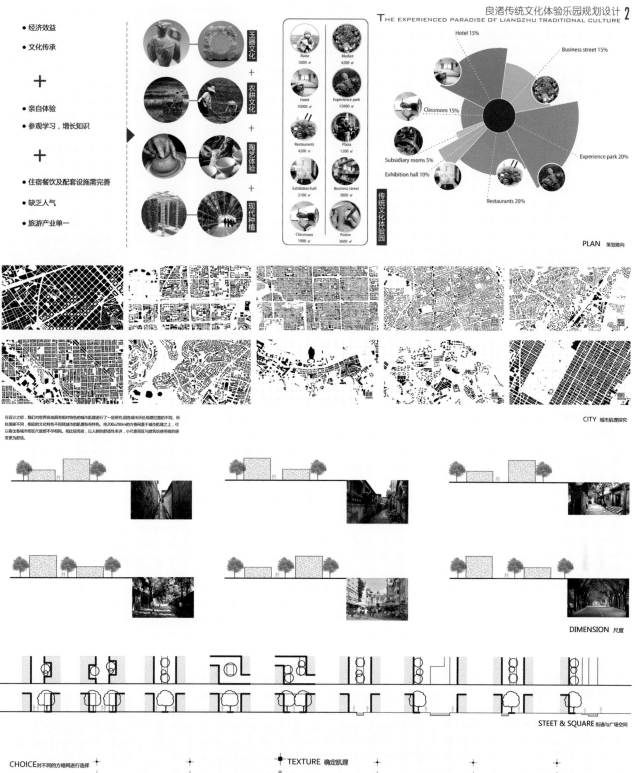

Raise 5000 ㎡	Market 4200 ㎡
Hotel 10000 ㎡	Experience park 15000 ㎡
Restaurants 4200 ㎡	Plaza 1200 ㎡
Exhibition hall 2100 ㎡	Business street 3800 ㎡
Classroom 1800 ㎡	Potter 3600 ㎡

Hotel 15%
Business street 15%
Classroom 15%
Experience park 20%
Subsidiary rooms 5%
Exhibition hall 10%
Restaurants 20%

PLAN 策划意向

在设计之初，我们对世界各地具有相似特色的城市机理进行了一定研究。因各城市所处地理位置的不同，所处国家不同，相应的文化特色不同城市的肌理各有特色。将200x200m的方格网置于城市机理之上，可以看出各城市街区尺度都不尽相同。相比较而言，以人的舒适性来讲，小尺度街区与建筑给使用者的感受更为舒适。

CITY 城市肌理探究

079

DIMENSION 尺度

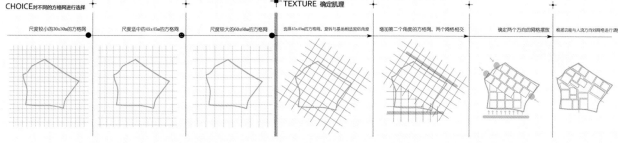

STEET & SQUARE 街道与广场空间

CHOICE 对不同的方格网进行选择

尺度较小的30x30m的方格网
尺度适中的45x45m的方格网
尺度较大的60x60m的方格网

TEXTURE 确定肌理

选择45x45m的方格网，旋转与基地相适宜的角度
增加第二个角度的方格网，两个网格相交
确定两个方向的网格摆放
根据功能与人流方向对网格进行调整

■ 作品名称 杭州市良渚传统文化体验园规划与建筑设计 ■ 学校 天津城建大学

■ 设计者 陈克明 张静茹 ■ 指导老师 贺耀萱 王旭

2

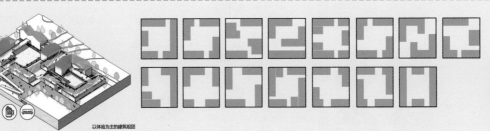

以体验为主的建筑组团

在肌理、尺度确定之后，以45x45m为基本组团单位，以类型学的方式对各种不同组合方式进行列队、各组团组合方式不同，其建筑形态也重不同，相匹配的建筑功能也不同，因而也会产生不同的场所体验感。

GROUP 组团的各种组合方式

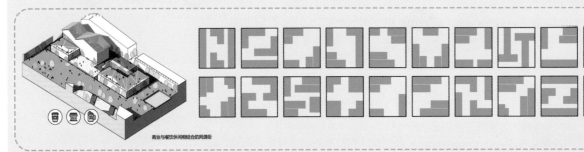

商业与餐饮休闲结合的风情街

靠近城市主干道是以商业与餐饮为主的建筑组团

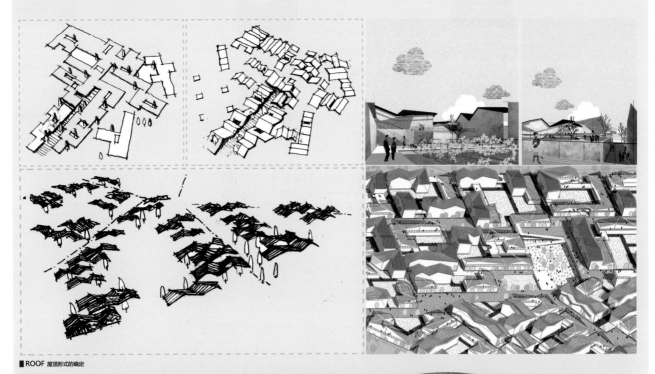

■ROOF 屋顶形式的确定

080

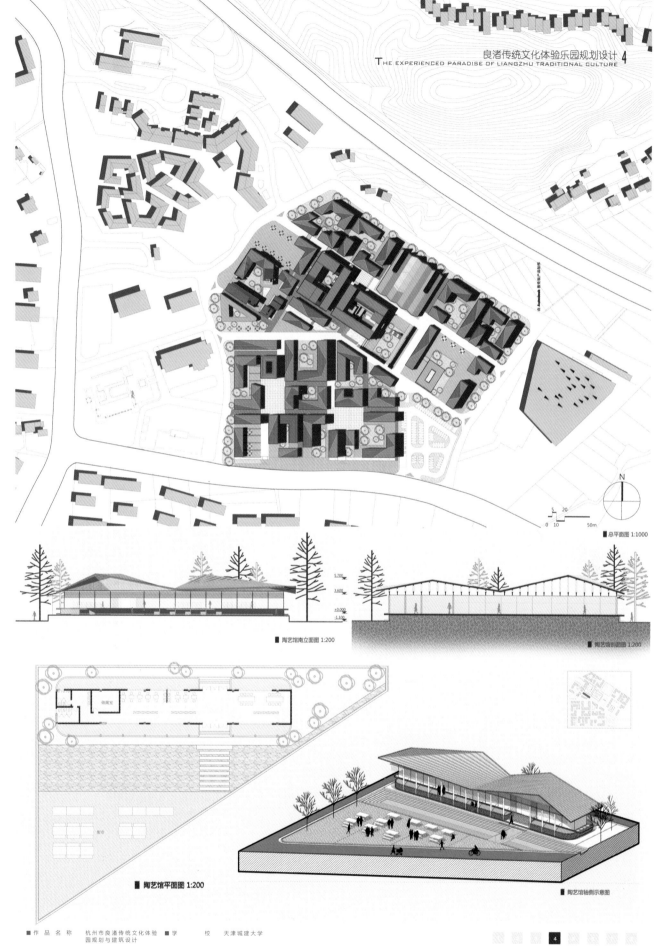

5
十三届

2016

杭州·万科·良渚文化村玉鸟流苏创意街区规划与建筑设计

全国五校建筑学专业联合毕业设计

天津城建大学

苏州科技大学

浙江工业大学

安徽建筑大学

烟台大学

081

N

0 10 20 50m

■总平面图 1:1000

■陶艺馆南立面图 1:200

■陶艺馆剖面图 1:200

■陶艺馆平面图 1:200

■陶艺馆轴侧示意图

■作品名称 杭州市良渚传统文化体验 ■学 校 天津城建大学
园规划与建筑设计

■设计者 陈克明 张静茹 ■指导老师 贺耀萱 王旭

4

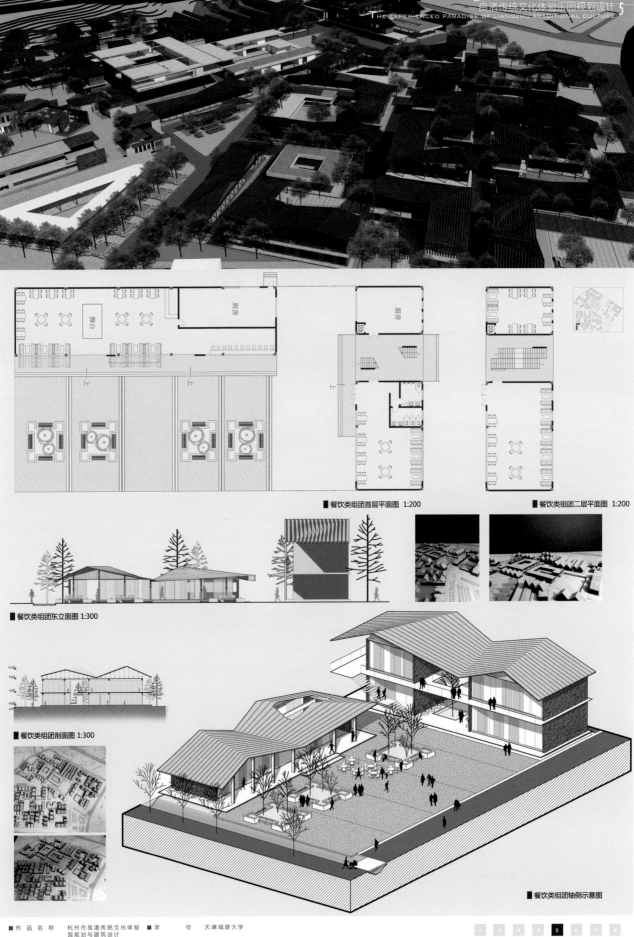

5
十五
2016
杭州·万科·良渚文化村玉鸟流苏创意街区规划与建筑设计

全国五校建筑学专业联合毕业设计

天津城建大学
苏州科技大学
安徽建筑大学
浙江工业大学
烟台大学

082

■餐饮类组团首层平面图 1:200　　■餐饮类组团二层平面图 1:200

■餐饮类组团东立面图 1:300

■餐饮类组团剖面图 1:300

■餐饮类组团轴侧示意图

■作品名称　杭州市良渚传统文化体验　■学　　校　天津城建大学
　　　　　　园规划与建筑设计
■设计者　陈克明 张静茹　　■指导老师　贺耀萱 王旭

5⁺ 壹

2016

全国五校建筑学专业联合毕业设计

杭州·万科·良渚文化村玉鸟流苏创意街区规划与建筑设计

天津城建大学

苏州科技大学

安徽建筑大学

浙江工业大学

烟台大学

083

■ 街景示意图

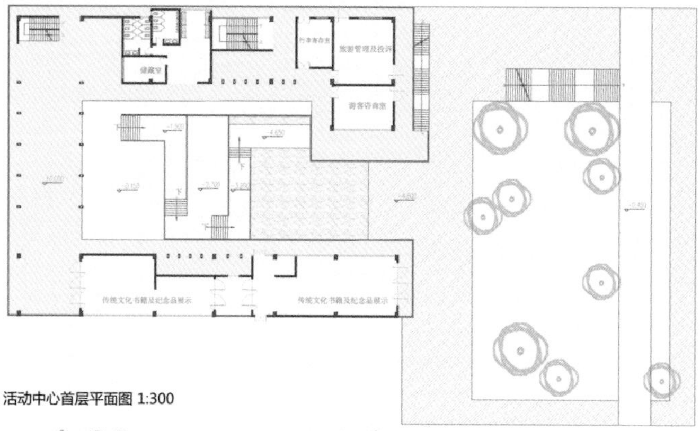

■ 活动中心首层平面图 1:300

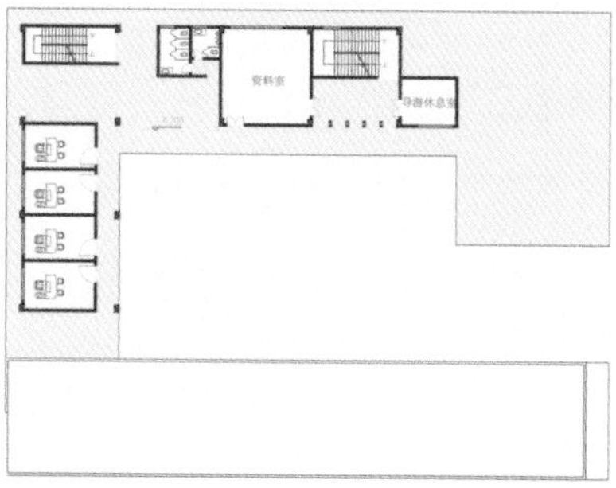

■ 活动中心二层平面图 1:300

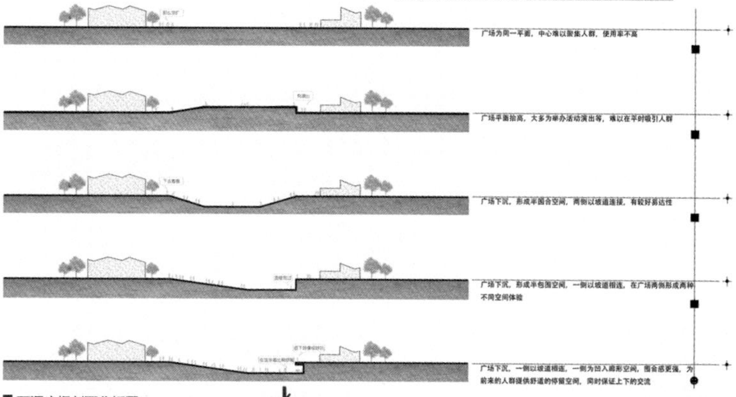

广场为同一平面，中心难以聚集人群，使用率不高

广场半高抬高，大多为举办活动演出等，难以在平时吸引人群

广场下沉，形成半围合空间，两侧以坡道连接，有较好易达性

广场下沉，形成半包围空间，一侧以坡道相连，在广场两侧形成两种不同空间体验

广场下沉，一侧以坡道相连，一侧为凹入的阴影空间，围合感更强，为前来的人群提供舒适的停留空间，同时保证上下的交流

■ 下沉广场剖面分析图

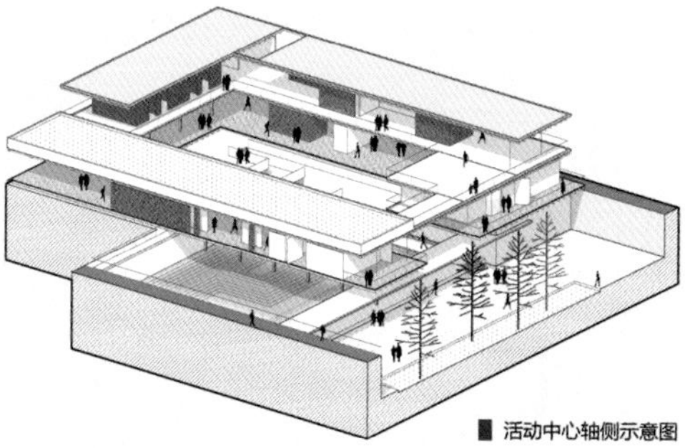

■ 活动中心轴侧示意图

■ 活动中心东立面图 1:200

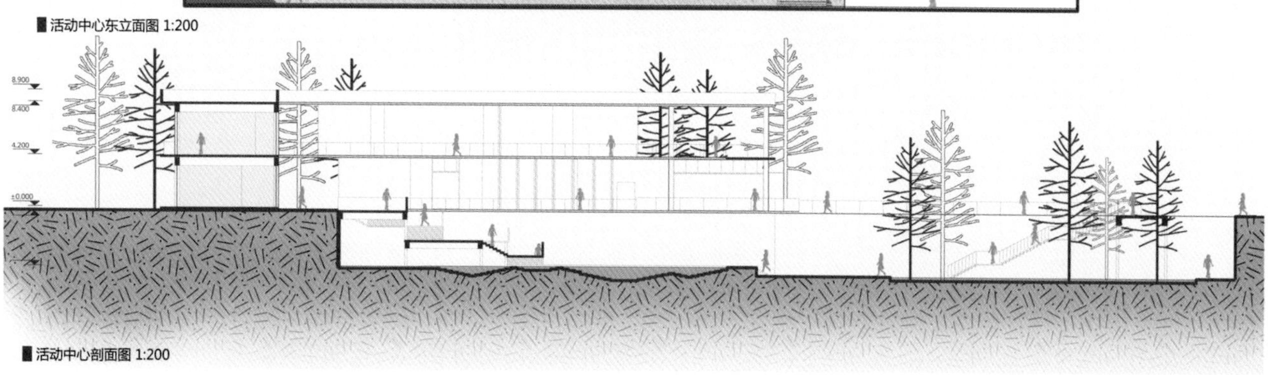

8.900
8.400
4.200
±0.000

■ 活动中心剖面图 1:200

■ 作 品 名 称　杭州市良渚传统文化体验　■ 学　　　　校　天津城建大学
　　　　　　　　园规划与建筑设计

■ 设 计 者　陈克明　张静茹　■ 指 导 老 师　贺耀萱　王旭

6

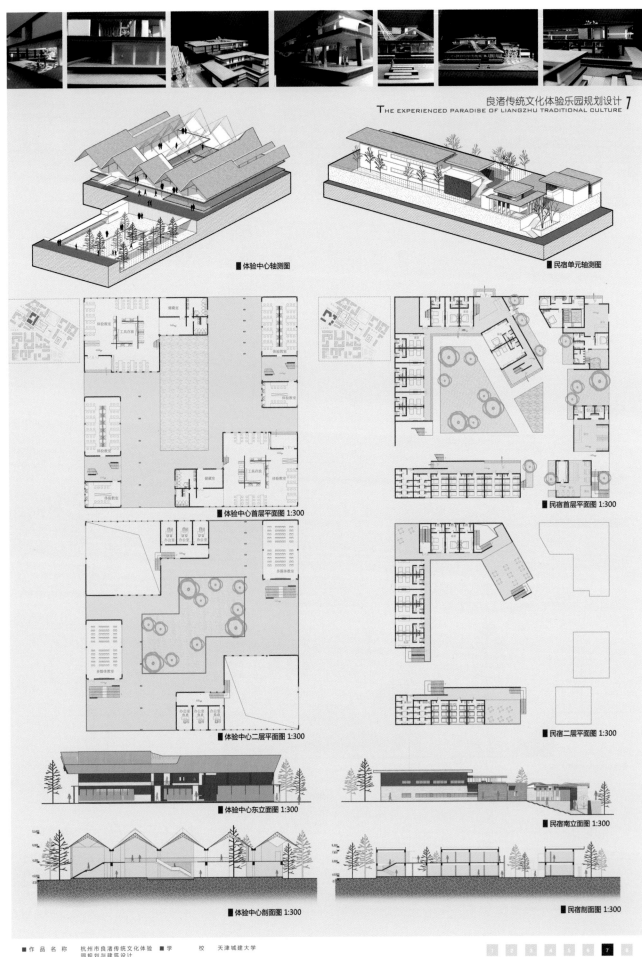

■ 体验中心轴测图

■ 民宿单元轴测图

■ 体验中心首层平面图 1:300

■ 民宿首层平面图 1:300

■ 体验中心二层平面图 1:300

■ 民宿二层平面图 1:300

■ 体验中心东立面图 1:300

■ 民宿南立面图 1:300

■ 体验中心剖面图 1:300

■ 民宿剖面图 1:300

■ 作 品 名 称 　杭州市良渚传统文化体验　■ 学 　　 校 　天津城建大学
　　　　　　　　园规划与建筑设计
■ 设 计 者 　陈克明 张静茹　　　■ 指 导 老 师 　贺耀萱 王旭

5
2016
杭州·万科·良渚文化村玉鸟流苏创意街区规划与建筑设计

天津城建大学
苏州科技大学
安徽建筑大学
浙江工业大学
烟台大学

084

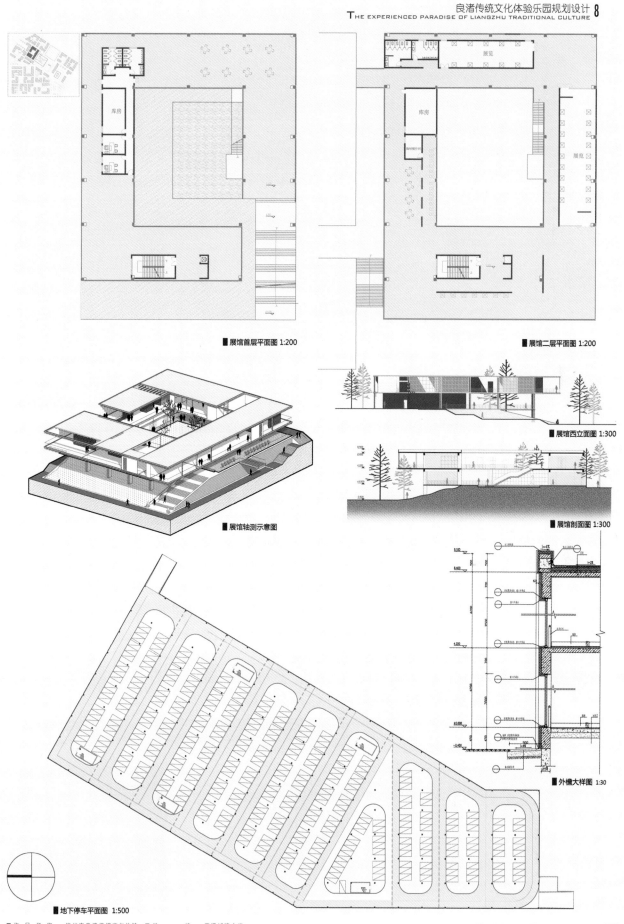

■ 展馆首层平面图 1:200

■ 展馆二层平面图 1:200

■ 展馆轴测示意图

■ 展馆西立面图 1:300

■ 展馆剖面图 1:300

■ 外檐大样图 1:30

■ 地下停车平面图 1:500

5＋合
2016
杭州·万科·良渚文化村玉鸟流苏创意街区规划与建筑设计

全国五校建筑学专业联合毕业设计

天津城建大学
苏州科技大学
安徽建筑大学
浙江工业大学
烟台大学

085

■ 作品名称　杭州市良渚传统文化体验乐园规划与建筑设计　■ 学　校　天津城建大学
■ 设计者　陈克明 张静茹　■ 指导老师　贺耀萱 王旭

8

5+1

2016

杭州·万科·良渚文化村玉鸟流苏创意街区规划与建筑设计

全国五校建筑学专业联合毕业设计

■ 天津城建大学
■ 苏州科技大学
■ 浙江工业大学

■ 安徽建筑大学
■ 烟台大学

086

良渚遗址 区内能明显地看到中心聚落、次中心聚落、普通聚落这种级差式的聚落结构，以及宫殿、祭坛、墓地、工场、衣耕区、土坝、城址、村落等各类遗存。

良渚早期遗址分布图　　良渚早期遗址分布图　　良渚早期遗址分布图　　城墙分布范围及发掘区位置示意图　　汇关山祭坛　　瑶山祭坛

文化遗址 最大特色是所出土的玉器，以其数量多、质量高而超越同时期其他地区玉器制造业之上，充分说明玉器制作已经成为专业化程度很高的手工行业。

良渚文化村位于杭州市西北，余杭区良渚街道西南，南临杭州市西湖区，距离杭州中心区16公里，东为良渚镇区，北侧2公里远为良渚文化遗址。

良渚文化村位于杭州市西北，余杭区良渚街道西南，南临杭州市西湖区，距离杭州中心区16公里，东为良渚镇区，北侧2公里远为良渚文化遗址。

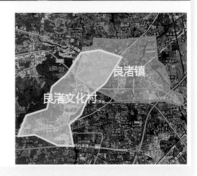

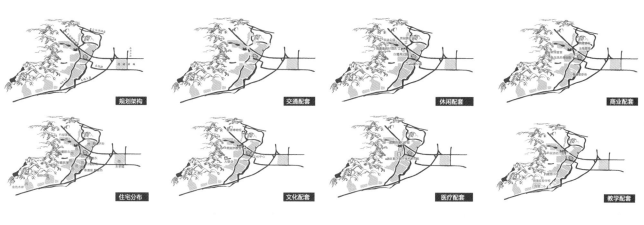

規劃架構　　交通配套　　休閑配套　　商業配套

住宅分布　　文化配套　　醫療配套　　教學配套

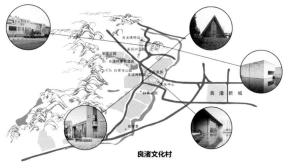

良渚文化村

5+ 百年
2016
全国五校建筑学专业联合毕业设计
杭州·万科·良渚文化村玉鸟流苏创意街区规划与建筑设计

■ 天津城建大学
■ 苏州科技大学
■ 浙江工业大学
■ 安徽建筑大学
■ 烟台大学

087

周边建筑主要建筑材料与肌理

石板瓦　　木材　　费瓦片　　清水混凝土　　玻璃

周边建筑主色彩

玉鸟流苏商业街

美丽洲堂

文化中心

良渚博物馆

良渚食街

基地实景

 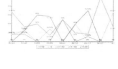
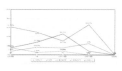 

良渚每个家庭每年的平均教育投入量为 7168.7 元
教育资源不足，杭州大部分高等教育资源多数远离良渚，技术培训的散布使多数教育需求无法满足，大量教育经济出现遍地开花的局面。

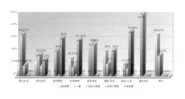 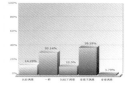 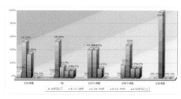

■ 作品名称　山隐城市　　　■ 学校　天津城建大学
■ 设计者　刘子路 李宜谦　　■ 指导老师　贺耀萱 王旭

5 +吾同
2016
杭州·万科·良渚文化村玉鸟流苏创意街区规划与建筑设计

全国五校建筑学专业联合毕业设计

天津城建大学
苏州科技大学
浙江工业大学
安徽建筑大学
烟台大学

088

■ 一些肌理意向：冲积扇的意向

■ 基地周边的解读

人气：闹与静的区分　南北流线过长：如何吸引人流去住基地更深处　呼应两个重要地块　基地肌理

■ 从交通方面考量，西南部较为开放，建筑密度大，人们可以通过步行到达目的地，东北部建筑密度较小，设计了车流线可供人们驱车前往目的地。

■ 整个基地有两条主轴，商业轴线和教学轴线，因为西部人流量较大，所以将商业偏在基地西侧，同时呼应西北部玉鸟流苏创业街区。因为教学空间需要南北向采光，所以将教学轴线做成东西向，并且因为教学区域的私性比较强，故将其放置在人流量较小的区域，同时环境也比较安静。教育轴线贯穿基地西北部。

商业区域

教学区域

loft工坊

住宿区域

 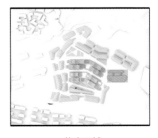

绿化区域

车行流线及主干道

步行流线

展览区域

功能分区

主干道

毛细路网

■ 作品名称　山隐城市　　■ 学　校　天津城建大学
■ 设 计 者　刘子路 李宜谦　　■ 指导老师　贺耀萱 王焰

总平面图 1:1000

主入口

次入

5
2016
全国五校建筑学专业联合毕业设计
杭州·万科·良渚文化村玉鸟流苏创意街区规划与建筑设计

■ 天津城建大学
■ 苏州科技大学
■ 安徽建筑大学
■ 浙江工业大学
■ 烟台大学

089

主入口

景观节点

次入口

C景观节点

B景观节点

A景观节点

■ 作品名称　山隐城市　　　■ 学　校　天津城建大学
■ 设计者　刘子路 李宜谦　　■ 指导老师　贺耀萱 王旭

5+1

2016

杭州·万科·良渚文化村玉鸟流苏创意街区规划与建筑设计

全国五校建筑学专业联合毕业设计

■天津城建大学
■苏州科技大学
■安徽建筑大学
■浙江工业大学
■烟台大学

090

建筑群 总体形态以群山为意向，以及龙井山的茶叶梯田为形态，老杭州市市坊结合的模式，以及古时候的聚落结构，将其中一些特色的元素提取出来，形成基地内部的整体走势与造型。

深化建筑设计思路

将基地周围山群的意向进行抽象再整合，最终形成两种形式作为建筑形态。

■ 作品名称　山隐城市　　　　■ 学　校　天津城建大学
■ 设计者　刘子路 李宜谦　　■ 指导老师　贺耀萱 王旭

5+
2016
杭州·万科·良渚文化村玉鸟流苏创意街区规划与建筑设计

全国五校建筑学专业联合毕业设计

天津城建大学
苏州科技大学
浙江工业大学
安徽建筑大学
烟台大学

091

主入口

基地中间的一部分地块进行了深化和再设计,同样以山为意向,采用了不同的设计手法设计屋面,与外围建筑不同,避免大量相同材质与色彩的建筑屋面所造成的同质化,深化地块的屋面意在表现出山峦叠嶂的气势,并采用木材表现出一种质朴感,同时立面运用参数化金属表皮,在建筑的古风中体现出一种现代感。

技术经济指标

规划总用地面积	82000 ㎡	总建筑面积	52010 ㎡
规划可用地面积	80356 ㎡	容积率	0.65
深化地块用地面积	16200 ㎡	绿化率	23%
深化总建筑面积	12435 ㎡	深化地块容积率	0.76
深化地块绿化率	25%	建筑层数	2(局部 3 层)
地上机动车位	55	建筑高度	16m

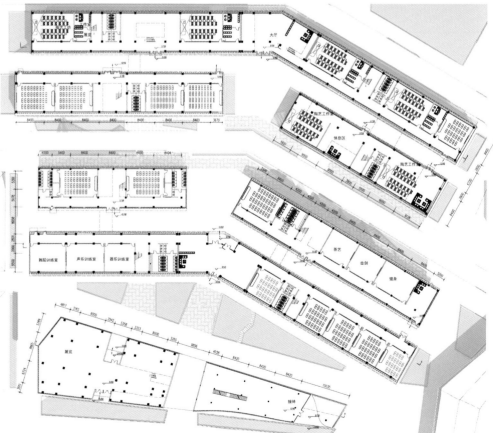

loft工作室 教学组团

多功能教学

展览接待

N

首层平面图

0 1 5   10   20

■作品名称 山隐城市   ■学 校 天津城建大学
■设计者 刘子路 李宜谦   ■指导老师 贺耀萱 王旭

5+1二
2016
杭州·万科·良渚文化村玉鸟流苏创意街区规划与建筑设计

全国五校建筑学专业联合毕业设计

天津城建大学
苏州科技大学
安徽建筑大学
浙江工业大学
烟台大学

092

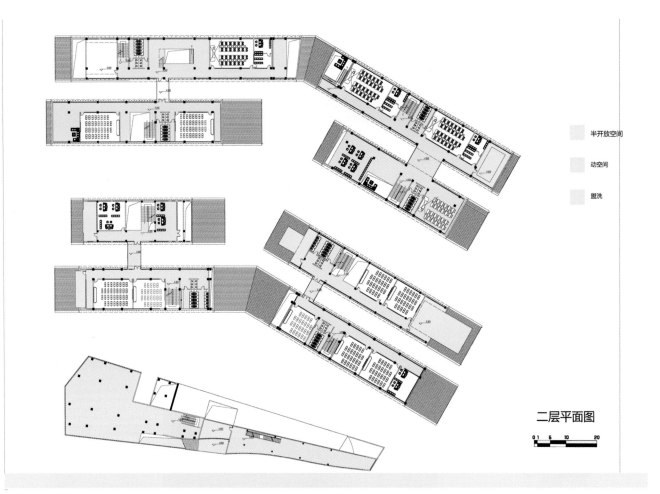

半开放空间

动空间

盥洗

二层平面图

0 1 5 10 20

半开放空间

动空间

盥洗

三层平面图

0 1 5 10 20

5
2016
杭州·万科·良渚文化村玉鸟流苏创意街区规划与建筑设计

全国五校建筑学专业联合毕业设计

天津城建大学
苏州科技大学
安徽建筑大学
浙江工业大学
烟台大学

093

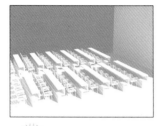

普通教室空间形态　　　loft工作坊形态　　　陶罐茶艺培训空间形态　　　展览空间形态

教学组团北立面图 1：500

展览组团南立面图 1：500

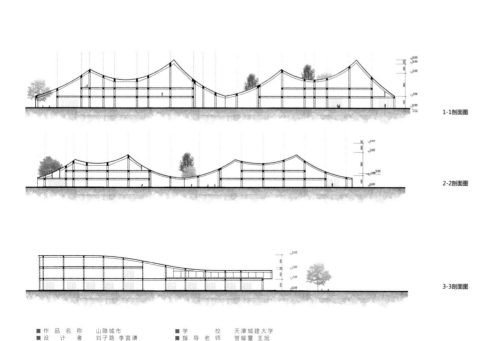

1-1剖面图

2-2剖面图

3-3剖面图

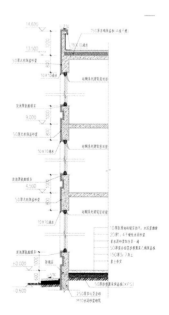

■ 作品名称　山隐城市　　　■ 学　校　天津城建大学
■ 设计者　刘子路 李宜谦　　■ 指导老师　贺耀萱 王旭

安徽建筑大学
ANHUI JIANZHU UNIVERSITY

作品名称：	作品名称：	作品名称：	作品名称：
行走之间	设计师之谷	新型邻里中心	活力之生
作者：	作者：	作者：	作者：
王俊	陈瑞斌	李潇然	沈奥忱
杨伟伟	洪柳	徐临心	燕南

指导老师：

蔡进彬　　　　　　许杰青　　　　　　周庆华

5+1

2016

杭州·万科·良渚文化村玉鸟流苏创意街区规划与建筑设计

安徽建筑大学

天津城建大学

苏州科技大学

浙江工业大学

烟台大学

096

区位分析

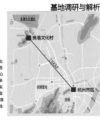

杭州地处中国东南部沿海北部，浙江省北部，钱塘江下游，京杭大运河南端，东濒杭州湾，与省内湖州市相接、西南与衢州市相接，北与湖州市、嘉兴市毗邻，西南与金华市相连，西南与安徽省黄山交界，西北与安徽省宣城市交接。

宏观分析

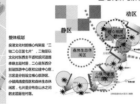

《杭州市城市总体规划》(2001-2020)将杭州组团确定为杭州市六大城市组团之一，具有极其重要的战略地位。良渚组团建设设计标准很高，在良渚文化村，设计人口或将达5万人，是良渚组团的主体配套之一，在建设和发展上具有主导作用。

基地调研与解析

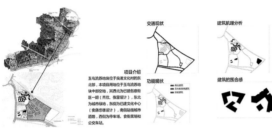

良渚文化村介绍

万科良渚文化村位于杭州西北部和良渚文化村西北核心之中，杭州市区西北18公里处，由五个阶段中心区和多个组团住宅组成，传承了新田园城镇的规划理念，融了田园城市、有机建筑、复合组团等等4个核心，创造一个具有地域特色的新田园城镇形态。

整体规划

良渚文化村的核心构架是二轴二心三区七村，二轴是以文化村西北至中部和运河流域单承主轴相辅，二心是二区是别致旅游中心和生态中心，三区是以良渚文化的传承和自然生态的展现为主题，小城镇度假度和运河生态，七村是多个村点公共活动与自然山水之间的自然融合性环境。

地块现状

周边现状

交通现状

建筑机理分析

项目介绍

玉鸟流苏地块位于良渚文化村的东北部。本地段用地位于玉鸟流苏热场地块中部空地，西北为文化信息部区一期（齐欣、张雷设计），东北为城市绿地，东南为已建筑器台建筑（安藤忠雄设计），南面园临城市道路，西面为停车场、食街菜场和公交车站。

功能现状

建筑的围合感

思路的生成

良渚博物院

以"一把玉梭散落地面"为设计理念，由不完全平行的四个长条形建筑组成，被称为"收藏珍宝的盒子"。整体建筑凸显的、粗犷、厚重、大气的特征，注重景观与自然的结合，在山水佳水、野草凄凉的包围中，置于蓝天白云之间，让人瞬间地感受到一种艺术与自然，历史与现代的追随相扣。建筑外墙全部用黄河石垒成，远看就如玉璞般浑然一体。

横卧在蓝色如画的良渚圣地公园内，以平实、简练的体量组合表达了文明萌芽时期的单纯与质朴，从而在今天与过去之间形成一种精神上的联系。

在建筑的样式上，既体现了当代先进建筑设计理念，又体现出良渚文化内在精神在时空上的延续；既有鲜明的个性特点，又完全融如自然山水。

业态的生成

调研一

安徽建筑大学 汤恺/张黎阳/李潇然/王俊

良渚文化遗址初探

造考古现场的氛围，使人产生"古代遗迹"的联想，与良渚文化暗合，并通过坍塌、破损的石块自然构筑出跌水的结构。设计师大胆选择回避具体的文化符号，而是将良渚文化抽象为远古文明的概念，演化为文明遗迹或痕迹，以此扩展观众的想象，从而达到精神层面的参与。

良渚博物院

玉鸟流苏商业街区入口

造考古现场的氛围，使人产生"古代遗迹"的联想，与良渚文化暗合，并通过坍塌、破损的石块自然构筑出跌水的结构。设计师大胆选择回避具体的文化符号，而是将良渚文化抽象为远古文明的概念，演化为文明遗迹或痕迹，以此扩展观众的想象，从而达到精神层面的参与。

良渚博物院

玉鸟流苏商业街区入口

良渚文化村矿坑公园

象

象则似，似则契，契则符，符则合，若物不象则性不类。

良渚博物院

英国建筑大师大卫·奇普菲尔德设计作品，2012年最受欢迎的博物馆建筑，建筑主体的设计理念是"在良渚（美好的）水岸，打开的一个宝盒"。

良渚文化时期的建筑形式与建成环境具有怎样的特征？从目前的考古资料来看，良渚先民在沼泽中建造干栏式建筑，在平地上建造高台建筑，摄取了石筑台基的意象。

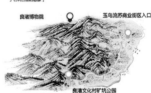

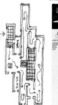

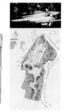

发现的历史遗物：一系列玉锥

良渚博物院

玉鸟流苏商业街区入口

良渚文化村矿坑公园

家门口就有个矿坑探险公园简直绝了

良渚七遗的世界级配套让村民大赞

良渚矿坑探险公园占地10万余平方米，以"回归土地本源"为设计主旨，规划建有百亩花海、超大草坪、茶园、儿童探险中心等。矿坑探险公园不同于传统的山水景观为主的公园，它的设计理念是用时尚环保的方式演绎后工业文明风尚，提供健康可持续的生活方式。

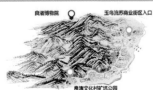

良渚博物院

玉鸟流苏商业街区入口

良渚文化村矿坑公园

良渚博物院

玉鸟流苏商业街区入口

良渚文化村矿坑公园

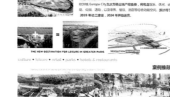

建筑与场地

群众活动内容分析猜想

巴黎欧洲城 *Europa City*

案例推敲

THE NEW DESTINATION FOR LEISURE IN GREATER PARIS

culture · leisure · retail · parks · hotels & restaurants

案例推敲

设计任务书

PEDESTRIAN STREET

SUB

意象图·梦回绿谷

为什么强调创意文化？
Why emphasize return
Creative Culture

梦回良渚 · 梦想之城

创意街区 · 特色文化

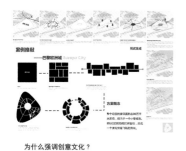

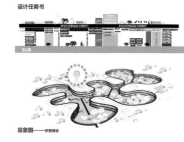

中心居住圈

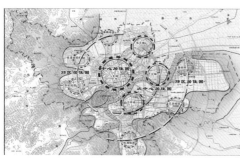

1：良渚距离市中心 20km，属于郊区居住圈，加上交通便，良渚缺乏吸引游客的项目，已具备的项目和市中心相比并不占有优势，从而使得良渚缺乏吸引力。

2：城市的大数发展轴偏向市中心，市中心能为年轻人提供良好的就业机会和就业报酬，从而使得大量的年轻人涌入主城区，同时良渚这样的郊区便缺乏活力。

梦回良渚 · 梦想之城

创意街区 · 特色文化

梦回良渚 · 梦想之城

创意街区 · 特色文化

良渚所具备的六大配套系统：
1. 文化配套：良渚文化博物馆、大剧院、教堂
2. 医疗配套：首个数字健康展示社区
3. 教育配套：双语幼儿园、安吉路良渚实验小学
4. 商业配套：玉鸟苏商业街区、白鹭郡都商业中心
5. 交通配套：公交巴士、社区巴士（住区内）、小区循环巴士
6. 旅游配套：五星级君澜渡假酒店

案例

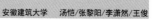

安徽建筑大学　汤恺/张黎阳/李潇然/王俊

为什么强调回归？
Why emphasize return

梦回良渚 · 梦想之城　　　回归宜人尺度·重塑街巷空间

梦回良渚 · 梦想之城　　　回归宜人尺度·重塑街巷空间

梦回良渚 · 梦想之城　　　回归宜人尺度·重塑街巷空间

为什么经济可行？
Why can succeed

梦回良渚 · 梦想之城　　　意向表达

任务书

5+1
2016
杭州·万科·良渚文化村玉鸟流苏创意街区规划与建筑设计
全国五校建筑学专业联合毕业设计
天津城建大学
苏州科技大学
安徽建筑大学
浙江工业大学
烟台大学

5 2016 杭州·万科·良渚文化村玉鸟流苏创意街区规划与建筑设计

全国五校建筑学专业联合毕业设计

天津城建大学
苏州科技大学
安徽建筑大学
浙江工业大学
烟台大学

098

我们意图跨界整合各类社会资源，创造一种将**运动休闲、文化艺术、时尚创意**有机融合的以商业配套为主的

良渚本土生活集群空间

满足多元化的现实需求，成为**持续激发社区活力**的城市起搏器。

PART 1

建筑 › 人

概念阐述
CONCEPT

传统集群空间的行为模式

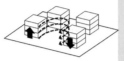

优点：商业设计的流线使得游客能到达每个商铺

缺点：均质，冗长的流线使得游客的体验感差

理想的集群空间的行为模式

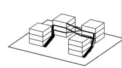

优点1：具有传统商业的漫游性的同时增加更多的可选择性

优点2：能满足部分人群的目的性，可达性，快捷方便，良好的体验感

关键词：可达性 漫游性 多选择性

均好性

在满足游客可达性与漫游性的前提下，最大程度的增加了每一个店铺的商业价值

案例分析

基地概述 SITE OVERVIEW

西村·贝森大院用地位于贝森北路1号，为东西长237m、南北长178m的完整街廓，四面临街，住宅环绕，社区成熟。用地性质为社区体育馆用地，原地块内为高尔夫练习场及游泳馆（后期保留）。规划允许建筑容积率2.0，覆盖率40%，限高24m。

调研二　　安徽建筑大学　汤恺/张黎阳/李潇然/王俊

建筑布局 ARCHITECTURAL LAYOUT

面对街廓完整、周边高楼林立、基地自身建筑限高的现实条件，因势利导，顺势而为，以低矮吸引周边注目、以横长取得尺度优势，设计采用了建筑沿周边展开布局的方式，从而在规划限制条件下实现了运动休闲场地最大化和沿街人流效益最大化。由此围合出东西长182m，南北长137m的大院，成为容纳多元化公共生活的绿色"盆地"，通过迥异于常见中心集合式城市综合体的空间模式来继承成都自身开放的生活方式，在建筑学层面探讨现代城市建设、新型商业模式与城市本土文化之间的关系。

建筑处理 BUILDING DESIGN

建筑地下满铺两层，地上五至六层。建筑东、南、西三边连续极限围合，楼板和屋檐的水平线条强调水平走势，以大尺度的水平体量取得对周边的影响力，以抱合姿态将自己的土地资源从周围的城市环境中界定出来，形成强特场态。而底层的四个过街模式入口和北面跑道的架空柱廊连通内外，使贝森大院形成了一种既围合又开放的姿态。

跑道系统 THE TRACK SYSTEM

用地北边的原有建筑保留作为多功能艺术空间，围合建筑体在此中断，由架空跑道柱廊完成围合，透而不漏。跑道系统超越书法式的建筑表面造型，以具有社会功能的公共运动设施形成建筑主要特征。跑道总长1.6公里，上行下达、转折起伏，缠绕整个建筑，由交叉坡道、屋顶步道、环形跑道、廊桥、长廊、屋顶天井以及外挂楼梯组成。外挂楼梯分布在东、南、西内立面的中部，作为形象强悍的连接系统，连接内院、屋顶和地下一层天井。跑道系统既是引人注目的建筑形象和社区休闲运动设施，更是新兴健康办公生活的依托。

剖面 SECTION

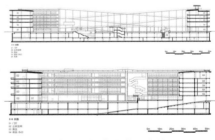

武藏野美术大学图书馆
Musashino Art University Museum & Library

空间系统 SPACE SYSTEM

藤本提出了"检索性"和"漫游性"两个概念，在这两个概念的控制下确立了建筑最终的形态。即在螺旋式通道开启洞口，明确的路径感受被消解，走进馆内的人几乎体验不到建筑的螺旋形布局。但螺旋形布局为建筑提供了基本的空间秩序。这样便产生各种奇妙的交互，具有相当强的空间包容力。

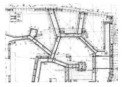

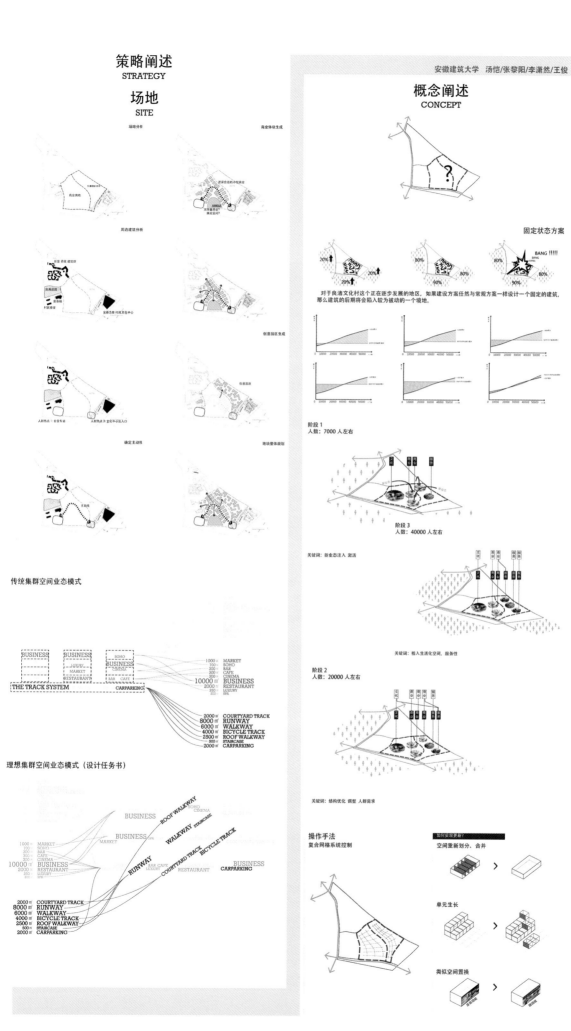

策略阐述
STRATEGY

场地
SITE

场地分析

商业体块生成

周边建筑分析

创意园区生成

确定主动性

地块整体规划

概念阐述
CONCEPT

固定状态方案

对于良渚文化村这个正在逐步发展的地区，如果建设方案仍然与常规方案一样设计一个固定的建筑，那么建筑的后期将会陷入较为被动的一个境地。

阶段 1
人数：7000 人左右

阶段 3
人数：40000 人左右

关键词：新业态注入 激活

关键词：植入生活化空间，服务性

阶段 2
人数：20000 人左右

关键词：结构优化 调整 人群需求

传统集群空间业态模式

理想集群空间业态模式（设计任务书）

操作手法
复合网格系统控制

如何实现更新？

空间重新划分、合并

单元生长

类似空间置换

安徽建筑大学 汤恺/张黎阳/李潇然/王俊

5+届
2016
全国五校建筑学专业联合毕业设计
杭州·万科·良渚文化村玉鸟流苏创意街区规划与建筑设计

天津城建大学
苏州科技大学
安徽建筑大学
浙江工业大学
烟台大学

099

5+竞赛
2016
杭州·万科·良渚文化村玉鸟流苏创意街区规划与建筑设计

全国五校建筑学专业联合毕业设计

天津城建大学
苏州科技大学
浙江工业大学
安徽建筑大学
烟台大学

100

行走之间 Pace of Life
创业街区业态分析及现代建筑营造
良渚玉鸟流苏街区设计

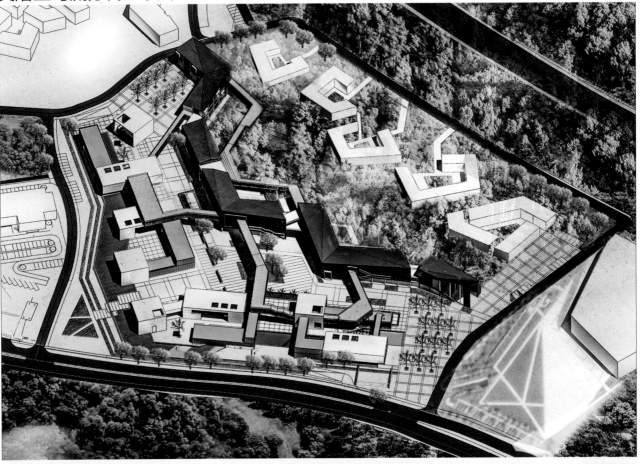

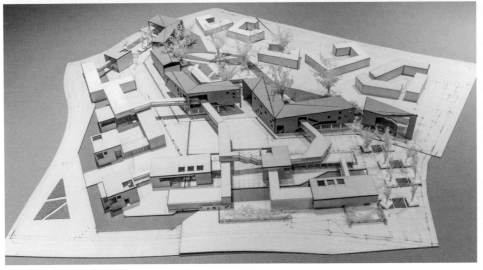

■作品名称　行走之间　　　　■学　　校　安徽建筑大学
■设计者　杨伟伟 王俊　　　■指导老师　许杰青 蔡进彬

5+design
5+design
2016
杭州·万科·良渚文化村玉鸟流苏创意街区规划与建筑设计

全国五校建筑学专业联合毕业设计

天津城建大学
苏州科技大学
浙江工业大学
安徽建筑大学
烟台大学

101

行走之间 Pace of Life

创业街区业态分析及现代建筑营造
良渚玉鸟流苏街区设计

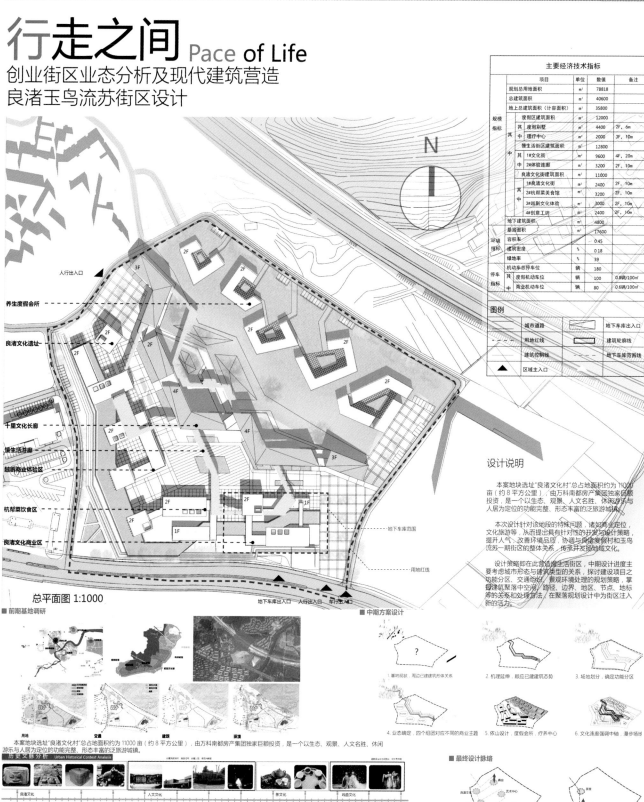

主要经济技术指标

	项目		单位	数值	备注
规模指标	规划总用地面积		m²	78818	
	总建筑面积		m²	40600	
	地上总建筑面积（计容面积）		m²	35800	
	其中	度假区建筑面积	m²	12000	
		度假别墅	m²	4400	2F，6m
		理疗中心	m²	2000	3F，10m
		慢生活街区建筑面积	m²	12800	
	其中	1#文化街	m²	9600	4F，20m
		2#体验连廊	m²	3200	2F，10m
		良渚文化街建筑面积	m²	11000	
	其中	1#良渚文化馆	m²	2400	2F，10m
		2#杭帮菜美食馆	m²	3200	2F，10m
		3#越剧文化体验	m²	3000	2F，10m
		4#创意工坊	m²	2400	2F，10m
	地下建筑面积		m²	4800	
	基底面积		m²	17600	
环境指标	容积率			0.45	
	建筑密度		%	0.18	
	绿地率		%	39	
停车指标	机动车总停车位		辆	180	
	其中	度假机动车位	辆	100	0.8辆/100m²
		商业机动车位	辆	80	0.6辆/100m²

图例

城市道路	地下车库出入口
用地红线	建筑轮廓线
建筑控制线	地下车库范围线
区域主入口	

人行出入口
3F
养生度假会所
良渚文化遗址
2F
千里文化长廊
慢生活游廊
越剧商业体验区
杭帮菜饮食区
良渚文化商业区

总平面图 1:1000

地下车库出入口   人行出入口   车行出入口

设计说明

本案地块选址"良渚文化村"总占地面积约为11000亩（约8平方公里），由万科南都房产集团独家巨额投资，是一个以生态、观景、人文名胜、休闲游乐与人居为定位的功能完整、形态丰富的泛旅游城镇。

本次设计针对该地段的特殊问题，诸如商业定位、文化旅游等，从而提出具有针对性的开发与设计策略，提升人气、改善环境品质、协调与度假度假村和玉鸟流苏一期街区的整体关系，传承并发扬地域文化。

设计策略即在此营造慢生活街区，中期设计进度主要考虑城市形态与建筑类型的关系，探讨建设项目之功能分区、交通组织、景观环境处理的规划策略，掌握建筑聚落中空间、路径、边界、地区、节点、地标等的关系和处理方法，在聚落规划设计中为街区注入新的活力。

■ 前期基地调研

用地   交通   建筑   环境

本案地块选址"良渚文化村"总占地面积约为11000亩（约8平方公里），由万科南都房产集团独家巨额投资，是一个以生态、观景、人文名胜、休闲游乐与人居为定位的功能完整、形态丰富的泛旅游城镇。

历史文脉分析   Urban Historical Context Analsis

良渚文化   人文文化   茶文化   戏曲文化
佛教文化   历史名人   宗教文化   美食文化

■ 中期方案设计

1.基地现状，周边已建筑体形体关系   2.机理延伸，顺应已建筑态势   3.场地划分，确定功能分区
4.业态确定，四个组团对应不同的商业主题   5.依山近水、度假会所、疗养中心   6.文化连廊强调中轴、漫步园地

■ 最终设计脉络

文脉系统   水脉系统

■ 作品名称 行走之间   ■ 学校 安徽建筑大学
■ 设计者 杨伟伟 王俊   ■ 指导老师 许杰青 蔡进彬

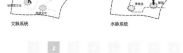

全国五校建筑学专业联合毕业设计

2016
杭州·万科·良渚文化村玉鸟流苏创意街区规划与建筑设计

天津城建大学
苏州科技大学
浙江工业大学
安徽建筑大学
烟台大学

102

5+ design

行走之间 Pace of Life
创业街区业态分析及现代建筑营造
良渚玉鸟流苏街区设计

慢生活

一次日落，一场疾雨，都会为他们的旅程增添无穷乐趣。慢旅游也是漫游，不强调赶场式的旅游，而是随心所欲的行走。

商家更看中慢的商机，慢旅游用品，慢餐厅，慢茶楼，都在慢消费上做文章。
比如茶楼，是一个放慢节奏、轻松神经的好地方，针对越来越快的生活节奏，反对快餐的慢餐文化也开始盛行，国际慢餐协会的会员店已开到北京。

忙这个字左面是心，右面是亡。欣赏过程中最本真的快乐。

我们更愿意用一种平静的方式去享受生活。

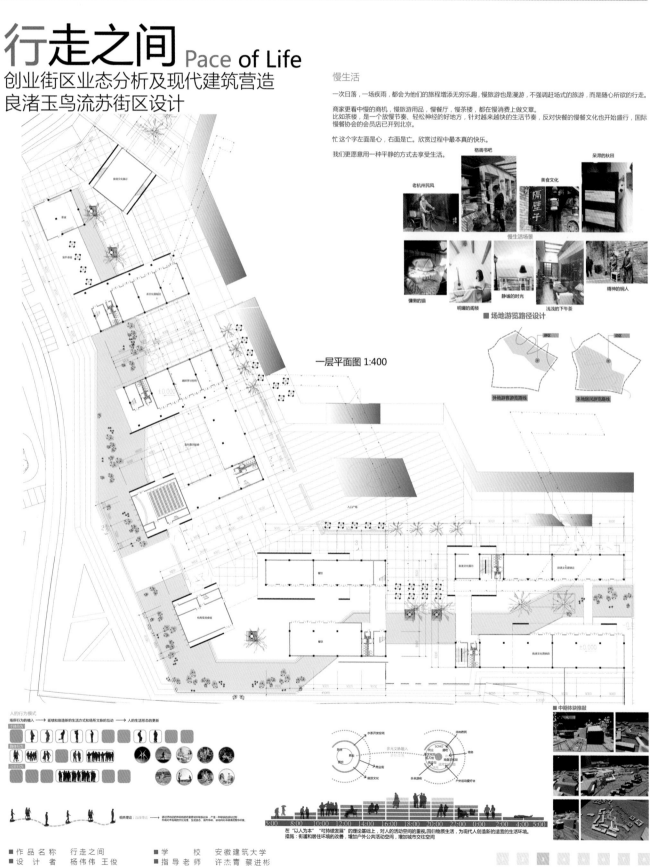

一层平面图 1:400

慢生活场景

场地游览路径设计

中期体块推敲

■作品名称　行走之间　　　　■学　　校　安徽建筑大学
■设计者　杨伟伟 王俊　　　■指导老师　许杰青 蔡进彬

5+
Design
2016
杭州·万科·良渚文化村玉鸟流苏创意街区规划与建筑设计
全国五校建筑学专业联合毕业设计
■天津城建大学
■苏州科技大学
■安徽建筑大学
■浙江工业大学
■烟台大学
103

行走之间 Pace of Life

创业街区业态分析及现代建筑营造
良渚玉鸟流苏街区设计

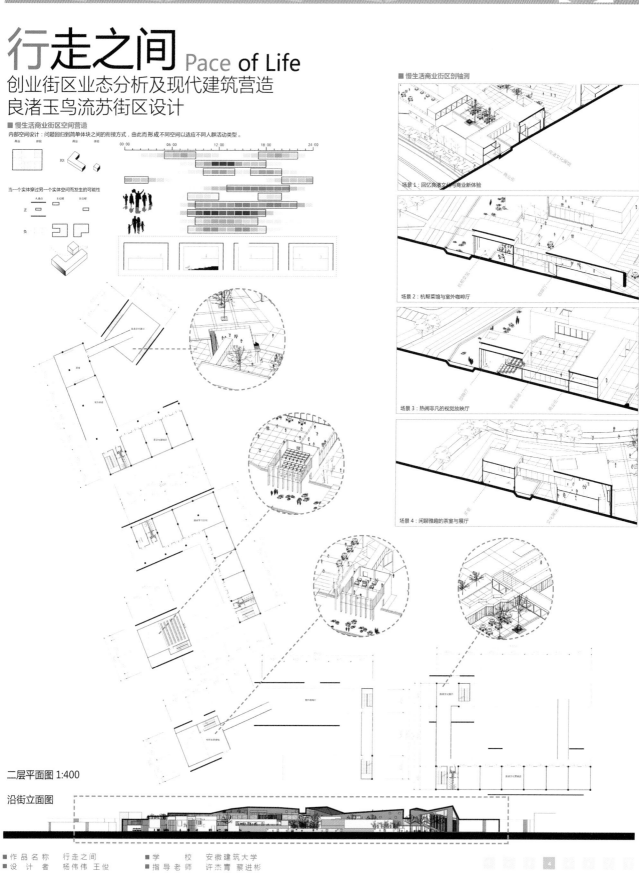

■ 慢生活商业街区空间营造

内部空间设计：问题回归到简单体块之间的衔接方式，由此而形成不同空间以适应不同人群活动类型。

当一个实体穿过另一个实体空间而发生的可能性

■ 慢生活商业街区剖轴测

场景1：回忆良渚文化与商业新体验

场景2：杭帮菜馆与室外咖啡厅

场景3：热闹非凡的视觉放映厅

场景4：闲聊雅趣的茶室与展厅

二层平面图 1:400

沿街立面图

■ 作品名称　行走之间　　　■ 学　　校　安徽建筑大学
■ 设计者　杨伟伟 王俊　　　■ 指导老师　许杰青 蔡进彬

5+2016

全国五校建筑学专业联合毕业设计

杭州·万科·良渚文化村玉鸟流苏创意街区规划与建筑设计

天津城建大学
苏州科技大学
浙江工业大学
烟台大学
安徽建筑大学

行走之间 Pace of Life

创业街区业态分析及现代建筑营造
良渚玉鸟流苏街区设计

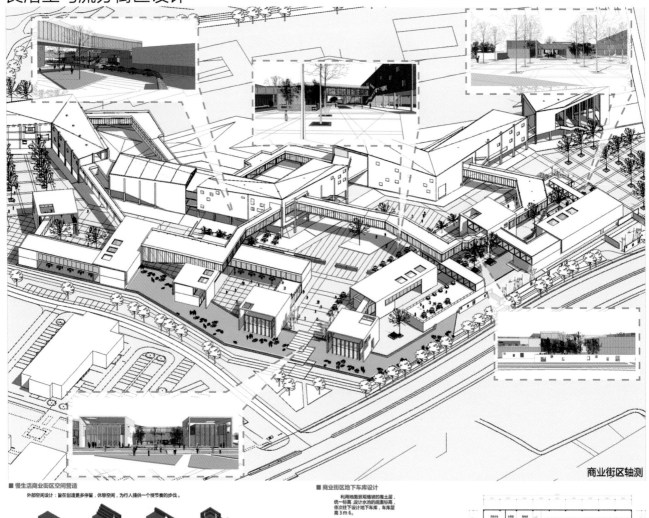

商业街区轴测

■ 慢生活商业街区空间营造

外部空间设计：旨在创造更多停留，休憩空间，为行人提供一个慢节奏的步伐。

Step1：半围合庭院空间   小憩，休闲   散步，观赏   呆坐，闲聊

Step2：景观草坪设计   玩耍，游戏   乘凉，纳凉   思考，静息

Step3：加入水系   漫步，恋爱   移坐，栈道   漂浮，体验

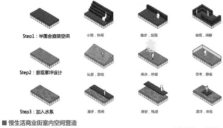

■ 慢生活商业街区室内空间营造

方盒子空间——放映厅   方盒子空间——美食馆   方盒子空间——展览馆

■ 商业街区地下车库设计

利用地面景观横坡的覆土层，统一标高，设计水池的底面标高，依次柱下设计地下车库，车库层高3m 6。

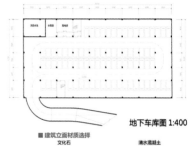

地下车库图 1:400

■ 建筑立面材质选择

文化石   清水混凝土

■ 作品名称　行走之间　　■ 学　　校　安徽建筑大学
■ 设计者　杨伟伟 王俊　　■ 指导老师　许杰青 蔡进彬

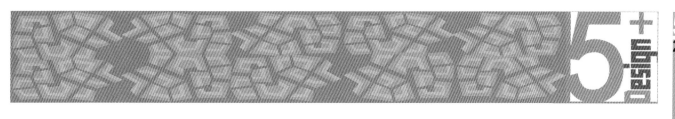
5+ design
5 design
2016
杭州·万科·良渚文化村玉鸟流苏创意街区规划与建筑设计
全国五校建筑学专业联合毕业设计
天津城建大学
苏州科技大学
安徽建筑大学
浙江工业大学
烟台大学
105

行走之间 Pace of Life
创业街区业态分析及现代建筑营造
良渚玉鸟流苏街区设计

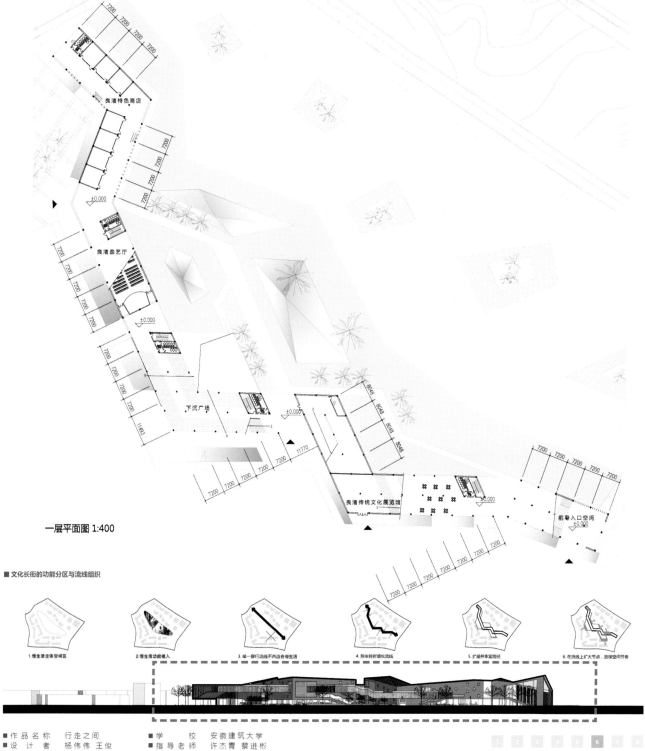

良渚特色商店

±0.000

良渚曲艺厅

±0.000

下沉广场

±0.000

良渚传统文化展览馆

前导入口空间
±0.000

一层平面图 1:400

■ 文化长街的功能分区与流线组织

1.慢生活主体空间区   2.慢生活功能植入   3.单一穿行流线不再适合慢生活   4.形体转折增长流线   5.扩展并丰富路径   6.在流线上扩大节点,放缓空间节奏

■ 作品名称   行走之间   ■ 学 校   安徽建筑大学
■ 设计者   杨伟伟 王俊   ■ 指导老师   许杰青 蔡进彬

5+design

2016

杭州·万科·良渚文化村玉鸟流苏创意街区规划与建筑设计

全国五校建筑学专业联合毕业设计

安徽建筑大学

天津城建大学

苏州科技大学

浙江工业大学

烟台大学

106

行走之间 Pace of Life

创业街区业态分析及现代建筑营造
良渚玉鸟流苏街区设计

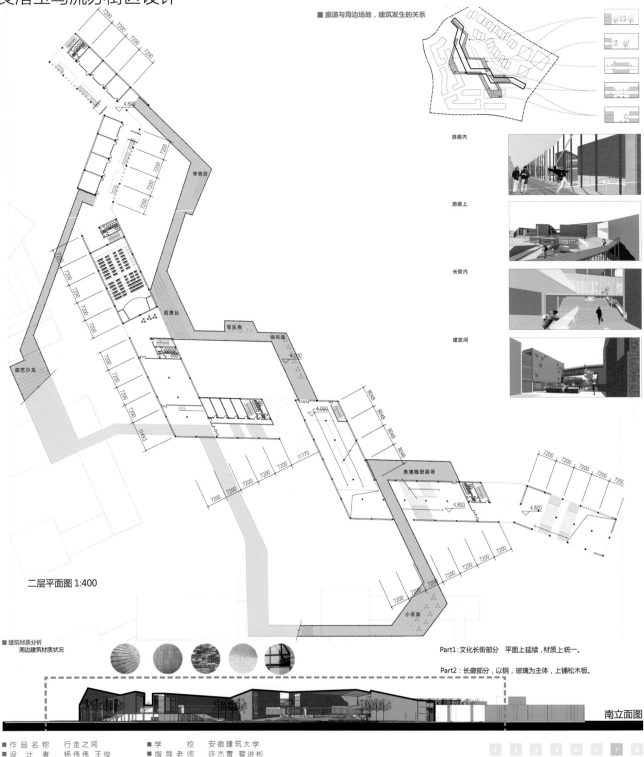

■ 廊道与周边场地，建筑发生的关系

游廊内

游廊上

长街内

建筑间

零售店

观景台

写生角

咖啡座

良渚雕塑展场

曲艺沙龙

小茶室

二层平面图 1:400

■ 建筑材质分析
周边建筑材质状况

Part1:文化长街部分　平面上延续，材质上统一。

Part2:长廊部分，以钢，玻璃为主体，上铺松木板。

南立面图

■ 作品名称　行走之间　　　　■ 学　　校　安徽建筑大学
■ 设计者　杨伟伟 王俊　　　　■ 指导老师　许杰青 蔡进彬

5+design

5+design
2016
杭州·万科·良渚文化村玉鸟流苏创意街区规划与建筑设计

全国五校建筑学专业联合毕业设计

■天津城建大学
苏州科技大学
安徽建筑大学
浙江工业大学
烟台大学

107

行走之间 Pace of Life
创业街区业态分析及现代建筑营造
良渚玉鸟流苏街区设计

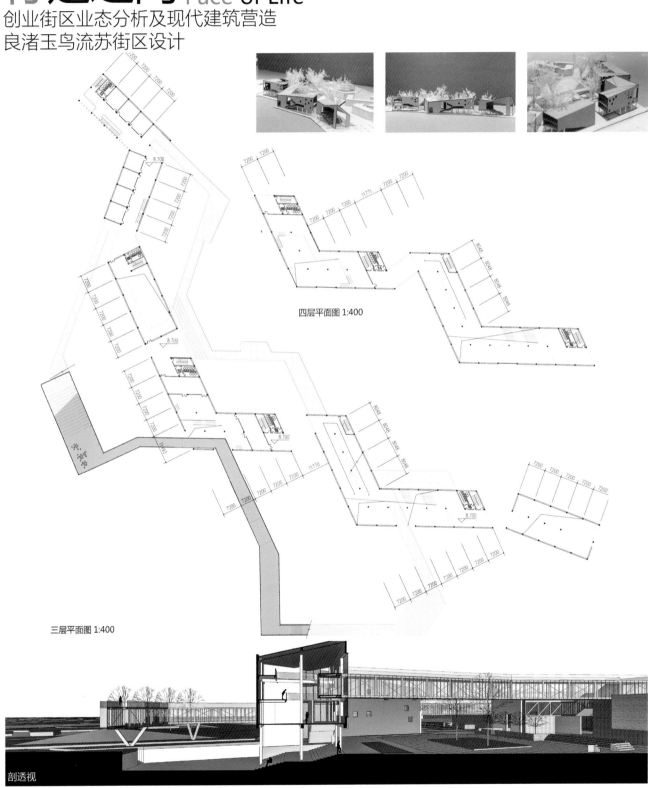

四层平面图 1:400

三层平面图 1:400

剖透视

■作品名称　行走之间　　■学　　校　安徽建筑大学
■设计者　杨伟伟 王俊　　■指导老师　许杰青 蔡进彬

5+design

2016

全国五校建筑学专业联合毕业设计

杭州·万科·良渚文化村玉鸟流苏创意街区规划与建筑设计

天津城建大学
苏州科技大学
安徽建筑大学
浙江工业大学
烟台大学

108

设计师之谷 Design

杭州玉鸟流苏街区设计
创意街区业态策划及现代建筑营造

（1）将良渚组团确定为杭州市六大组团之一，具有极其重要的战略地位，在开发时序上优先、靠前。

（2）2010年浙江省人民政府批准设立杭州良渚遗址管理区，计划通过良渚遗址保护与开发互动，保护良渚遗址，并带动区域经济发展。

项目用地位于玉鸟流苏地块中部空地，其西北为已建创意街区一期（齐欣、张雷设计），东北为城市绿地，东侧为已建文化中心（安藤忠雄设计），南侧贴临城市道路，西侧为停车场、食街菜市场和公交车站，总用地78818 m²。距离杭州城区约19km，50分钟车程，为创意街区用地。

以风情大道作为主轴，所有的重点配套及居住组团分布道路两边。整体规划理念贯入三个关键词"原生态、步行尺度、建筑多元化"。整个区域在不牺牲环境的前提下发展，让建筑与建筑、建筑与环境有机联系，打造成为一个集旅游、居住、创业三重功能为一体的城市综合有机体。

良渚文化村的核心构架是"二轴二心三区七片"：

二轴：以文化村东西主干道和滨河道路串联主题村落。

二心：东西设旅游中心区和公建中心区。

三区：分别设立核心旅游区、小镇风情度假区和森林生态休闲区；

七片：分布在山水之间的主题居住村落。

良渚作为杭州市的两张"旅游名片"之一，被打造成了巨大的旅游商圈，凝塑着充满魅力与个性的旅游文化。良渚镇的良渚遗址承载代表中国新石器时代的晚期文化。

良渚

良渚遗址位于良渚文化村的西北部，集中而全面的反映了中国新石器时代特定的社会形态。遗址区内能明显看到中心聚落、次中心聚落、普通聚落这种极差式的聚落结构。

良渚遗址

良渚文化村位于杭州市西北部良渚组团核心区，距离杭州市中心16 km，距离良渚遗址保护区2 km。既紧靠著名的文化遗址，又有丘陵绿地和水网平原相结合的生态系统。

良渚文化村

■ 作品名称　设计师之谷　　　■ 学　　校　安徽建筑大学
■ 设计者　陈瑞斌 洪柳　　　■ 指导老师　许杰青 蔡进彬

5+ design

5 2016
杭州·万科·良渚文化村玉鸟流苏创意街区规划与建筑设计

全国五校建筑学专业联合毕业设计

■天津城建大学
■苏州科技大学
■浙江工业大学
■安徽建筑大学
■烟台大学

109

设计师之谷 Design

杭州玉鸟流苏街区设计
创意街区业态策划及现代建筑营造

开发模式：地上与地下混合开发，地下补偿公共绿化，地下补偿商业。
展　　览：地上部分与地下结合，开发展览空间，符合旅游型定位。
商　　业：地下设置和地上周边设置商业空间，以历史文化特色为控制导则。
绿　　化：结合商业布置绿化区，作为整个地块的"呼吸空间"。

事件一：休憩场景自然化
事件二：交集场所立体化
事件三：商业生活一体化
事件四：遗址抽象再现化

我们意图将"上山不见山，入村不见村，平地起炊烟，忽闻鸡犬声"的穴居居住形式保留并发展创新，使得原本适合于此地的建筑形式存留，使建筑消融于地下和景观，阻止现有地面建筑的再扩张，对原有景观肌理进行还原。究其本质，建筑与环境的关系不应该是对立的，而是建筑应该能很好地融于周围的环境之中，因此，我们意图将建筑部分体量消隐于地下，覆土与其余土地一起浇筑成城市公园，意图最大程度去还原自然。

地块分为三个核心功能区，商业置于地块外侧，增加外来人员的可达性。办公置于最内侧，保证其空间私密性。

道路延续了玉鸟流苏一期二期的道路肌理，解决了地块内的交通和消防问题。

地块的高差将地块分为动静两个分区，静区置于地块的内侧，动区置于地块的外侧。

静区
动区

地块分为三个核心功能区，商业置于地块外侧。

公园
办公区
商业体验区

竖向联系

考虑地上、半地下、地下、公共、半公共、私密等不同空间性质相互融合的可能性，以增加空间的丰富程度和利用率，保证良好的生态环境以及最大化的制造公共活动空间以达到空间的活力的持久性。

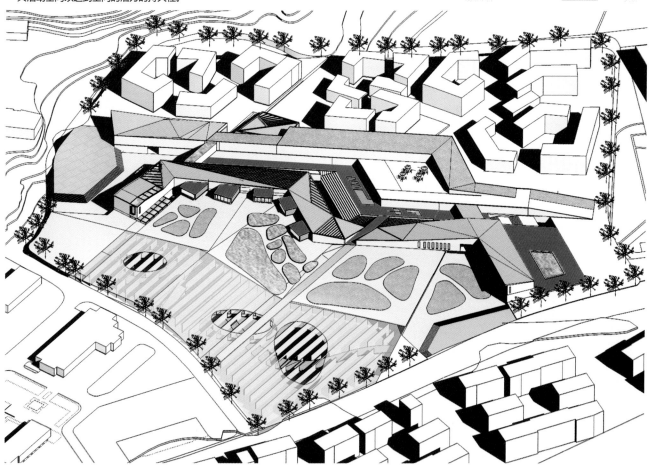

■作品名称　设计师之谷
■设　计　者　陈瑞斌　洪柳
■学　　校　安徽建筑大学
■指导老师　许杰青　蔡进彬

5+
2016
杭州·万科·良渚文化村玉鸟流苏创意街区规划与建筑设计

全国五校建筑学专业联合毕业设计

天津城建大学
苏州科技大学
安徽建筑大学
浙江工业大学
烟台大学

110

设计师之谷 Desgin

杭州玉鸟流苏街区设计
创意街区业态策划及现代建筑营造

【片段 MONOMER】

在以立体交通网络构成的体系中适当插入不同商业内容，赋予"通道"商业功能。

ADDING DIFFERENT BUSINESS AMONG TRANSPORTA-TION NETWORK GIVING "C-HANNEL" BUSINES-S FUNCTIONS.

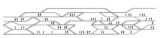

削弱"层"的概念
WEAKEN THE CONCEPT OF LATER

形态几何化
GEOMETRIC SHAPE

形成通道内部体系
FORM THE INTERNAL SYSTEM OF THE CHANNEL

商动 4S

Shopping 购物　Experiencing 体验

Socilizing 社交　Sightseeing 观景

Shopping 购物
Experiencing 体验
Socilizing 社交
Sightseeing 观景

商业项目的主要目的是盈利，能够让更多的人来此购物是开发商最终的目的。

体验因为了塑造人们的感官体验与心理认同感，激发消费者的消费意识与消费行为。

相同设计爱好的人在这里相识、交流，是一个结交朋友的好地方。

在这里，置身于不同层次的建筑界面中，不但可以欣赏风景，更可以欣赏人的趣味活动。

在我们的日常生活中，选取了能够用形状来表现的多个要素—"吃、休息、工作、艺术、娱乐、书等"。

对于这些要素，每个人的反映不尽相同。有喜欢吃的人，有喜欢书的人，有喜欢无所事事的人……每个人都有自己的乐趣。

从自身所喜欢的兴趣延伸到另一个新的领域，并激发出兴致来，也许有助于拓展自身的舞台。

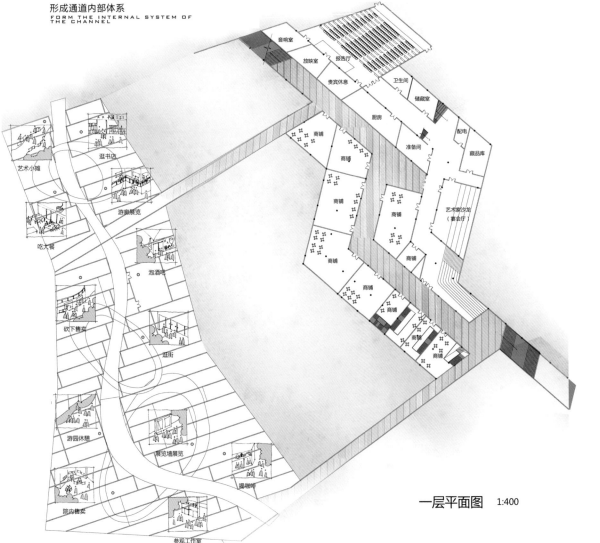

一层平面图　1:400

■作品名称　设计师之谷　　■学校　安徽建筑大学
■设计者　陈瑞斌 洪柳　　■指导老师　许杰青 蔡进彬

5+ Desgin

5 福
2016
杭州·万科·良渚文化村玉鸟流苏创意街区规划与建筑设计

全国五校建筑学专业联合毕业设计

天津城建大学
苏州科技大学
浙江工业大学
安徽建筑大学
烟台大学

设计师之谷 Desgin

杭州玉鸟流苏街区设计
创意街区业态策划及现代建筑营造

延续

渗透

错动

流线改造示意图

传统进入商业街流线

打造创意体验式商业流线

交集空间1：
结合半室外的展评茶座

交集空间3：
空中连廊的层次关系

商业行为分析

交集空间2：
丰富街巷空间

体验区
体验区门厅
体验区入口

观演交流

室外平台

摩门厅

茶吧

展览门厅 男厕

图书资料

商铺 章铺

商铺

商铺
商铺
商铺
商铺
商铺
商铺

传统购物方式
进店 挑选 结账 离开

体验式购物方式
进店 挑选 观看 学习 讨论 结账 离开

体验式商业模式与传统商业模式比较，流线大大延长，逗留时间也变长，建筑从单纯的提供一个场所到成为体验式商业的一部分，应该提供大量的体验式的空间。

二层平面图　1:400

■ 作品名称　设计师之谷　　　　■ 学　　校　安徽建筑大学
■ 设 计 者　陈瑞斌 洪柳　　　　■ 指导老师　许杰青 蔡进彬

5+
2016
杭州·万科·良渚文化村玉鸟流苏创意街区规划与建筑设计
全国五校建筑学专业联合毕业设计

天津城建大学
苏州科技大学
浙江工业大学
安徽建筑大学
烟台大学

112

设计师之谷 Desgin

杭州玉鸟流苏街区设计
创意街区业态策划及现代建筑营造

意向定位分析

商业空间与广场绿化空间融合的方式

商业空间与广场绿化相邻　商业空间退台形式自然从上部渗透　底层层退自然向下渗透　布置出机自然向上下层渗透

商业空间通过灰空间与自然广场联系　商业空间底层架空下层为自然广场　商业空间转变为半室外与自然广场直接联系　实体商业空间围合广场空间

会议　　产品展示　　开阔办公

特色商业　　室外体验　　交流空间

对创意办公区的整体的补充
1）灵活的会议空间
2）方便的办公空间
3）完善的服务空间
4）舒适的室外体验
5）高效的展示空间
对周围住区的扩展
1）便利的商业
2）宽裕的活动广场
3）丰富的聚集场所

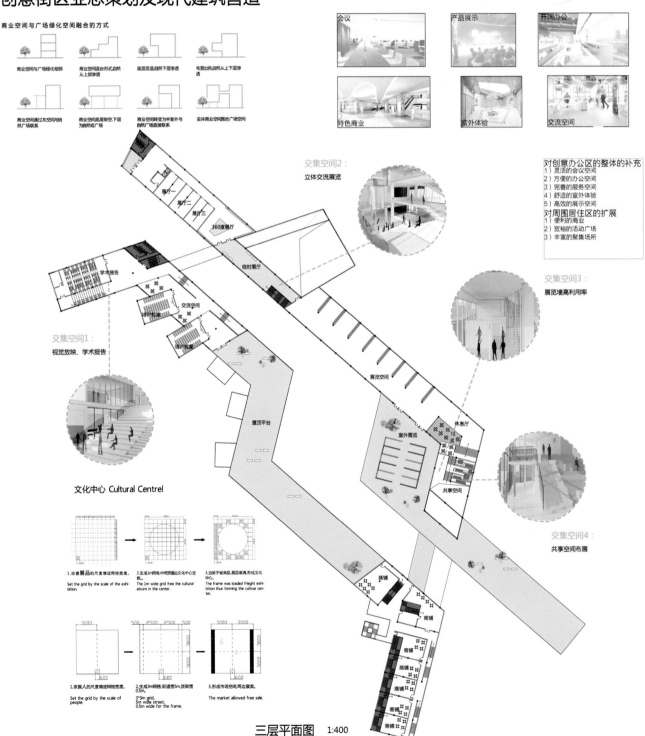

交集空间2：
立体交流展览

交集空间3：
展览墙高利用率

交集空间1：
视觉放映、学术报告

交集空间4：
共享空间布展

文化中心 Cultural Centrel

1.依据展品的尺度确定网格宽度。
Set the grid by the scale of the exhibition.

2.生成以1m网格,外网预输出文化中心空腔。
The 1m wide grid free the cultural atruim in the center.

3.加网下子被商品,展品填满形成文化中心。
The frame was loaded frieght exhibition thus forming the cultrue center.

1.依据人的尺度确定网格宽度。
Set the grid by the scale of people.

2.生成以3m网格,街道宽5m,货架宽0.5m。
3*3m grid,
5m wide street,
0.5m wide for the frame.

3.形成商业空间,两边自展销。
The market allowed free sale.

三层平面图 1:400

展厅一　展厅二　展厅三　360度展厅　临时展厅　学术报告　交流空间　屋顶平台　展览空间　休息厅　室外展览　共享空间　商铺

全国五校建筑学专业联合毕业设计

天津城建大学
苏州科技大学
安徽建筑大学
浙江工业大学
烟台大学

设计师之谷 Desgin

杭州玉鸟流苏街区设计
创意街区业态策划及现代建筑营造

墙壁连绵不断的单调的空间

通过设置通道，横向连接被墙体分割开来的空间

视觉性一体的空间

视线受到墙壁的阻挡而看不到远方的情形，容易使目光转到横向的空间

镜子之间

镜子折射出的无限空间

商业内部透视

星顶露台

由视线及空气的连接而形成的一体化空间

木制空间

木制的柔和空间

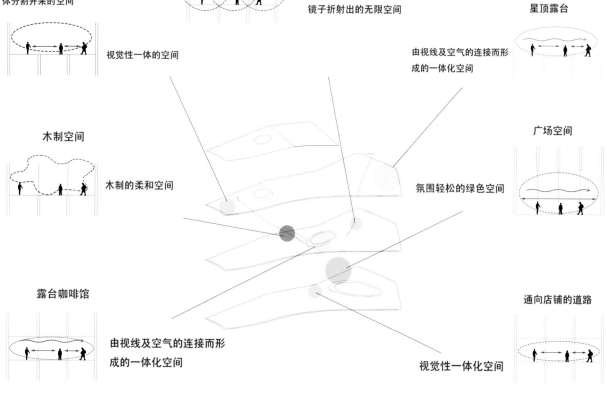

氛围轻松的绿色空间

广场空间

露台咖啡馆

由视线及空气的连接而形成的一体化空间

视觉性一体化空间

通向店铺的道路

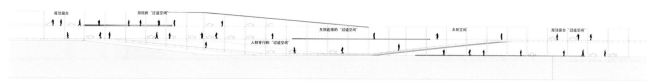

113

5+ design urban

2016
全国五校建筑学专业联合毕业设计

杭州·万科·良渚文化村玉鸟流苏创意街区规划与建筑设计

天津城建大学
苏州科技大学
浙江工业大学
安徽建筑大学
烟台大学

114

设计师之谷 Desgin

杭州玉鸟流苏街区设计
创意街区业态策划及现代建筑营造

模型展示

整体统一关系 Overall relation

开发界面　　　山坡

将建筑和场地整体化处理，将人的活动场所拓至建筑的
第五立面，达到生态和节能激发场地活力的作用

静思冥想
交流集会
休闲放松
休闲散步
健身交友
野餐聚会

常规的建筑设计手法 | 消隐部分建筑体量
最大程度的还原自然 | 严谨秩序的行走路径
缺失趣味 | 无路径的漫游，增大交
流的可能性 | 场地接纳不同目的的人
触发更多行为 | 建筑与地平线发生关系
四种地景展次 | 场地分层次容纳多种功能
秩序井然 | 植入抽象历史元素，再现
传承文化

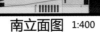

南立面图 1:400

■ 作品名称　设计师之谷　　　■ 学校　安徽建筑大学
■ 设计者　陈瑞斌 洪柳　　　■ 指导老师　许杰青 蔡进彬

1 2 3 4 5 6 7 8

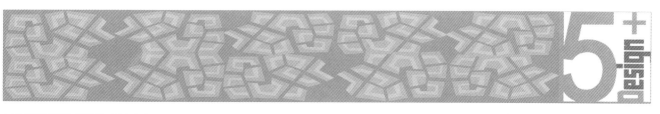

5 + Design

5届 2016

全国五校建筑学专业联合毕业设计

杭州·万科·良渚文化村玉鸟流苏创意街区规划与建筑设计

天津城建大学

苏州科技大学

浙江工业大学

安徽建筑大学

烟台大学

115

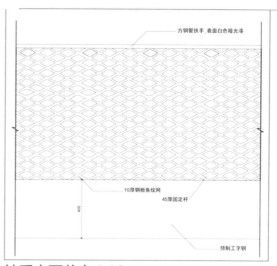

设计师之谷 Desgin

杭州玉鸟流苏街区设计
创意街区业态策划及现代建筑营造

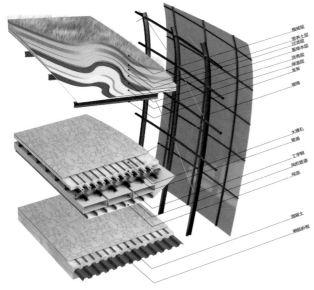

扶手立面节点 1:10

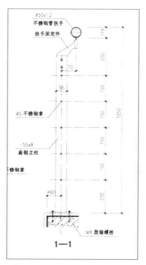

扶手剖面节点 1:10

立柱节点 A 1:5

立柱节点 B 1:5

■ 作 品 名 称　设计师之谷　　　■ 学　　　校　安徽建筑大学
■ 设 计 者　陈瑞斌 洪柳　　　■ 指导老师　许杰青 蔡进彬

5+
design
2016

全
国
五
校
建
筑
学
专
业
联
合
毕
业
设
计

杭
州
·
万
科
·
良
渚
文
化
村
玉
鸟
流
苏
创
意
街
区
规
划
与
建
筑
设
计

天津城建大学
苏州科技大学
浙江工业大学
安徽建筑大学
烟台大学

116

依"线"生机—新型邻里中心

LiangZhu is the business central of Art

区位分析

现状分析

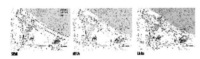

策略生成

优点：商业设计的流线使得游客能到达每个商铺

缺点：均质，冗长的流线使得游客的体验感差

优点1：具有传统商业的深游性的同时增加更多的可选择性

优点2：能满足部分人群的目的性，可达性，快捷方便，良好的体验感

关键词：可达性 深游性 多选择性

场地策略

遵照甲方原有对地块的设计要求，整个地块主要分为两个大的功能分区：南边沿街为商业区，北部为创意园区。

西南部，西南部为主要人流聚集区，如何引导人流进入商业，激活商业是在本案中重点考虑。

通过确定主动线，引导人流进入地块腹地。

主动线周围为进深合适的小型商业，或者商业组团。两热点之间为大体量商业起到 anlke 的作用。

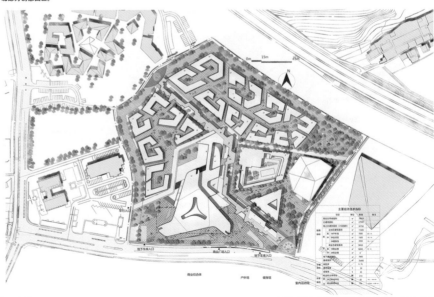

■ 作品名称　新型邻里中心　　■ 学　校　安徽建筑大学
■ 设 计 者　李潇然 徐临心　　■ 指导老师　许杰青 蔡进彬

5+design
5+2016
杭州·万科·良渚文化村玉鸟流苏创意街区规划与建筑设计
全国五校建筑学专业联合毕业设计

天津城建大学
苏州科技大学
浙江工业大学
安徽建筑大学
烟台大学

依"线"生机 —新型邻里中心

本案呈现了一个将占地 8 万公顷的地块转化为创意产业园区的街区复兴计划。这里将整合创新、协作和生产，成为一个充满活力的社区。该计划不仅提出向旧地块中引入新业态的愿景，并且试图借此契机精心策划和提升其公共设施与外部空间品质。通过在不同尺度上的空间干预，向已有的街区肌理内植入新的公共空间与景观元素，打破室内外空间界限，重新定义一种新的生活、工作和学习的方式。

天桥绿色景观

休憩区域

建筑与二级步道的关系

用地红线

绿地

一级步道天桥

一级步道（主轴）

二级步道（次轴）

建筑组团

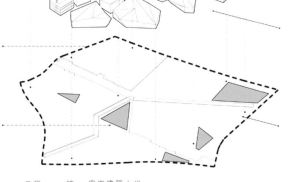

基地地块现状

场地与建筑体块操作分析

场地通过几何划分

次轴线生成

二级步道生成

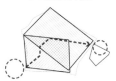

主轴（一级步道）生成

建筑形体生成

地块绿地及停车场区域

■ 作品名称　新型邻里中心　　■ 学　　校　安徽建筑大学
■ 设 计 者　李潇然 徐临心　　■ 指导老师　许杰青 蔡进彬

5+竞赛
2016
杭州·万科·良渚文化村玉鸟流苏创意街区规划与建筑设计
全国五校建筑学专业联合毕业设计
天津城建大学
苏州科技大学
安徽建筑大学
浙江工业大学
烟台大学
118

依"线"生机—新型邻里中心

步行可达性和体验的提升也是该方案的重要目标之一。方案提出的"步行圈"穿越单体建筑，它将一系列日常生活商铺（咖啡厅，健身房，便利店等）联系起来，形成了一个800 m的生活方式圈，是贯通整个园区的重要空间线索。同时，因其联通原本被建筑体量打断的各个小广场而提供了更加连贯通畅的步行体验。斜穿整个园区的架空布道则是一个多层次的步行公共空间网络，将一系列可以开展自发会议和头脑风暴的露天剧场、休息区等场所串联在一起，意在为促进各个领域的合作和交流创造环境。它同时激活了二层的商业界面。

场景1

场景2

场景3

文化艺术创意工坊

运动休闲区

商业综合体

探索体验区

北沿街立面

南沿街立面

■ 作品名称 新型邻里中心　　■ 学　校 安徽建筑大学
■ 设 计 者 李潇然 徐临心　　■ 指导老师 许杰青 蔡进彬

5+
design
5·高毕
2016
杭州·万科·良渚文化村玉鸟流苏创意街区规划与建筑设计

全国五校建筑学专业联合毕业设计

天津城建大学
苏州科技大学
安徽建筑大学
浙江工业大学
烟台大学

119

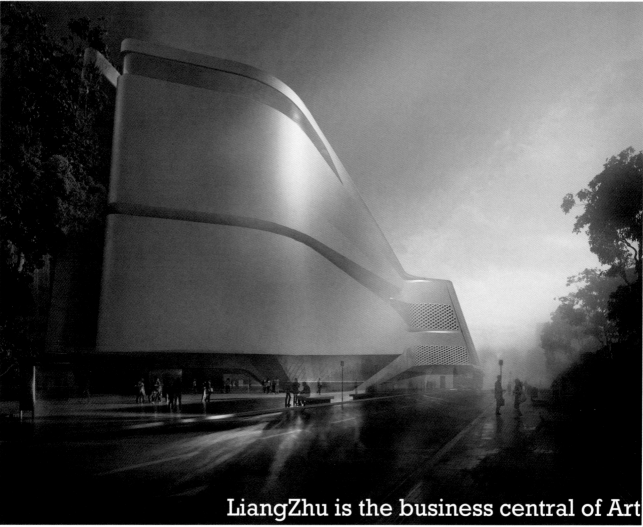

LiangZhu is the business central of Art

STRATEGE

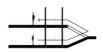

商业艺术中心

In office buildings, vertical enve-lope divides space while it hinders the interactivity between different space, making the links between spaces indifferent. People, there-fore, are not willing to stop over there.

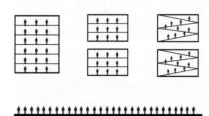

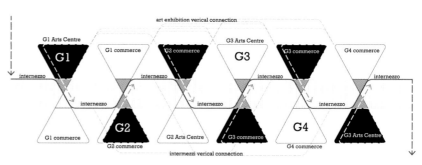

■ 作品名称　新型邻里中心　　　■ 学　　校　安徽建筑大学
■ 设 计 者　李潇然 徐临心　　　■ 指导老师　许杰青 蔡进彬

5+
2016
杭州·万科·良渚文化村玉鸟流苏创意街区规划与建筑设计

安徽建筑大学

天津城建大学
苏州科技大学
浙江工业大学
烟台大学

120

5+design

商业艺术中心

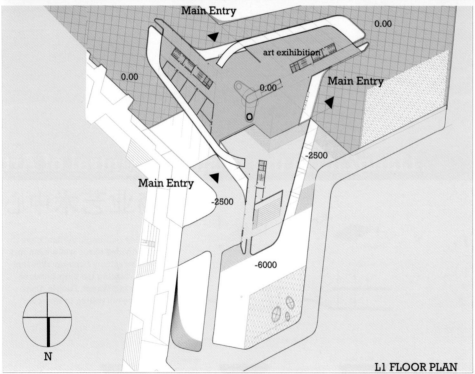

Main Entry

0.00

art exihibition

0.00

Main Entry

0.00

-2500

Main Entry

-2500

-6000

N

L1 FLOOR PLAN

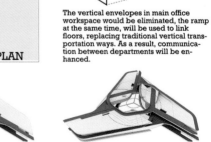

The vertical envelopes in main office workspace would be eliminated, the ramp at the same time, will be used to link floors, replacing traditional vertical transportation ways. As a result, communication between departments will be enhanced.

1 Chapter   2 stacked&rotated chapters   3 stacked&rotated chapters   4 stacked&rotated chapters and so on

■ 作 品 名 称　新型邻里中心　　■ 学　　　　校　安徽建筑大学
■ 设 计 者　李潇然　徐临心　　■ 指 导 老 师　许杰青　蔡进彬

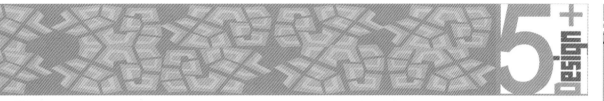

5+design

5+ 2016 杭州·万科·良渚文化村玉鸟流苏创意街区规划与建筑设计

全国五校建筑学专业联合毕业设计

天津城建大学
苏州科技大学
浙江工业大学
安徽建筑大学
烟台大学

121

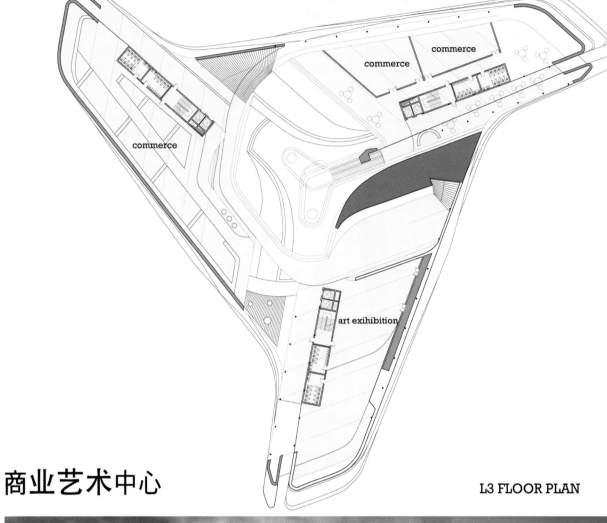

commerce

commerce

commerce

art exihibition

商业艺术中心

L3 FLOOR PLAN

■作品名称 新型邻里中心   ■学 校 安徽建筑大学
■设计者 李潇然 徐临心   ■指导老师 许杰青 蔡进彬

5+
2016
杭州·万科·良渚文化村玉鸟流苏创意街区规划与建筑设计

全国五校建筑学专业联合毕业设计

天津城建大学
苏州科技大学
安徽建筑大学
浙江工业大学
烟台大学

design 5+

122

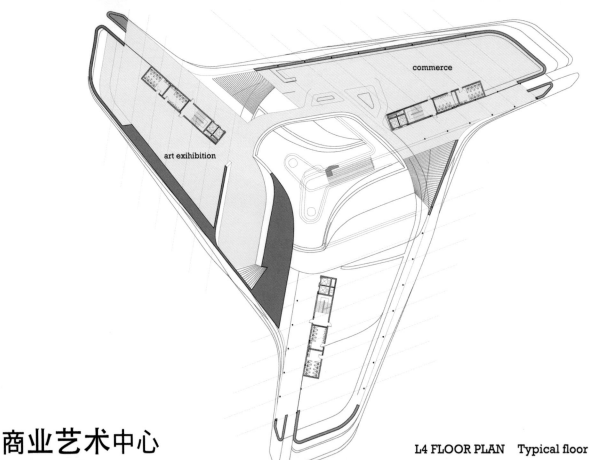

commerce

art exihibition

L4 FLOOR PLAN   Typical floor

商业艺术中心

Section A|

Section B|

Section C|

Section D|

■作品名称　新型邻里中心　　■学　　校　安徽建筑大学
■设 计 者　李潇然　徐临心　　■指导老师　许杰青　蔡进彬

5+ design

5 上届
2016
全国五校建筑学专业联合毕业设计
杭州·万科·良渚文化村玉鸟流苏创意街区规划与建筑设计

■ 天津城建大学
■ 苏州科技大学
■ 浙江工业大学
■ 安徽建筑大学
■ 烟台大学

123

商业艺术中心

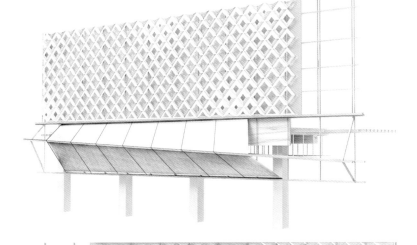

structural model

DAY   NIGHT
STILL ————————————— evolution processt ————————————→ MOTION
WHITE PAPER   BLACK INK

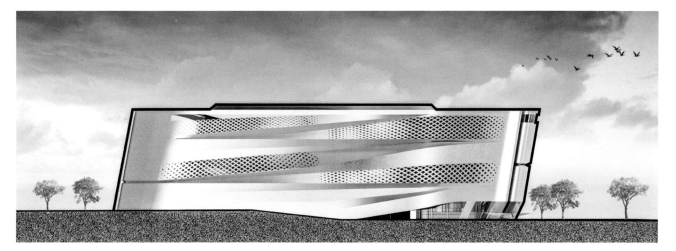

■ 作品名称　新型邻里中心　　　■ 学　　校　安徽建筑大学
■ 设 计 者　李潇然　徐临心　　■ 指导老师　许杰青　蔡进彬

5+

2016

杭州·万科·良渚文化村玉鸟流苏创意街区规划与建筑设计

全国五校建筑学专业联合毕业设计

天津城建大学
苏州科技大学
浙江工业大学
安徽建筑大学
烟台大学

124

新型体育中心

一层平面 1：300

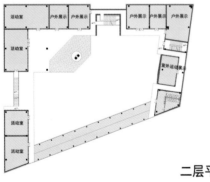

二层平面 1：400

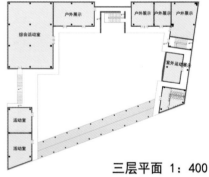

三层平面 1：400

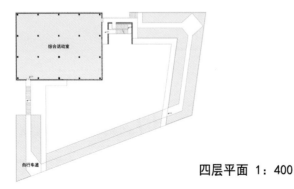

四层平面 1：400

户外馆A-A剖面 1：400

■ 作品名称　新型邻里中心　　■ 学　　校　安徽建筑大学
■ 设 计 者　李潇然 徐临心　　■ 指导老师　许杰青 蔡进彬

5+ design 2016 杭州·万科·良渚文化村玉鸟流苏创意街区规划与建筑设计 全国五校建筑学专业联合毕业设计

天津城建大学
苏州科技大学
安徽建筑大学
浙江工业大学
烟台大学

125

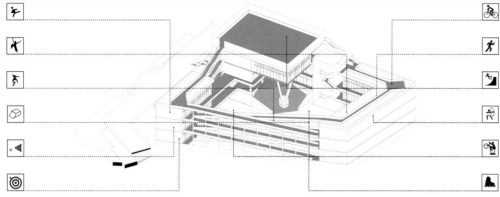

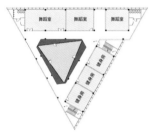

二层平面 1：400

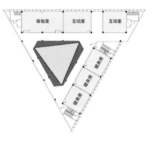

三层平面 1：400

结构

室内空间加热

幕墙系统

功能

灰空间

建筑绿化

充足日照

通风系统

蓄水设施

综合运动馆建筑分析

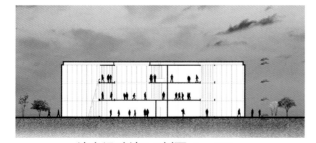

综合运动馆B-B剖面 1：400

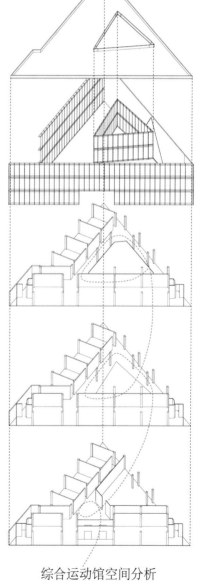

综合运动馆空间分析

■ 作品名称　新型邻里中心　　■ 学　校　安徽建筑大学
■ 设计者　李潇然 徐临心　　■ 指导老师　许杰青 蔡进彬

5+
2016
杭州·万科·良渚文化村玉鸟流苏创意街区规划与建筑设计

全国五校建筑学专业联合毕业设计

天津城建大学
苏州科技大学
安徽建筑大学
浙江工业大学
烟台大学

126

活力之生 / 青年创客中心 1

概念生成 Concept Gneration　Source vitality

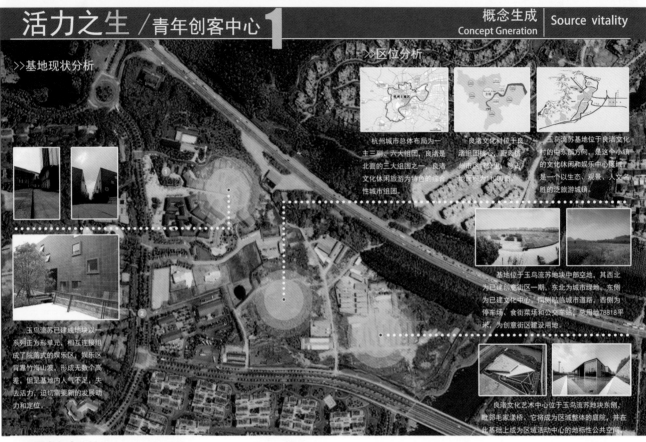

>>基地现状分析

玉鸟流苏已建成地块以一系列正方形单元，相互连接组成了聚落式的娱乐区，娱乐区背靠竹海山坡，形成无数个高差，但是基地内人气不足，失去活力，迫切需要新的发展动力和定位。

>>区位分析

杭州城市总体布局为一主三副·六大组团，良渚是北面的三大组团之一，良渚文化休闲旅游为特色的综合性城市组团。

良渚文化村位于良渚组团核心，距离杭州市区7公里，总占地面积达11000亩。

玉鸟流苏基地位于良渚文化村的中东部方向，是这个小镇的文化休闲和娱乐中心区域，是一个以生态、观景、人文名胜的泛旅游城镇。

基地位于玉鸟流苏地块中部空地，其西北为已建创意街区一期，东北为城市绿地，东侧为已建文化中心，周侧贴临城市道路，西侧为停车场、食街菜场和公交车站，总用地78818平米，为创意街区建设用地。

良渚文化艺术中心位于玉鸟流苏地块东侧，毗邻毛家漾桥，它将成为区域整体的底院，并在此基础上成为区域活动中心的地标性公共空间。

>>历史文脉分析

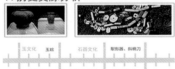

>>定位及概念演绎

宏观背景	微观条件	规划方案
外部需求	内部分析	目标定位

经济 产业转型，创客中心　过去 文化文脉的传承　LOFT型创意区
社会 公共空间，生态景观　未来 创意产业的注入　休闲娱乐综合区
文化 创意产业，生态复兴　理念 生态景观的回溯　生态绿色景观区

定位 生态休闲娱乐景观 → 创新、娱乐、生态的复合型青年创客中心
LOFT型文化创意产业

概念 传承自然与城市和谐共处的智慧创新城市的发展模式和生活方式

经济发展 ←　青年活力因素随消极对待，生态环境遇到人为破坏。　规划前

吸引青年入驻创业，提升地块活力，并满足青年日常生活需求。 → 分析基地现状、历史，确定发展方向和定位。 → 规划后

空间的再定义，功能的再组织，产业的再构成，其实是促进玉鸟流苏地块获得重生的手段——通过对地块的重新定位和设计，我们传承自然和城市和谐共处的智慧，沿袭历史文脉并继承生态特色，提出城市发展模式和生活方式的创新格局。

>>SWOT分析

Strength 优势

1.生态环境良好：整个良渚文化村内包含有包括白鹭洲公园、美丽洲公园和正在打造的矿坑公园等大大小小数十座公园。2.文化氛围浓厚，比邻良渚遗址，后又有良渚博物院、中国原创设计中心坐落于良渚文化村。

Weakness 劣势

人气欠缺，老年人口居多，活力较少；良渚文化村以居住功能为主，缺乏包括工作、娱乐等等的其他功能，尤其缺乏针对年轻人的功能设施。

Threat 挑战

2017年开通的地铁2号线为未来良渚文化村的交通带来极大的便利性；玉鸟流苏作为全国唯一乡村创意聚落群、杭州市十大创意产业基地之一、杭州市余杭区区级创意产业园，成为杭州政府的重点发展对象。

Opportunity 机遇

如何更加充分且合理的利用该片区的历史文化资源；如何梳理传统的空间与肌理，营造生动的街巷空间，融入新的设计元素，并处理好新旧之间的关系；如何通过业态的植入，提供工作岗位，达到吸引人气驻留的目的。

>>规划前　原生态

规划前，玉鸟流苏地块处于较自然、未开化的状态，自然风光优美，绿化率高，除了少数展展居点，以大片良田为主，适宜人居住。

>>经济发展　生活

随着经济发展，良渚文化村打造为生态、观景、人文名胜、休闲娱乐的泛旅游城镇，它有着充分独特的文化氛围并保持宜人尺度，但是人气不足，商业设施配套不全。

>>规划后　创客+生态+生活

玉鸟流苏地带是刺激良渚文化村人气复兴的着手点。而丰富的文化特色使之与其他旅游游村有所区别。而便利的交通条件可为人流的吸引和疏导打下良好的基础。

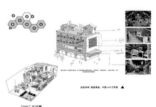

■ 本地居民
■ 外来居民

5.5% 1.8%　38.6%　19.4%　21.2% 13.5%
18-35岁　35-55岁　55岁以上

形成生态型青年创客中心，使青年进入地块进行创业，平衡年龄结构，从而焕发街区活力的重生。

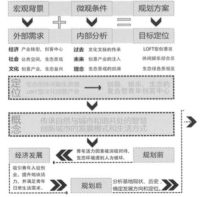

■ 作品名称　活力之生　　　■ 学　　校　安徽建筑大学
■ 设计者　燕南 沈奥忱　　■ 指导老师　许杰青 蔡进彬

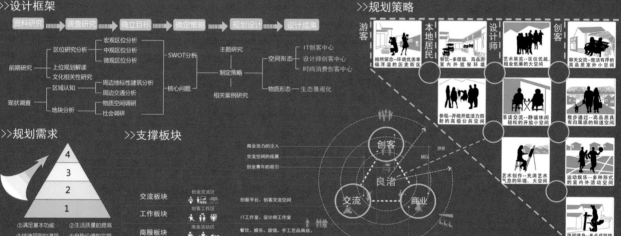

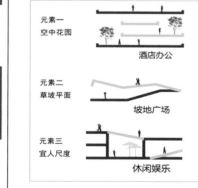

5+design

5+

2016

全国五校建筑学专业联合毕业设计

杭州·万科·良渚文化村玉鸟流苏创意街区规划与建筑设计

天津城建大学
苏州科技大学
浙江工业大学
安徽建筑大学
烟台大学

127

活力之生／青年创客中心 2

概念分析
Concept Analysis | Source vitality

>>主题分析

何为青年创客中心？

创客中心也就是创客空间，他是一个创客们信息的交流、分享、研究的场所及项目孵化器。创客指各种创意转变为现实的人，乐于分享并且追求美好生活。

创客中心将工作与生活相结合——1、工作居住环境的紧密结合适宜此类人群。2、生产和消费相结合——创意生产与商业对接，保持可持续性。3、各行业的文化多元，促进互补互助。4、分析青年的行为模式激活场所区域的生活活力。

what?

为何定位为创客中心？

万科·良渚文化村要打造成为旅游、居住、创业平台的城市有机综合体，目前，创业功能的缺失，对人群吸引力减弱，所以设计计划打造为全国唯一的创意创业平台聚落。

通过人口分析，小镇人群年龄结构以中老年人居多，区域活动缺乏活力，需要青年人群的注入激发场所活力。但是地块内多为高档住宅，吸引青年人可能性较小，所以规划为LOFT型工作室，打造青年人生活、工作、娱乐的一体化。

why?

如何规划属于良渚的创客中心？

如何打破常规使之间相互融合共生呢？

1、良渚文化村的定位为生态文化泛旅游村，地块内引入生态绿化，将建筑与生态结合，满足青年人生活、办公的同时，吸引周边人群进入地块内活动，同时配套相关创意时尚消费，激活玉鸟流苏人气。2、分析IT创客中心、建筑设计创客中心、时尚文化消费创客中心的建筑尺度，多角度考虑创客真正需要的空间环境。

how?

>>设计框架

资料研究 → 调查研究 → 确立目标 → 确定策略 → 规划设计 → 设计成果

前期研究
- 区位研究分析 — 宏观区位分析 / 中观区位分析 / 微观区位分析
- 上位规划解读
- 文化相关性研究

现状调查
- 区域认知 — 周边地标性建筑分析 / 周边交通分析
- 地块分析 — 物质空间调研 / 社会调研

SWOT分析
核心问题

主题研究
制定策略
相关案例研究

空间形态 — IT创客中心 / 设计师创客中心 / 时尚消费创客中心
物质形态 — 生态景观化

>>规划策略

游客
- 拍照留念--环境优美幸福洋溢的历史街区
- 参观--开放充满活力四射的高级公共空间
- 艺术创作--充满艺术气息的环境、大空间

本地居民
- 餐饮--多层级、高品质室内外就餐环境
- 茶话交流--静谧休闲轻松的开放小空间
- 运动娱乐--多种形式的室内外活动空间

设计师
- 艺术展览--区位优越，租金低廉的大空间
- 散步通风--高品质家具有归属感的倒遺空间

创客
- 晴天研究--整洁有序的高品质室外休小空间
- 休闲健身--多成战网络状布置、方便实用

>>规划需求

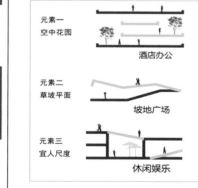

4
3
2
1

①满足基本功能
②生活质量的提高
③精神层面的满足
④自我价值的实现

>>支撑板块

交流板块	创业交流区	创新平台，创客交流空间
工作板块	创客工作区	IT工作室、设计师工作室
商服板块	商业活动区	餐饮、娱乐、旅馆、手工艺品商店、创意工坊、玉器店

商业活力的注入
交流空间的拓展
创业青年的吸引

创客
良渚
交流 — 商业

>>规划策略

核心问题(Problem)	交流平台	青年创客	商业

交流平台

现状建筑空间缺乏良渚特色。
↓
生态与建筑如何融合

元素一 空中花园 — 酒店办公
元素二 草坡平面 — 坡地广场
元素三 宜人尺度 — 休闲娱乐

1、基地内引入生态绿色景观，最大程度将周边绿色自然渗透进入地块内，绿化率打造良渚风光。
2、建筑与植被有机结合。
3、高层裙房与草坡之间形成宜人的步行尺度。

青年创客

现状缺乏人气，年龄结构不平衡
↓
吸引青年入驻玉鸟流苏

生理需求：声 光 热 无障碍 活动尺度
心理需求：安全感 归属感 邻里感 家庭感 私密感 舒适感
行为需求：个体活动领域 成组活动领域 集成活动领域
社会需求：
- 自我/交往/安全/生理 发展中国家需求模式
- 自我/交往/安全 发达中国家需求模式
- 自我自尊/交往/安全 理想社会需求模式

1、从解决需求为出发点
2、环境质量的提高
3、LOFT型工作室最大程度减轻青年生活成本，鼓励青年入驻创业，激活玉鸟流苏。

商业

现状商业配套不全，种类缺失
↓
丰富商业类型，鼓励创业

商业业态 — 丰富基地周边商业业态
商业特色 — 体验式三维购物娱乐
建筑特色 — 生态景观、三维空间结合

1、步行商业业功能加入
2、合理布局的商业业态
3、公共服务功能的加入

专题研究(Mono--graphic study)

策略 Strategy

■ 作 品 名 称　活力之生　　■ 学　　校　安徽建筑大学
■ 设 计 者　燕南 沈奥忱　　■ 指导老师　许杰青 蔡进彬

杭州·万科·良渚文化村玉鸟流苏创意街区规划与建筑设计

安徽建筑大学

天津城建大学
苏州科技大学
浙江工业大学
烟台大学

128

活力之生 / 青年创客中心 3

平面结构 | Plane Structure | Source vitality

>>总平面图

图例

城市道路	地下车库出入口
用地红线	建筑轮廓线
建筑控制线	地下车库范围围线
区域主入口	地下车库出口

0m 15m 45m 90m

N

主要经济技术指标

项目	单位	数值	备注
规划总用地面积	m²	78818	
总建筑面积	m²	67600	
地上总建筑面积(计容面积)	m²	46800	
计创客中心	m²	10200	
其中 独立工作室	m²	5900	2F、6m
交流工作室	m²	4300	3F、10m
设计师工作室	m²	13200	
其中 小型工作室	m²	5500	3F、18m
交流工作室	m²	7700	3F、18m
时尚消费创客中心	m²	15400	
其中 特色美食	m²	6300	3F、11m
玉石工坊	m²	4500	3F、11m
创意艺术工坊	m²	4600	3F、11m
创客交流平台	m²	8000	3F、11m
地下建筑面积	m²	20700	
总居面积	m²	1760	
容积率		0.59	
建筑密度	%	0.22	
绿地率	%	35	
机动车总停车位	辆	500	
其 工作室机动车位	辆	220	0.8辆位/100m²
商业机动车位	辆	170	0.6辆位/100m²

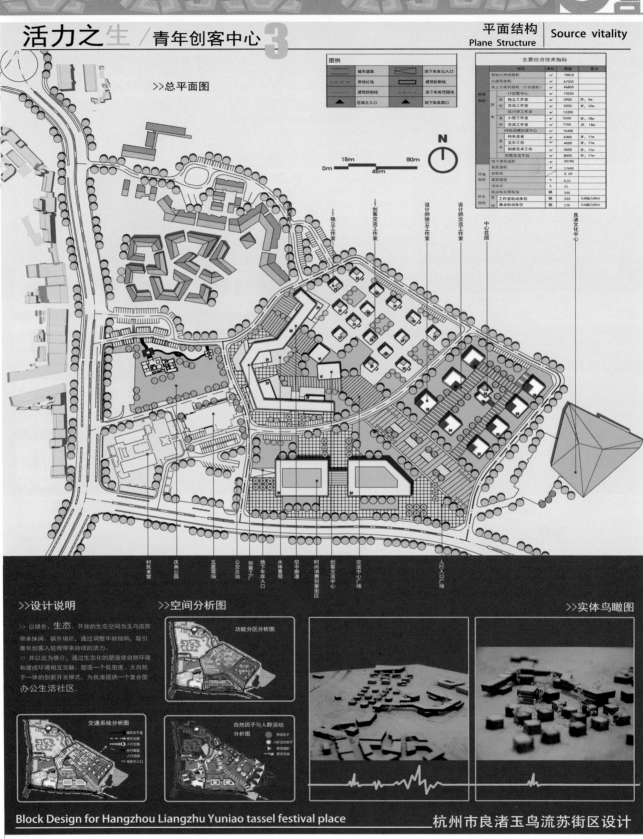

村民食堂 庆典公园 五星广场 公交总站 创意工厂 地下车库入口 水体景观 空中廊道 时尚消费创意区 创客交流中心 交流中心广场 人行入口广场

独立工作室 创客交流工作室 设计师独立工作室 设计师交流工作室 中心花园 良渚文化中心

>>设计说明

>> 以绿色、生态、开放的生态空间为玉鸟流苏带来休闲、娱乐场所,通过调整年龄结构,吸引青年创客入驻而带来持续的活力。

>> 并以此为媒介,通过生态化的塑造使自然环境和建成环境相互交融,塑造一个低密度、大自然于一体的创新开发模式,为良渚提供一个复合型办公生活社区。

>>空间分析图

功能分区分析图

交通系统分析图

自然因子与人群活动分析图

>>实体鸟瞰图

Block Design for Hangzhou Liangzhu Yuniao tassel festival place

杭州市良渚玉鸟流苏街区设计

■ 作 品 名 称 活力之生   ■ 学 校 安徽建筑大学
■ 设 计 者 燕南 沈奥忱   ■ 指导老师 许杰青 蔡进彬

活力之生 / 青年创客中心 4

集中空间下的交流

Plane Structure Source vitality

前期准备

在梯形的地块内植入盒子，对盒子进行切分，分成一个方盒子和一个梯形的盒子，对于盒子的功能进行定义，分成居住和工作两个盒子。

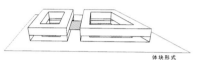

分割后的小地块　在地块内植入盒子　分成住两个盒子

概念深化

对两个盒子进行连接，使之相互联系，形成一个整体，联系的盒子通过中庭，空间从此流动起来，建筑底部商业对广场及周边打开。

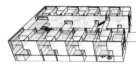

在盒子中挖出中庭空间　盒子间以中央平台连接　两个盒子底层架空

整体构思

通过前期对于场地及周边环境的挖掘，将建筑与周边整体进行对话与联系，建筑内部则通过中央平台联系，场地中的人可以直接进入平台。

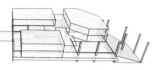

体块形式

去掉顶部盒子的建筑内部图示

本次设计位于杭州玉鸟流苏地块，周边环境自然优美、静谧和谐。在前期的规划中以车行道路将地块分为四部分，本部分位于地块南侧，为主要人流进入方向。为此，在规划中，我们规划了横穿地块的主要步行通道体系也成为整个地块的轴线，与北部已建建筑相连，形成从场地进入场中步行体系的完整流线。

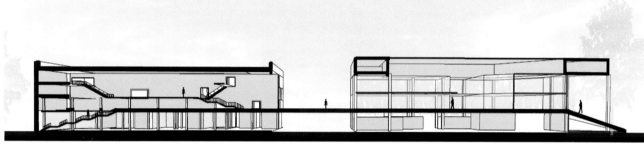

场地剖面图

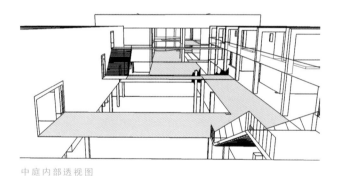

中庭内部透视图

中庭空间是进行沟通设计交流的常去所在，中庭本身的形制就决定它是一个良好的沟通媒介，一边是直接开敞的建筑单元，一边是大片的墙面进行开洞，两相对比，开放和封闭对立的本质使得空间的材料有着冲突的对比。

起

在底层设置大楼梯连接场地、底层商业和上部居住区域，将三者联系起来，形成畅达的流线。

承

居住区域内的人通过中央的中庭进行交流和活动，中庭通过不同高度的平台串联两边的建筑。

接

西部尽头的交流平台可以连接中庭内的场景，达到从不同高度看到的不同的感受，可以同时感觉到建筑内外的联系。

流

中部各个连接平台使得年轻人可以在此交流、沟通、展示自己，可以在平台或者中央楼梯大台阶处进行阅读。

合

中央的平台起到了连接两个建筑和场地的要求，行人可以直接进入平台，也可以通过平台进入中央的展示空间。

续

在办公场所内，办公的人们可以在中央的平台处进行沟通，也可以和连接两个建筑的外部平台进行沟通。

大体量

通过大体量，集中空间对于交流和沟通的探讨形成在不同体量下的空间分析。

中等体量

通过九宫格形制对于建筑的内部逻辑进行探讨，从剖面出发进行设计，从剖面体现建筑的沟通。

小体量

小体量的建筑通过在对角线放置盒子来划分空间，对于年轻人单身独居小空间进行探讨。

■ 作品名称　活力之生　　　■ 学　　校　安徽建筑大学
■ 设计者　燕南　沈奥忱　　■ 指导老师　许杰青　蔡进彬

天津城建大学
苏州科技大学
浙江工业大学
安徽建筑大学
烟台大学

129

5+
2016
杭州·万科·良渚文化村玉鸟流苏创意街区规划与建筑设计

全国五校建筑学专业联合毕业设计

天津城建大学
苏州科技大学
安徽建筑大学
浙江工业大学
烟台大学

130

活力之生 / 青年创客中心 5

HOME FOR YOUTH
WORK AND COMMUNICATE HAPPLIY WITH EACH OTHER
青年交流者之家

本次设计着重对于建筑小地块内的居住空间进行分析，通过盒子之间的错动，扭转，以盒子限定出周围的公共交流空间，同层的盒子与盒子之间通过庭院进行交流，垂直的盒子之间通过盒子错动形成的同高空间尽心交流，盒子有两种形式：一边的盒子为连续的两层，直接形成开放与私密的空间，另一边的盒子单独为一层，形成两人间单人间两种形式

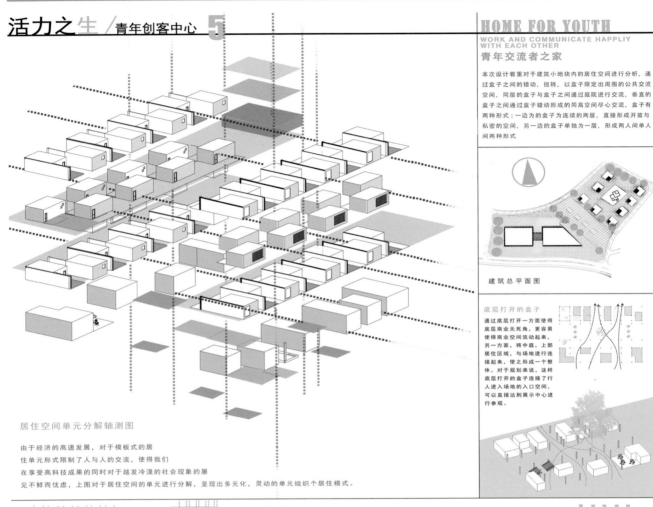

建筑总平面图

底层打开的盒子

通过底层打开一方面使得底层商业无死角，更容易使得商业空间流动起来，另一方面，将中庭，上部居住区域，与场地进行连接起来，使之形成一个整体，对于规划来说，这样底层打开的盒子连接了行人进入场地的入口空间，可以直接达到展示中心进行参观。

居住空间单元分解轴测图

由于经济的高速发展，对于模板式的居住单元形式限制了人与人的交流，使得我们在享受高科技成果的同时对于越发冷漠的社会现象的屡见不鲜而忧虑，上图对于居住空间的单元进行分解，呈现出多元化，灵动的单元组织个居住模式。

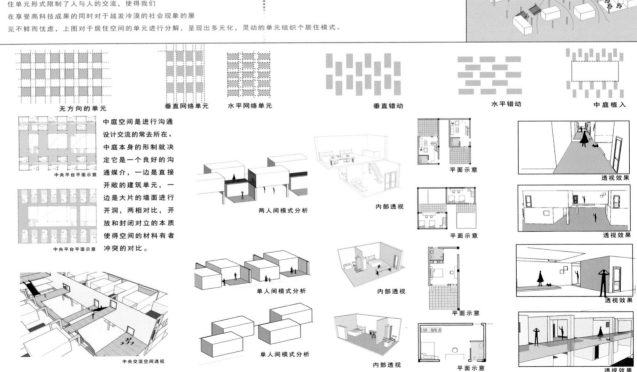

无方向的单元　垂直网络单元　水平网络单元　垂直错动　水平错动　中庭植入

中庭空间是进行沟通设计交流的常去所在，中庭本身的形制就决定它是一个良好的沟通媒介，一边是直接开敞的建筑单元，一边是大片的墙面进行开洞，两相对比，开放和封闭对立的本质使得空间的材料有者冲突的对比。

中央平台平面示意
中央平台平面示意
中央交流空间透视

两人间模式分析
单人间模式分析
单人间模式分析

内部透视
内部透视
内部透视

平面示意
平面示意
平面示意
平面示意

透视效果
透视效果
透视效果
透视效果

■ 作品名称　活力之生　　　■ 学　　校　安徽建筑大学
■ 设计者　燕南 沈奥忱　　■ 指导老师　许杰青 蔡进彬

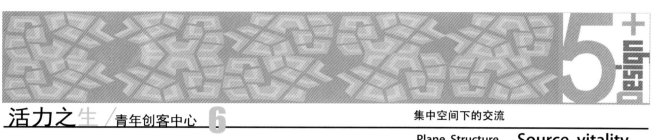

活力之生／青年创客中心 **6**　集中空间下的交流

Plane Structure　**Source vitality**

■天津城建大学
■苏州科技大学
■安徽建筑大学
■浙江工业大学
■烟台大学

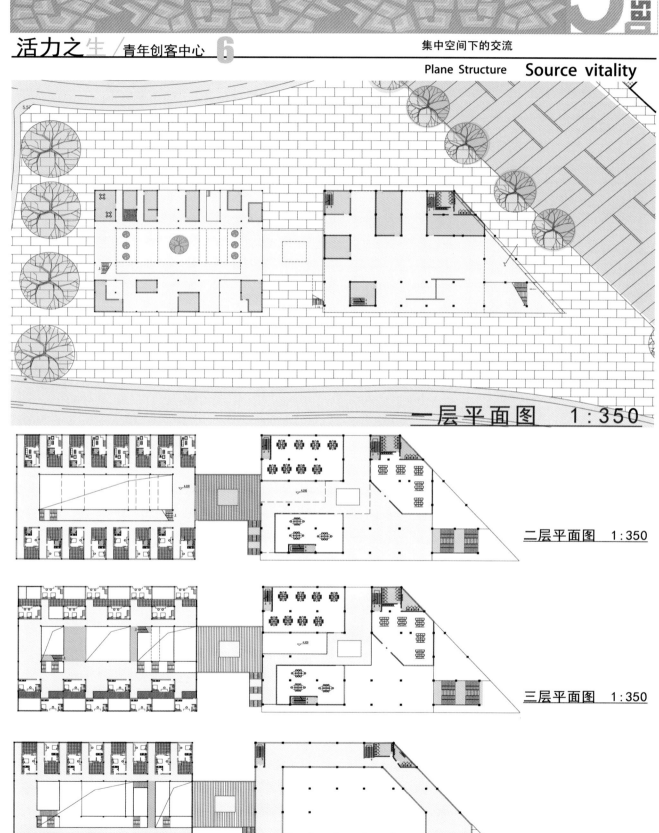

一层平面图　1：350

二层平面图　1：350

三层平面图　1：350

四层平面图　1：350

■作品名称　活力之生　　　■学　校　安徽建筑大学
■设计者　燕南 沈奥忱　　　■指导老师　许杰青 蔡进彬

5+
2016
杭州·万科·良渚文化村玉鸟流苏创意街区规划与建筑设计

全国五校建筑学专业联合毕业设计

■ 安徽建筑大学
■ 天津城建大学
■ 苏州科技大学
■ 浙江工业大学
■ 烟台大学

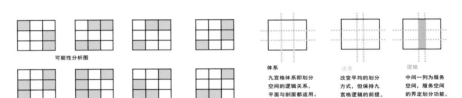

活力之生 / 青年创客中心 7

集中空间下的交流

Plane Structure   Source vitality

本次小地块设计仍然以对青年人的工作,生活中的沟通和交流的探讨为目标,对于大体量建筑中的年轻人来说,如何通过建筑空间有意识的设计,以达到交流和沟通的效果进行探讨。

所以在这个小地块内植入了两个盒子,两座建筑整体造型顺应地形,立面简洁大方,最有特色的是,两个建筑通过中央平台连接,中央平台综合了两边建筑的中庭空间,同时穿透建筑,延伸至场地两侧,形成了一个流动,灵活,整体的空间体验。

整个设计从建筑与场地的沟通,建筑与相邻建筑,建筑内部通过中庭的沟通,建筑内单元与单元之间的沟通进行了各个方面的探讨与设计。

一、九宫格体系下的盒子

次地块设计使用九宫格体系,表达了在剖面中斜向视线交流空间的各种可能性,此次选择了其中两种空间形态,从剖面启动一个艺术家生活中心。这种想法来源于路斯的学生提出的体积规划,路斯的一段自白从另一个侧面道出了体积规划的方法特征。他说:"我既不设计平面,也不设计立面与剖面,我只设计空间。

可能性分析图

体系 九宫格体系即划分空间的逻辑关系,平面与剖面都适用。

改变 改变平均的划分方式,但保持九宫格逻辑的前提。

逻辑 中间一列为服务空间,服务空间的界定划分功能。

二九宫格体系盒子具体应用

在所选择的两种体系中,都是从剖面出发进行设计的实例。在体系中选择两种并进行深化。可以看到在这样的情况下,盒子中的人实现了互相的交流,从盒子中人的交流,到盒子所限定的空间——如右下角的建筑就可以限定出屋顶空间,盒子里的人,包括盒子下灰空间及平台上的人,场地内的人,都形成了交流。

选取1

剖面示意2

选取2

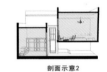
剖面示意2

三、小空间盒子——盒子中的盒子

在进行小体块的设计时,我首先注意到的是对于一个如此小面积的设计来说,处理的手法一定要简单明确,对于功能要有很好的分区。

所以我在一个盒子内置入了两个盒子,两个盒子互相成对角线关系嵌入大盒子里,下部的盒子布置厨房和卫生间,成为密闭的服务空间,上部的盒子是开敞的,在上部的盒子仍然可以看到下面的情景。

盒子

沿对角线放置的两个盒子

将对角线盒子置入大盒子中

上部盒子变为玻璃盒子

下部盒子为实盒子

对角线置入平面示意图

一层——服务空间

二层——私密空间

私密空间的开放性

盒子屋顶限定出三个空间

四、具体分析——盒子的形式探讨

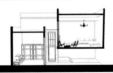
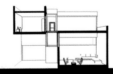

IT创客透视图

一层平面图 1:200

轴测图

一层平面图 1:350

二层平面图 1:350

三层平面图 1:350

IT创客透视图

二层平面图 1:200

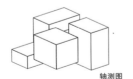
轴测图

一层平面图 1:350

二层平面图 1:350

三层平面图 1:350

IT创客透视图

剖面示意图

IT创客透视图

剖面示意图

■ 作品名称   活力之生
■ 学　　校   安徽建筑大学
■ 设计者   燕南 沈奥优
■ 指导老师   许杰青 蔡进彬

5+design
5+富
2016
杭州·万科·良渚文化村玉鸟流苏创意街区规划与建筑设计

全国五校建筑学专业联合毕业设计

天津城建大学
苏州科技大学
安徽建筑大学
浙江工业大学
烟台大学

活力之生 / 青年创客中心 **8**

效果图
design sketch

>>设计构思

现有张雷齐欣建筑紧挨地块，对基地肌理有直接的影响；选择对折现条块肌理延续，进入地块。

中期规划对地块设计有直接影响，提取规划中方形体块的元素。

功能分区及广场视线穿透对于现有基地广场和视线的尊重，也是通过视线吸引地块的人气。

空间构成，灵感来源于方盒子的丰富空间对于儿童和小动物的吸引力；空间丰富有趣对于青年创客中心的重要性。

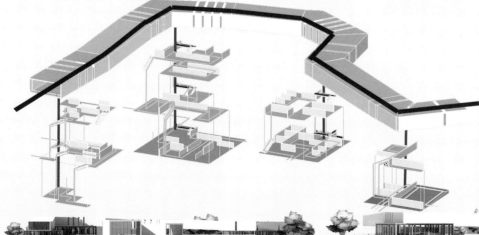

■ 作品名称　活力之生　　　　■ 学　　校　安徽建筑大学
■ 设 计 者　燕南 沈奥忱　　　■ 指导老师　许杰青 蔡进彬

5+
2016
杭州·万科·良渚文化村玉鸟流苏创意街区规划与建筑设计

全国五校建筑学专业联合毕业设计

■天津城建大学
■苏州科技大学
■安徽建筑大学
■浙江工业大学
■烟台大学

5+
design

134

活力之生 / 青年创客中心 ⑨

平面图
plane figure

C 一层平面

C 二层平面

>>轴测图

D 一层平面   D 二层平面

B 一层平面   B 二层平面   B 三层平面

A 二层平面

A 一层平面

A 负一层平面

■作品名称   活力之生   ■学　　校   安徽建筑大学
■设 计 者   燕南 沈奥忱   ■指导老师   许杰青 蔡进彬

活力之生／青年创客中心 **10**

A 11-11　　　B 11-11　　　C 11-11　　　D 11-11

A 12-12　　　B 12-12　　　C 12-12　　　D 12-12

A 13-13　　　B 13-13　　　C 13-13　　　D 21-21

A 21-21　　　A 22-22　　　A 23-23　　　D 22-22

5+design
2016
杭州·万科·良渚文化村玉鸟流苏创意街区规划与建筑设计

全国五校建筑学专业联合毕业设计

天津城建大学
苏州科技大学
安徽建筑大学
浙江工业大学
烟台大学

135

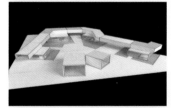

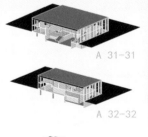

A 31-31

A 32-32

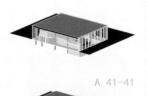

A 33-33

A 41-41

A 42-42

A 43-43

■ 作品名称　活力之生　　　■ 学　　校　安徽建筑大学
■ 设计者　燕南 沈奥忱　　　■ 指导老师　许杰青 蔡进彬

邱德华　周曦　张昊雁

林佳思　戴秀男　储一凡　张垚

张子仪　洪烨桢　陈俊伟　孙能斌

5十一
2016
杭州·万科·良渚文化村玉鸟流苏创意街区规划与建筑设计

全国五校建筑学专业联合毕业设计

■天津城市大学
■苏州科技大学
■安徽建筑大学
■浙江工业大学
■烟台大学

良渚文化 建筑选址

良渚时期建筑选址地貌类型饼状图

良渚文化不同时期建筑选址地貌类型柱状图

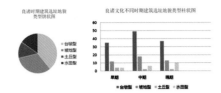

良渚文化 概况

良渚文化 住宅形态

早期住宅形态　　中期住宅形态　　晚期住宅形态

良渚文化 城郭

良渚文化 建筑功能

良渚文化时期主要建筑功能条形图

良渚文化 聚落01

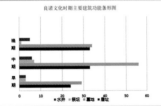

良渚文化 聚落02

调研一

苏州科技大学　张垚/洪烨桢/储一帆/林佳思

区位分析 02

3/3/3 商业模式

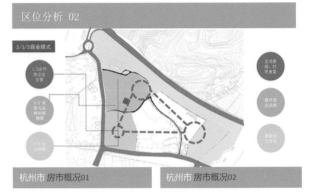

杭州市 房市概况01

2011-2015年杭州市各产业增加值比重变化

杭州市 房市概况02

2011-2015年杭州市GDP数值及增长率
图表标题

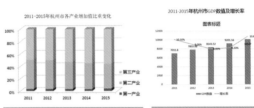

杭州市 房市概况03

2011-2015年杭州全县不同用地性质成交结构

杭州市 房市概况04

2011-2015年杭州市各区域空地成交规模结构

规划政策

中心居住圈	郊区居住圈	"一核五极、山水之城；组团强镇、网络都市"	2022亚运会
治理体系更完善	房地产投资逐年增加		
生态环境更优美	城市功能更全	产业规划	发展质效更高
		杭州城市记忆工程	集聚创业创新人才	十三五规划

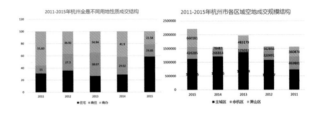

小结与问题

第三产业发展比重较大	考虑旅游业、服务业等的发展
各性质用地成交结构不稳定	需要找准产品定位
余杭区同比楼市成交量较低	商住结构不宜过度集中

初步定位

传统产业　传统旅游业
互联网产业
开发旅游资源
激活小镇活力
锁定人群/职位

苏州科技大学　张垚 /洪烨桢 /储一帆 /林佳思

《爸爸去哪儿》节目播出前后我国旅游收入经济效益对比

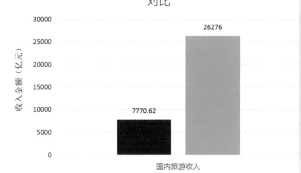

爸爸去哪节目播出前后灵水村客栈放假对比

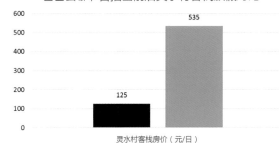

爸爸去哪节目播出前后两地旅游人数对比

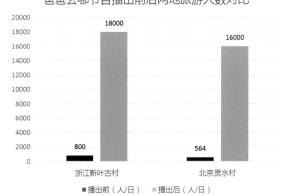

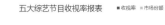

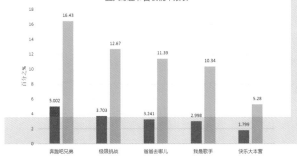

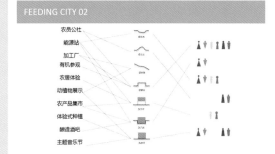

良渚PLAYING 03

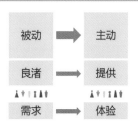

良渚PLAYING 04 功能设置

良渚PLAYING 06

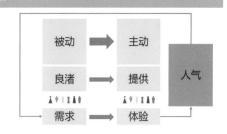

体验性多产业链

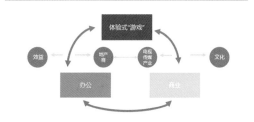

良渚PLAYING 05 人群定位

5十一届

2016

杭州·万科·良渚文化村玉鸟流苏创意街区规划与建筑设计

全国五校建筑学专业联合毕业设计

■ 天津城建大学
■ 苏州科技大学
■ 安徽建筑大学
■ 浙江工业大学
■ 烟台大学

139

5+
2016
杭州·万科·良渚文化村玉鸟流苏创意街区规划与建筑设计
全国五校建筑学专业联合毕业设计

天津城建大学
苏州科技大学
安徽建筑大学
浙江工业大学
烟台大学

140

良渚文化

良渚文化是一支分布在中国东南地区太湖流域的新石器文化类型，代表遗址为良渚遗址，距今5300～4500年左右。良渚文化分布的中心地区在太湖流域，而遗址分布最密集的地区则在太湖流域的东北部、东部和东南部。该文化遗址最大特色是所出土的玉器。挖掘自墓葬中的玉器包含有璧、琮、钺、璜、冠形器、三叉形玉器、玉镯、玉管、玉珠、玉坠、柱形玉器、锥形玉器、玉带及环等；另外，陶器也相当细致。

良渚文化·建筑

传统建筑发展

聚落

空间分布

遗址主要分为三大群：古城群、荀山群、山麓群。三个群的等级不一，说明良渚时期已开始有等级划分制度。

空间：聚落的分化，卫星村落，每个中心'控制'的地域呈六边形，而层次不等的中心会共同组成一种错综复杂的聚落网格。

郊和早期家阶段的聚落形态模式
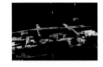

建筑

形式：平地建造、半地穴式、浅地穴式的单体建筑和双间式

类型：礼仪性建筑和祭祀建筑：方形、长方形和圆形；单重土台、多重土台、阶梯式土台；建在人工堆垫的高土台上；祭坛上都发现大墓，大墓中出土大量的玉琼、玉璧和玉诚等代表死者身份地位的信物。

材质：木骨泥墙

良渚文化·茅屋

良渚文化·建筑

基地区位

玉鸟流苏

杭州——余杭区——良渚
文化村——玉鸟流苏基地

调研二
苏州科技大学　张子仪、戴秀男、孙能斌、陈俊伟

基地业态分布

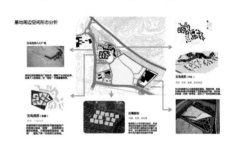

玉鸟流苏
白鹭郡北
白鹭郡东
春漫里商业街
白鹭郡
七贤山居
七贤商业区

基地地形

基地西北部为连绵的缓地，基地内部平坦。

基地周边交通流线分析

- 外部道路：对外交通的联系纽带，依托104国道，老104国道和东西大道，通往杭州新老城
- 连接道路：连接各组团之间，并于外部道路相连
- 内部道路：组团内部道路，主步行

基地东北侧为国道，西侧和南侧为连接性道路

基地周边建筑功能排布

文化商业
幼儿园
商业
文化商业
活动中心

基地周边空间形态分析

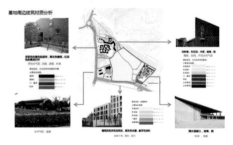

基地周边建筑材质分析

方案——全职太太朋友圈

全职太太的"业余爱好"

运动　书籍　音乐
摄影　设计　料理

创业培训

5+
2016
杭州·万科·良渚文化村玉鸟流苏创意街区规划与建筑设计

全国五校建筑学专业联合毕业设计

■ 天津城建大学
■ 苏州科技大学
■ 安徽建筑大学
■ 浙江工业大学
■ 烟台大学

141

案例一——瑞士劳力士学习中心

- 主要建筑师：妹岛和世，西泽立卫
- 地址：瑞士洛桑联邦理工学院（EPFL）校园内
- 完工时间：2010
- 用地面积：88 000 m²
- 占地面积：20 200 m²，总建筑面积：37 000 m²，尺度：166.5m×121.5m

- 项目简介：

作为瑞士洛桑联邦理工学院（EPFL）的一部分，这座学习中心已成为现代学习设施的典范。2万平方米的连续单层流动空间为人们提供了图书馆、阅览室、学习实验室、信息咨询、交流空间、学习空间、会议中心、餐厅、咖啡厅和多样的室外庭院。建筑平面是一个长方形，建筑底面上下起伏，将大小形状不同的13个庭院联系起来，并在建筑的4个方向的边上拍起，让使用者可以从建筑中心的一个主要入口进入建筑。

- 设计理念：

妹岛和世与西泽立卫以"把建筑作为公园"（Make architecture like a park）作为空间概念，尝试为使用者创造不同的体验，并提供一种探索的自由。这栋建筑的理念在于不管是现在还是将来，都希望提供灵活的使用方式，去接受和吸收新的科技和工作方式，建筑本身也处于演变和发展的过程当中。建筑强调社会性，人们可以一起吃饭、喝咖啡、学习、讨论，以激发来自不同学科的人们之间的轻松接触。这座建筑就像是一处地标，吸引着人们前来访问和体验。

设计简析：

1.空间 - 自发性活动空间

①空间开放性；②空间功能不确定性；③空间逻辑简单性；④空间体验不可预期性；⑤空间隐喻性。

- 平立剖面图：

  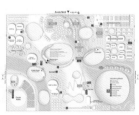

ground floor　　　0.0m level　　　官方地图指引

苏州科技大学　张子仪、戴秀男、孙能斌、陈俊伟

案例分析——日本的尤利本荘市多功能的文化中心

（如何在一栋建筑中整合文化功能，社区生活功能，商业功能？）

这里有着复杂迷人的空间，功能包含多用途。剧院，图书馆和社区中心。建筑内部有一条曲折的街道，两旁是商店和餐厅，天光从上面洒下。建筑师Chiaki Arai表示希望建筑有助于文化的编织：建筑为当地的学生和儿童设置了专门的场所，同时在空间设计上考虑到人性化。其组织方式是有机而多样的，大厅贯通南北，形成具有动感的长135 m的活动和展览空间。

圆球形的天文馆漂浮在图书馆的上方，周围是一面天窗。图书馆是一个大型的空间。

飘在图书馆上空的天文馆大球，大球周围是一面天窗　　走廊空间

北京万科V-Space计划新生代设计师概念赛：卡夫卡计划

（如何最大程度减少业主在该基地创业成本？）

我们城市中不但充斥着大量的垃圾空间（Junk Space），我们的建筑物量还有很多"闲散空间"，这些空间如同海绵的空隙，挤挤过来。传统企业应该把闲散的空间挤出来。作为创业孵化器，一方面可以激活空间，提高空间和办公资源的利用率；另一方面也是激活人才，吸收微创企业通过地扎驻小促进新陈代谢。

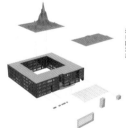

这是传统企业与创业者的共生模式。企业可以自己运营海绵孵化器，也可以邀请专业孵化器团队接管运营，万科甚至可以成立一个专门的海绵孵化器部门，专门针对万科办公空间和地产项目，挤出存量空间并运营孵化器。

可借鉴为社区全职太太活动中心的传统功能与全职太太自主创业空间共生模式。

体验性消费案例分析
宜家的"体验式"消费

宜家通过让消费者先体验后自提货最后结账，这一切的模式带来了购物的愉悦体验，仿佛消费者得到了最大的自由，得以放松自己，达到购物似愉悦的心境。

体验性消费案例分析
苹果体验店

Experience（体验）	Entertainment（娱乐）	Exhibitionism（展示）	Evangelizing（传播乐）
Emotions（情绪）	Excitement（兴奋）	Express（表达）	Evince（证明）
Enjoyment（享受）	Ecstasy（狂热）	Expose（暴露）	Endorse（赞同）
Escapism（逃避现实）	Esthetics（美学）	Enthuse（热情）	Educate（教育）

Holbrook的4Es消费体验观点

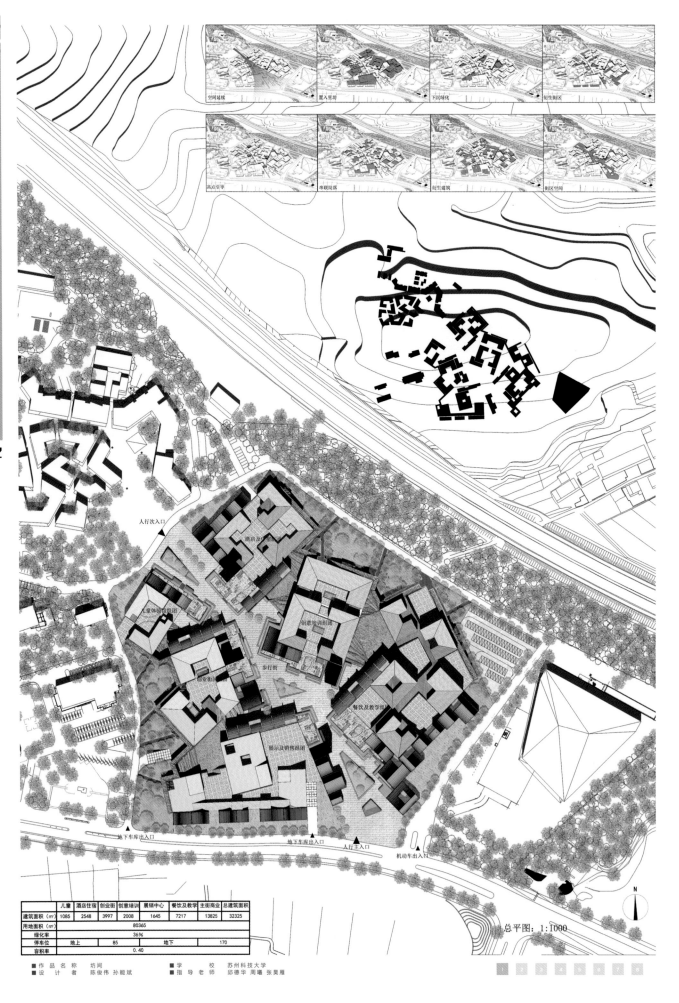

5+萬科
2016
杭州·万科·良渚文化村玉鸟流苏创意街区规划与建筑设计

全国五校建筑学专业联合毕业设计

天津城建大学
苏州科技大学
安徽建筑大学
浙江工业大学
烟台大学

142

空间延续 ▶置入里坊 ▶下沉绿化 ▶衍生街区

高点引导 串联院落 衍生建筑 街区空间

人行次入口

酒店及住宿组团

儿童体验商业组团

创意培训组团

创业街组团

步行街

餐饮及教学组团

展示及销售组团

地下车库出入口　地下车库出入口　人行主入口　机动车出入口

建筑面积（㎡）	儿童	酒店住宿	创业街	创意培训	展销中心	餐饮及教学	主街商业	总建筑面积
建筑面积（㎡）	1085	2548	3997	2008	1645	7217	13825	32325
用地面积（㎡）	80365							
绿化率	36%							
停车位	地上		85		地下		170	
容积率	0.40							

总平图：1：1000

N

■ 作品名称　坊间　　　　　■ 学　　校　苏州科技大学
■ 设计者　陈俊伟 孙能斌　　■ 指导老师　邱德华 周曦 张昊雁

5
2016
全国五校建筑学专业联合毕业设计
杭州·万科·良渚文化村玉鸟流苏创意街区规划与建筑设计

天津城建大学
苏州科技大学
安徽建筑大学
浙江工业大学
烟台大学

143

■ 作 品 名 称　坊间
■ 设 计 者　陈俊伟　孙能斌　　　■ 学　　校　苏州科技大学
　　　　　　　　　　　　　　　　　■ 指 导 老 师　邱德华　周曦　张昊雁

5+1

2016

全国五校建筑学专业联合毕业设计

杭州·万科·良渚文化村玉鸟流苏创意街区规划与建筑设计

天津城建大学
苏州科技大学
安徽建筑大学
浙江工业大学
烟台大学

144

里坊概念的由来

文化

气质

意向

功能

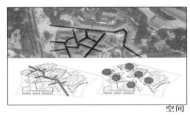

空间

订制

景观的作用

绿化

水系

绿化水系共同围合出前院

栈道的作用

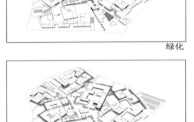

外围栈道

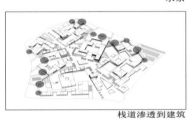

栈道渗透到建筑

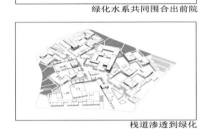

栈道渗透到绿化

街区的衍生

基础

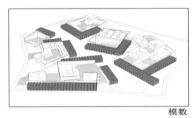

模数

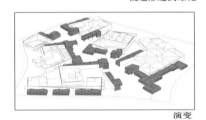

演变

开发顺序

街区先行

局部开放

全部开放

空间引导

高点

悬吊

导向

空间等级

主街

入口

商业渗透

■ 作品名称 坊间　　　　　■ 学　　校　苏州科技大学
■ 设 计 者 陈俊伟 孙能斌　■ 指导老师　邱德华 周曦 张昊雁

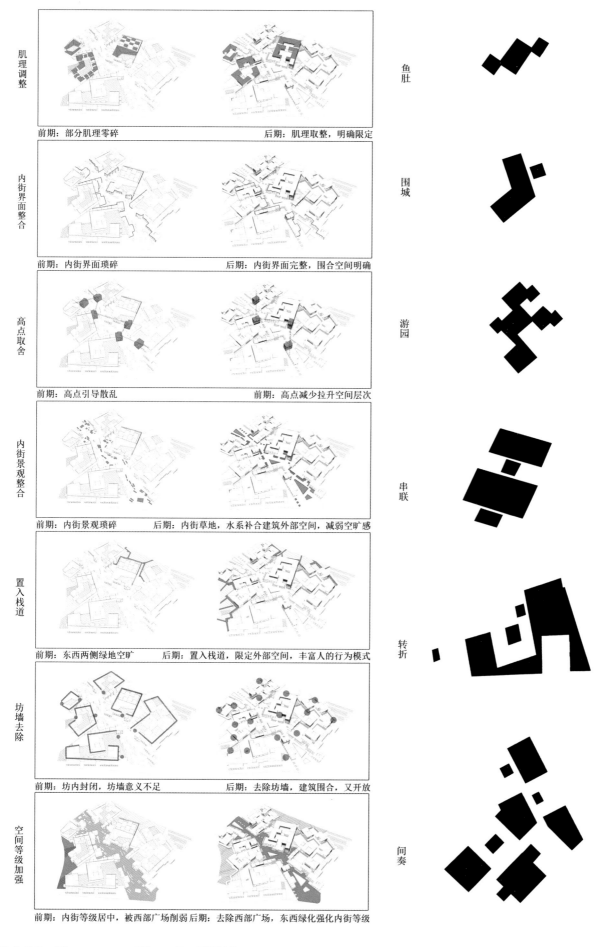

肌理调整

前期：部分肌理零碎　　　　　　　　后期：肌理取整，明确限定

内街界面整合

前期：内街界面琐碎　　　　　　　　后期：内街界面完整，围合空间明确

高点取舍

前期：高点引导散乱　　　　　　　　前期：高点减少拉升空间层次

内街景观整合

前期：内街景观琐碎　　　后期：内街草地，水系补合建筑外部空间，减弱空旷感

置入栈道

前期：东西两侧绿地空旷　　后期：置入栈道，限定外部空间，丰富人的行为模式

坊墙去除

前期：坊内封闭，坊墙意义不足　　　　后期：去除坊墙，建筑围合，又开放

空间等级加强

前期：内街等级居中，被西部广场削弱　后期：去除西部广场，东西绿化强化内街等级

鱼肚

围城

游园

串联

转折

间奏

5+
2016
全国五校建筑学专业联合毕业设计

杭州·万科·良渚文化村玉鸟流苏创意街区规划与建筑设计

■ 天津城建大学
■ 苏州科技大学
■ 浙江工业大学
■ 安徽建筑大学
■ 烟台大学

145

■ 作品名称　坊间　　　　　■ 学　校　苏州科技大学
■ 设 计 者　陈俊伟 孙熊斌　　■ 指导老师　邱德华 周曦 张昊雁

全国五校建筑学专业联合毕业设计

天津城建大学
苏州科技大学

安徽建筑大学
浙江工业大学

烟台大学

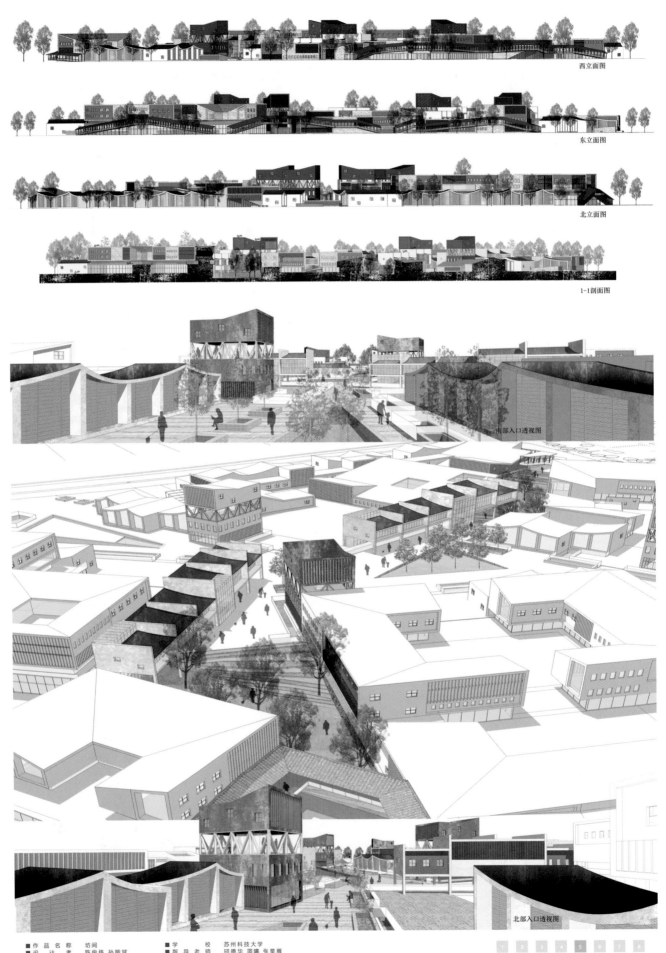

西立面图

东立面图

北立面图

1-1剖面图

南部入口透视图

北部入口透视图

■作品名称 坊间　■学 校 苏州科技大学
■设计者 陈俊伟 孙能斌　■指导老师 邱德华 周曦 张昊雁

全国五校建筑学专业联合毕业设计

天津城建大学
苏州科技大学
安徽建筑大学
浙江工业大学
烟台大学

路线

崇福山
美丽洲堂
香生活博物馆
阳光天际
郭家埭
太平桥村
下阿坝
大雄山
隆园嘉树
万科良渚文
化村堂前
厦黄埂村
风情大道
冯家山
玉鸟路
张家山
白鹭郡东
下史村
良渚文化村
探梅里二期
福田路
郡西别墅
白鹭公园
柏树庙
万科郡西
白鹭郡·南西区
白鹭路
三良线
二良线
东西大道与玉
良线交叉口
春漫里
探梅里
秋荷坊·146幢
秋荷坊·155幢
探梅里臻藏版
良渚文化村
白鹭郡南二期
杜浦庙
品全超市杜
甫庙前店

LIANGZHU FOODALLEY
良渚食筑

周边设施分析
基地周围道路等级

公交站台

步行系统

停车系统

基地空间结构一

区域商业市场

小范围商业餐饮

人群分布·常住人口

人群分布·非常住人口

基地空间结构二
主轴

玉鸟流苏
七贤郡
春漫里
大范围绿地
崇福山
大观山 大雄山
五郡山

如味观
江南驿
村民食堂
老杭州
小范围绿地
白鹭公园

生鲜市场
高低
玉鸟菜场
亲子农庄
住宅公寓 大陆衣贸市场

运动游玩
高低
上山游玩路线
运动健身区域

基地空间结构三
次干道

基地空间结构四
公共绿化

公共广场

文化娱乐
美丽洲堂 生态科普馆
香生活博物馆 创业产业园
良渚文化艺术中心

酒店宾馆
良渚君澜度假村
新湖香格里拉
幼儿园
玉鸟幼儿园
杭州英取幼儿园

等高线

周围水系
住宅
别墅

天际线分析

小学
白鹭郡小学
良渚二小 安吉路良渚实验小学
良渚一小

基地范围
风情大道东侧
基地范围
玉鸟路北侧

基地周围建筑肌理·正图底

基地周围建筑肌理·负图底

人群分析

【家庭人群】中年+幼年+老年
【聚合人群】中青年
【商务旅游人群】各年龄段

**人群构成及相对
应的活动空间**

服务者 游客 老匠人 儿童 青年人 中年人 老年人

生产 体验 传承 读书 工作 学习 社交
生意 售卖 展示 玩耍 娱乐 健身
面状空间 线状空间 点状空间

作品名称 坊间
设计者 陈俊伟 孙熊崴
学校 苏州科技大学
指导老师

5＋1 高层
2016
全国五校建筑学专业联合毕业设计
杭州·万科·良渚文化村玉鸟流苏创意街区规划与建筑设计

天津城建大学
苏州科技大学
浙江工业大学
安徽建筑大学
烟台大学

148

儿童体验馆

酒店住宿

创业街区

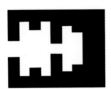

创意培训

展示及其销售中心

餐饮及其教学

一层平面图

0 10 20 30 40 （单位：米）

■作品名称 坊间　　　　　■学　校 苏州科技大学
■设计者 陈俊伟 孙能斌　　■指导老师 邱德华 周曦 张昊雁

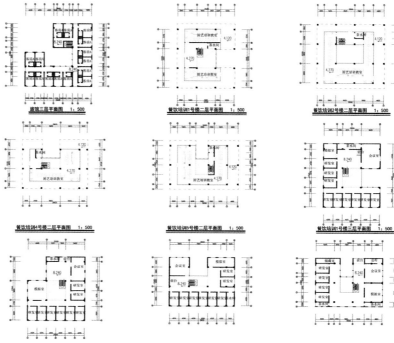

旅馆二层平面图 1:500   旅馆三层平面图 1:500   餐饮培训1号楼二层平面图 1:500   餐饮培训2号楼二层平面图 1:500

餐饮培训3号楼二层平面图 1:500   餐饮培训4号楼二层平面图 1:500   餐饮培训5号楼二层平面图 1:500   餐饮培训1号楼三层平面图 1:500

餐饮培训2号楼三层平面图 1:500   餐饮培训3号楼三层平面图 1:500   餐饮培训4号楼三层平面图 1:500   餐饮培训5号楼三层平面图 1:500

5+毕设

2016

杭州·万科·良渚文化村玉鸟流苏创意街区规划与建筑设计

全国五校建筑学专业联合毕业设计

天津城建大学
苏州科技大学
浙江工业大学
安徽建筑大学
烟台大学

149

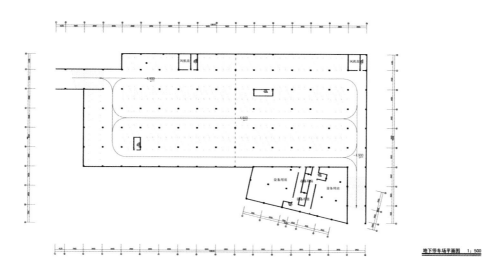

地下停车场平面图 1:500

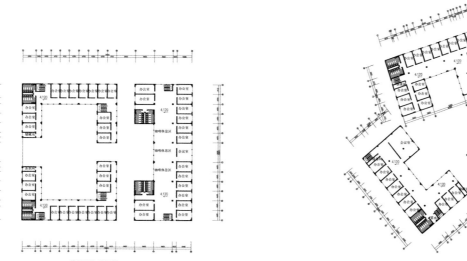

招聘体验馆二层平面图 1:500   创意街区二层平面图 1:500

■ 作 品 名 称　坊间　　　　　　　　■ 学　　校　苏州科技大学
■ 设 计 者　陈俊伟 孙能斌　　　　■ 指导老师　邱德华 周曦 张昊雁

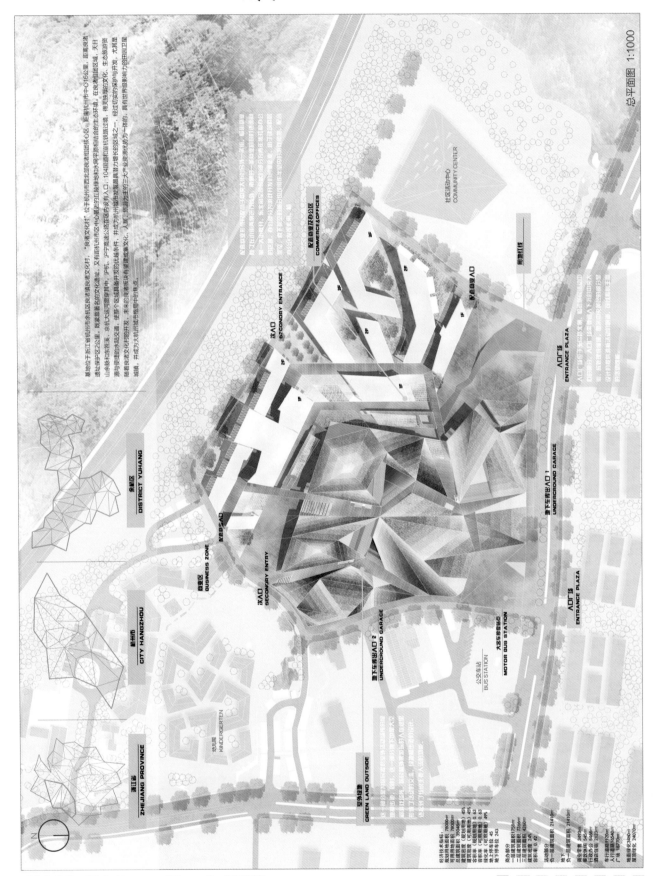

5 2016
杭州·万科·良渚文化村玉鸟流苏创意街区规划与建筑设计

全国五校建筑学专业联合毕业设计

天津城建大学
苏州科技大学
安徽建筑大学
浙江工业大学
烟台大学

150

娱乐工厂 良渚 PLAYING
以体验式为核心的综合娱乐
垂直类项目 VR体验城堡
01

总平面图 1:1000

COMMUNITY CENTER
社区活动中心

COMMERCE&OFFICES
配套商业办公区

配套商业及办公区

3F
2F
1F

SECONDARY ENTRANCE
次入口

2F

配套商业入口

附属住栋

2F

1F

1F

DISTRICT YUHANG
余杭区

SECONDARY ENTRY
次入口

DUSINESS ZONE
商业区

CITY HANGZHOU
杭州市

UNDERGROUND GARAGE
地下车库出入口1

ENTRANCE PLAZA
入口广场

UNDERGROUND GARAGE
地下车库出入口2

MOTOR BUS STATION
大客车停车站

BUS STATION
公交车站

ENTRANCE PLAZA
入口广场

ZHEJIANG PROVINCE
浙江省

KINDERGERTEN
幼儿园

GREEN LAND OUTSIDE
区外绿地

N

■ 作品名称   良渚 playing
■ 设计者   张垚 洪烨桢
■ 学   校   苏州科技大学
■ 指导老师   邱德华 周曦 张昊雁

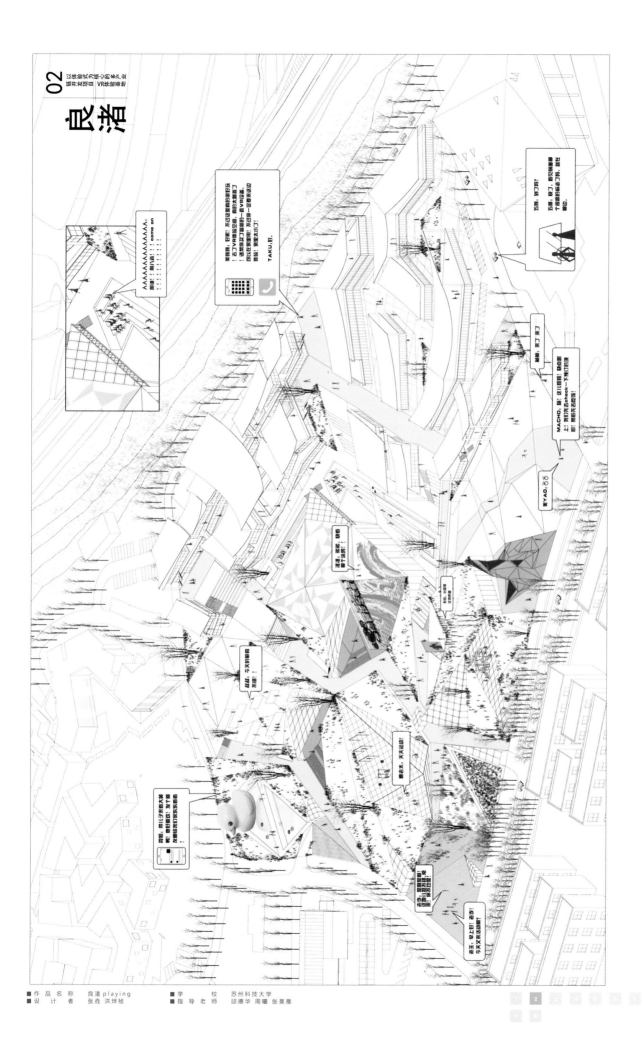

5·2016 杭州·万科·良渚文化村玉鸟流苏创意街区规划与建筑设计

全国五校建筑学专业联合毕业设计

天津城建大学 苏州科技大学 安徽建筑大学 浙江工业大学 烟台大学

151

■ 作品名称　良渚playing
■ 设计者　张垚　洪烨桢
■ 学　校　苏州科技大学
■ 指导老师　邱德华　周曦　张昊雁

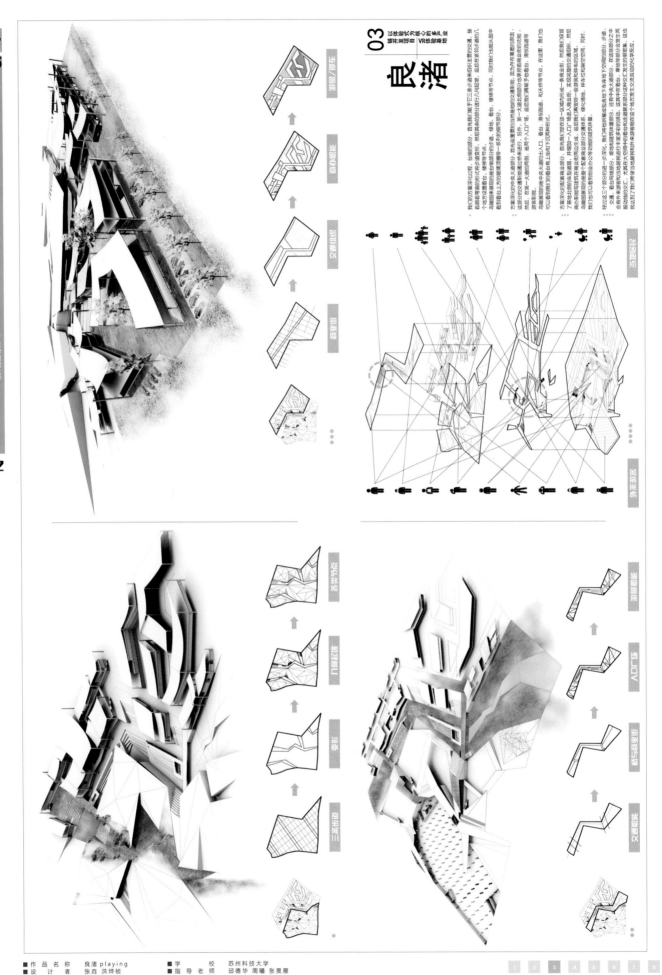

十五届
5 全国五校建筑学专业联合毕业设计
2016
杭州·万科·良渚文化村玉鸟流苏创意街区规划与建筑设计

天津城建大学
苏州科技大学
浙江工业大学
安徽建筑大学
烟台工业大学

152

良渚

■ 作品名称　良渚 playing　　　　■ 学　　校　苏州科技大学
■ 设计者　张垚 洪烨桢　　　　　■ 指导老师　邱德华 周曦 张昊雁

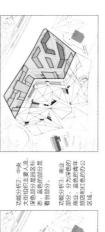

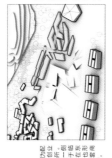
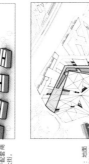

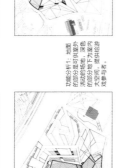

5
2016
杭州·万科·良渚文化村玉鸟流苏创意街区规划与建筑设计
全国五校建筑学专业联合毕业设计

天津城建大学
苏州科技大学
浙江工业大学
安徽建筑大学
烟台大学

■ 作品名称　良渚playing　　■ 学　　校　苏州科技大学
■ 设 计 者　张淼 洪烨桢　　■ 指导老师　邱德华 周曦 张昊雁

5+ 2016

全国五校建筑学专业联合毕业设计

杭州·万科·良渚文化村玉鸟流苏创意街区规划与建筑设计

天津城建大学

苏州科技大学

安徽建筑大学

浙江工业大学

烟台大学

室外绿地 OUTER SPACE GREEN LAND

步道 FOOTPATH

阶梯 STAIRS

看台玻璃顶棚 GLASS CEILING FOR BLEACHERS

看台 BLEACHERS

室内大空间游戏场地 LARGE SPACE FOR INNER GAME

PLAY

第一大道—上升看台 FIRST AVENUE—UPLIFTING BLEACHERS

临街商业 FRONTAGE COMMERCE

第二大道 SECOND AVENUE

临街商业 FRONTAGE COMMERCE

地下宝库 UNDERGROUND GARAGE

地下交通联系 UNDERGROUND COMMUNICATION

第一大道—下沉看台 FIRST AVENUE—SUNKEN BLEACHERS

05

据以体验式为核心的游乐产业
发展项目大街
VR体验基地

良渚

从打造城、地下车库到地下大空间，再到下沉的中央大街，再到临街商业的部分，空间层次不断变化，形成一系列的空间秩序列。

效果图的部分介绍了大空间游戏部分，我们以着民渡广的空间增加体验游戏参与者进行活动。另外，在玻璃看台的部分，会有居民或者也是游客者进行观看的活动，而这些看台的部分为连接着地下的三个大空间与为一体，与地面的步道或也交织在一起。

作品名称 良渚 playing

设计者 张垚 洪烨桢

学校 苏州科技大学

指导老师 邱德华 周曦 张昊雁

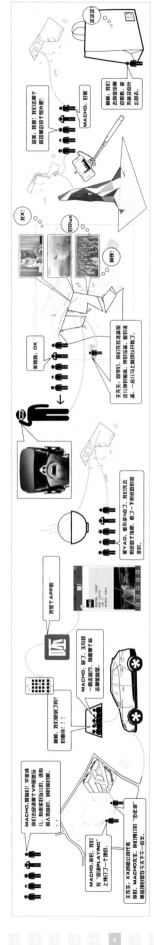

06

良渚

游戏建筑策略合集虚拟礼包

虚拟器具VR体验眼镜

■ 作品名称　良渚playing
■ 设计者　张森　洪烨桢
■ 学　校　苏州科技大学
■ 指导老师　邱德华　周曦　张昊雁

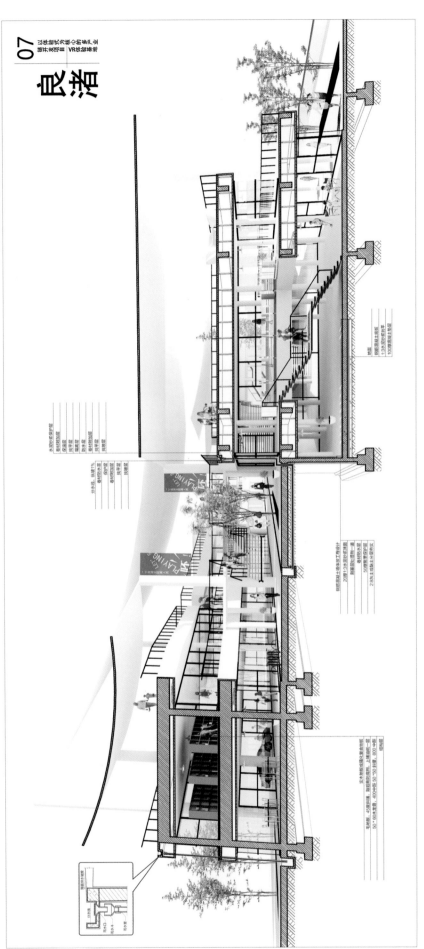

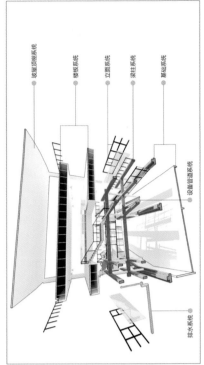

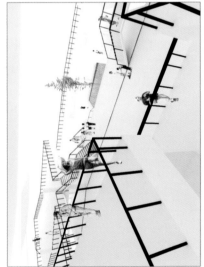

5+ 杭州

2016
杭州·万科·良渚文化村玉鸟流苏创意街区规划与建筑设计

■ 天津城建大学
■ 苏州科技大学
■ 安徽建筑大学
■ 浙江工业大学
■ 烟台大学

156

07 以姑娘式衣构空的表光 引

摒弃类项目 VR体验培训

良渚

■ 作品名称　良渚 playing　　　　■ 学　　校　苏州科技大学
■ 设计者　张森 洪烨桢　　　　■ 指导老师　邱德华 周曦 张昊雁

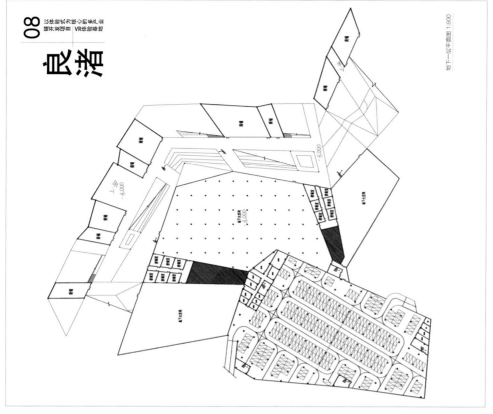

地下一层平面图 1:900

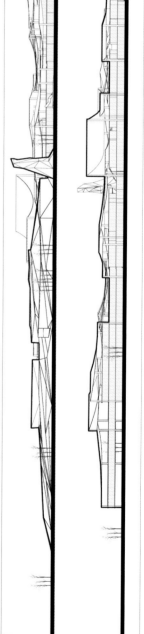

南立面图 1:600

北立面图 1:600

5
2016
全国五校建筑学专业联合毕业设计

杭州·万科·良渚文化村玉鸟流苏创意街区规划与建筑设计

■ 天津城建大学
■ 苏州科技大学
■ 安徽建筑大学
■ 浙江工业大学
■ 烟台大学

157

■ 作 品 名 称 良渚 playing   ■ 学   校 苏州科技大学
■ 设 计 者 张垚 洪烨桢   ■ 指 导 老 师 邱德华 周曦 张昊雁

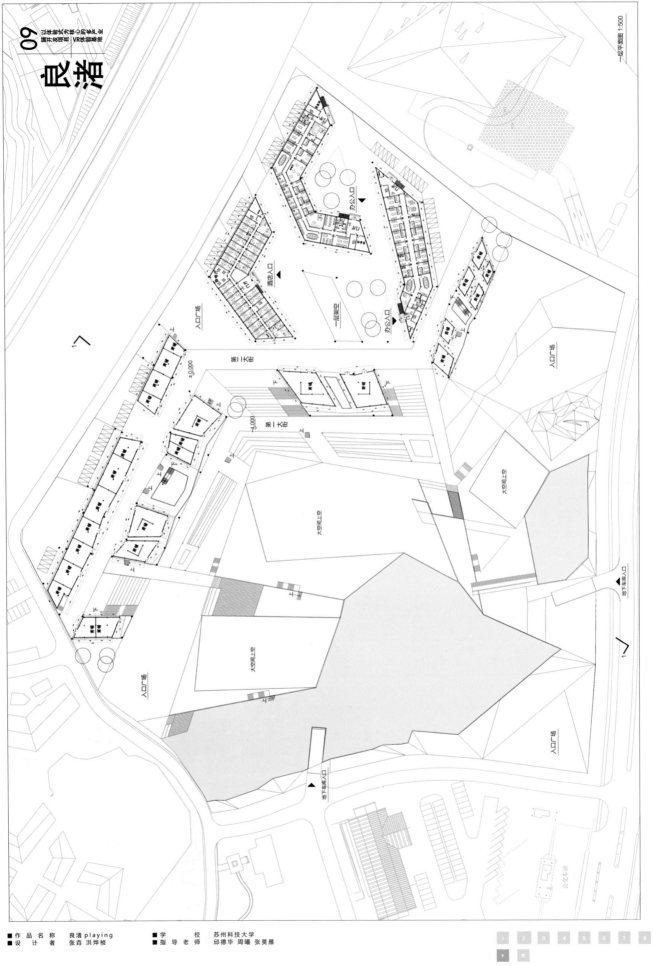

09

流渚

长示纪念品贩卖点...
VR虚拟场景 ＋ 互动评价记录

一层平面图 1:500

第二大街

第一大街

±0.000

-4.000

入口广场

大空间上空

大空间上空

大空间上空

地下车库入口

入口广场

公交车站

■作品名称　良渚 playing　　　■学　　校　苏州科技大学

■设计者　张垚 洪烨桢　　　■指导老师　邱德华 周曦 张昊雁

5+1
2016
杭州·万科·良渚文化村玉鸟流苏创意街区规划与建筑设计

全国五校建筑学专业联合毕业设计

天津城建大学
苏州科技大学
安徽建筑大学
浙江工业大学
烟台大学

158

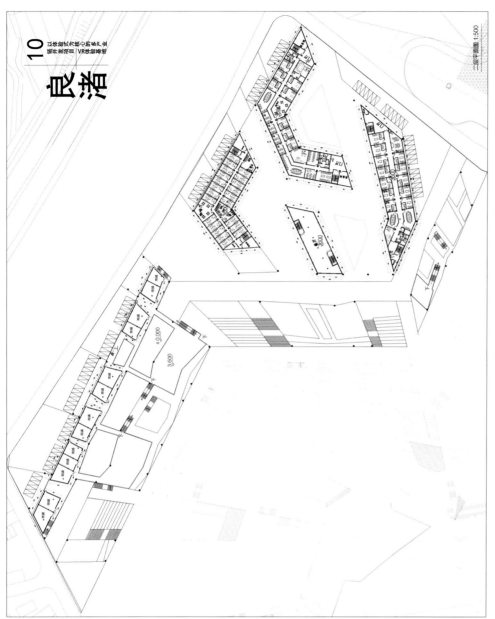

二层平面图 1:500

1-1剖面图 1:800

5+1

2016

杭州·万科·良渚文化村玉鸟流苏创意街区规划与建筑设计

全国五校建筑学专业联合毕业设计

■ 天津城建大学
■ 苏州科技大学
■ 安徽建筑大学
■ 浙江工业大学
■ 烟 台 大 学

159

■ 作 品 名 称　良渚 playing　　　　　■ 学　　　校　苏州科技大学
■ 设 计 者　张垚 洪烨桢　　　　　■ 指 导 老 师　邱德华 周曦 张昊雁

5+1 +
2016

杭州·万科·良渚文化村玉鸟流苏创意街区规划与建筑设计

全国五校建筑学专业联合毕业设计

天津城建大学
苏州科技大学
浙江工业大学
安徽建筑大学
烟台大学

160

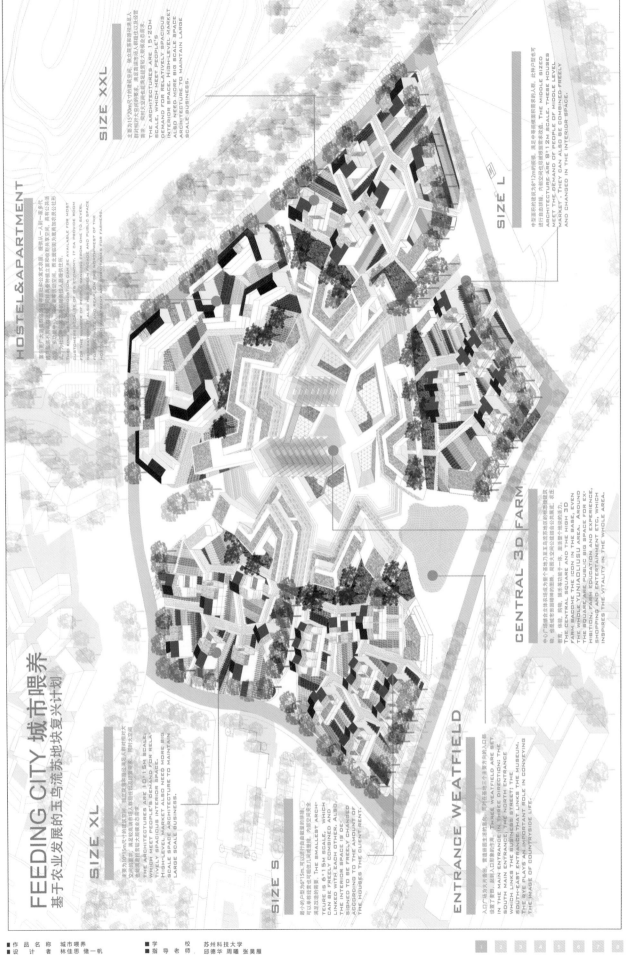

FEEDING CITY 城市喂养

基于农业发展的玉鸟流苏地块复兴计划

SIZE XL

THE ARCHITECTURES ARE 10*15M SCALE, WHICH MEET PEOPLE'S DEMAND FOR RELATIVELY SPACIOUS INTERIOR SPACE. HIGH-LEVEL MARKET ALSO NEED MORE BIG SCALE SPACE ARCHITECTURE TO MAINTAIN LARGE SCALE BUSINESS.

SIZE S

THE SMALLEST ARCHITEURE IS 6*15M SCALE, WHICH CAN BE FREELY COMBINED AND LINKED WITH EACH OTHER. ALSO, THE INTERIOR SPACE IS DESIGNED TO BE FREELY CHANGED ACCORDING TO THE DEMAND OF THE HOUSES THE CLIENT RENT.

ENTRANCE WEATFIELD

IN THE MAIN ENTRANCE, THREE WEATFIELD ARE SET IN THREE DIRECTION. THE SOUTH MAIN ENTRANCE, THE NORTH ENTRANCE WHICH LINKS THE BUSINESS STREET, THE SOUTH-EAST ENTRANCE THAT LINKS THE MUSEUM. THE RYE PLAYS AN IMPORTANT ROLE IN CONVEYING THE IMAGE OF COUNTRYSIDE LIFE.

HOSTEL&APARTMENT

TWO KIND OF ACCOMODATION CAN BE AVAILABLE FOR MOST CUSTOMER. DEPEND UP ON ITS ECONOMY. IT CA PROVIDE FROM ONE TO SEVEN.

CENTRAL 3D FARM

THE CENTRAL SQUARE AND THE HIGH 3D FARM, BACOME THE ICON IN THE BASE, EVEN THE WHOLE YUNJIALIU AREA. AROUND THE SQUARE, PUBLIC BIG SPACE FOR EXHIBITION, FARM EDUCATION AND EXPERIENCE, SHOPPING AND ENTERTAINMENT ETC, WHICH INSPIRES THE VITALITY IN THE WHOLE AREA.

SIZE XXL

THE ARCHITECTURES ARE 15*20M SCALE, WHICH MEET PEOPLE'S DEMAND FOR RELATIVELY SPACIOUS INTERIOR SPACE. HIGH-LEVEL MARKET ALSO NEED MORE BIG SCALE SPACE ARCHITECTURE TO MAINTAIN LARGE SCALE BUSINESS.

SIZE L

THE ARCHITECTURE ARE 8*12M SCALE. THESE HOUSES MEET THE DEMAND OF PEOPLE OF MIDDLE LEVEL MARKET. THEY CAN ALSO BE COMBINED FREELY AND CHANGED IN THE INTERIOR SPACE.

■ 作品名称 城市喂养　　　■ 学　　校 苏州科技大学
■ 设计者 林佳思 储一帆　　　■ 指导老师 邱德华 周曦 张昊雁

1 2 3 4 5 6 7 8

5+

2016

全国五校建筑学专业联合毕业设计

杭州·万科·良渚文化村玉鸟流苏创意街区规划与建筑设计

天津城建大学　苏州科技大学
浙江工业大学　安徽建筑大学
烟台大学

161

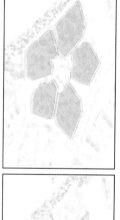

中心广场鸟瞰图——围绕中心设置多个主要功能区块，不同地块承担不同功能，同时中心广场和景观绿心区也能设置周边社区，成为地块的磁性数集聚人气。

中心广场是图地块最北处建筑物——看昼农场，展览，体验等公共的停意，成为地块内万至整个快意文化的的地标，是田园生活的精神脈络。

基地城道路划分为主要五块地块，不同地块承载不同活力地活动方式地块之一，园林对其开放和可游玩。

西边的旷地面场和公社食堂为主要地块面向远近片地游人行活动，同时在西南面向能敞开口满足地块疏散敞要求，

基地周边具有三块活力潜力点，流线引导三个主要入口人群，联系三片地，成为地块是三省活力潜力的的缩介。

FEEDING CITY 城市喂养
基于农业发展的玉鸟流苏地块复兴计划

次入口

主入口

次入口

次入口

经济技术指标

建筑基底面积：17923㎡　　总建筑面积：39180㎡
总用地面积：7818㎡　　建筑密度：0.23
容积率：0.48　　绿地率：45%
地面停车位：100　　地下停车位：310
出租车停车位：5　　总停车位数：415

■ 作品名称　城市喂养　　　　■ 学　校　苏州科技大学
■ 设计者　林佳思 健一帆　　■ 指导老师　邱德华 周曦 张昊雁

第5届
2016
全国五校建筑学专业联合毕业设计
杭州·万科·良渚文化村玉鸟流苏创意街区规划与建筑设计

天津城建大学
苏州科技大学
浙江工业大学
烟台大学
安徽建筑大学

162

开发时序

中心田园文化体验中心结合立面种植和垂直绿化将绿地优先开发以集聚人气，塑造田园文化形象，它将被设置于村庄中心成为最先开发对象；第二时序开发的主要面向校园和住宅地块的独特式屋面，位于西部纺织为地块主要开发的田园和公园式立面农业展立面，立面种植主要分布于林地中心面向广场侧立面和公园式立面立面。中心垂直农场治理质策与按揭赔墙构成，高层能无分接收太阳辐射，玻璃的材料填填了室内充足的光照，形成了温室体系，利于室内植物的生长。

景观种植

主要分为传统地面种植、屋面种植，立面种植三种方式，每种方式内同时能分更加具利创性开发于农场地块内广泛分布于农民地块证鸟鸟有自然性，屋面种植分布于林地中心屋面和大户区农屋面；立面种植主要分布于村落中心面向广场侧农业展立面，此外，中心垂直农场治理质策与按揭赔墙构成，高层能无分接收太阳。

功能布局

中心地区将展空出放置田园园文化体验活动中心和标性的垂直农业，广场也将被设计成为具有农业景观的主要活动的空间，其集五个地块开发最时序和地块空间同向校庭间内区域面和大户区农屋面；南部地块及公园式农屋展，直近纺织式商住布置；西北部玉鸟流苏型建设和城镇入口展基种式商住庭度及布置商业业和农民公社，对外的农民服务布于嘉近地块内部软安排农展区概零居住品品，嘉近文化中心地块布展独特内建筑。

交通流线

外环车行问解决地面停车和地下车库人口间题，同时提务于北内部了商住地块入口。人字形的内部主要人道连接三个方向，主要人行道道由串联下商住地块入口，北部商业和东南部文化的中心，在中心广场交汇，次级小场则穿梭过五个地块。激活场地内部按置其农民出校活展的可达区中。心广场的景观步道以及连接更其农功能的步道提升基地内建筑的可达性。

基地位于良渚文化村玉鸟流苏地块，周围富有活力潜能，环境优美多为大自然风光。设计服务对象满足周边大量居住人口。基至能辐射到整个杭州地区。

The site is located in the yuniaoliusu in liangzhu cun with potentials to be activated. The surrounding environment is natural scenery because of long distance away from the downtown. But the problem id also the lack of vitality due to the distent location.

■ 作品名称　城市喂养
■ 设计者　林佳思 储一帆
■ 学　　校　苏州科技大学
■ 指导老师　邱德华 周曦 张昊雁

SIZE L 8m×12m
Axonometrics and Plans

greening rate	69 %
building density	0.23
floor area ratio	0.49
build-up area	1536 ㎡
land area	6500 ㎡

KEY

- roof planting&public green area
- rice
- vegetable
- cereal
- crops
- road
- fence

BACKGROUND

中型面积的建筑为8*12m的规模，满足中等规模面积需求的人群。此种户型也可进行自由排接，内部空间也可根据需要改造，与最小型相比虽然面积相差不多，但提供更加全面多样的功能空间，除了藤架种植，还提供屋顶泥土种植空间。

The middle sized architecture are 8*12m scale. these houses meet the demand of people of middle level market . They can also be combined freely and changed in the interior space.

Compared with the smallest sized villa, this can provide more rooms and roof soil planting area besides frame cultivation.

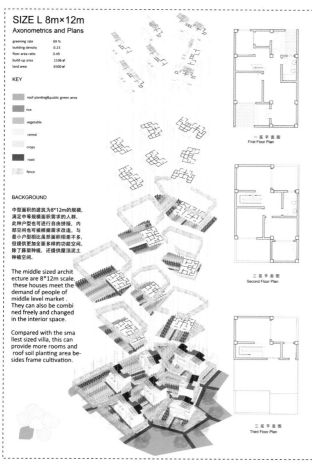

一层平面图
First Floor Plan

二层平面图
Second Floor Plan

三层平面图
Third Floor Plan

SIZE S 6m×15m
Axonometrics and Plans

greening rate	45 %
building density	0.27
floor area ratio	0.6
build-up area	1350 ㎡
land area	5000 ㎡

KEY

- roof planting&public green area
- rice
- vegetable
- cereal
- crops
- road
- fence

BACKGROUND

最小的户型为6*15m. 可以进行自由数量的拼接。可以单栋经营也可租出几间或整栋。内部空间完全满足改造的需要。顶层空间提供大面积露台享受自然风光，同时提供藤架种植空间和设施。

the smallest archteure is 6*15m scale，which can be freely combined and linked with each other. Also, the interior space is designed to be freely changed according to the amount of the houses the client rent.

There is spacious terrace for enjoying the natural scenery. Frame Cultivation is also provided for the rent

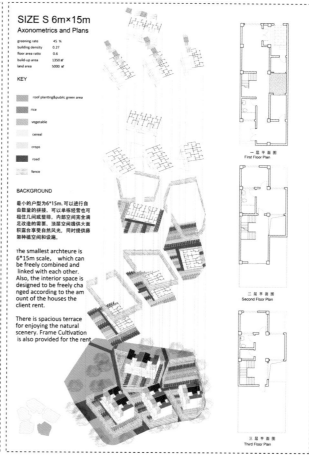

一层平面图
First Floor Plan

二层平面图
Second Floor Plan

三层平面图
Third Floor Plan

5+2
2016
杭州·万科·良渚文化村玉鸟流苏创意街区规划与建筑设计
全国五校建筑学专业联合毕业设计
天津城建大学
苏州科技大学
浙江工业大学
安徽建筑大学
烟台大学

163

SIZE XXL 15m×20m
Axonometrics and Plans

greening rate	70 %
building density	0.23
floor area ratio	0.67
build-up area	1800 ㎡
land area	6900 ㎡

KEY

- roof planting&public green area
- rice
- vegetable
- cereal
- crops
- road
- fence

BACKGROUND

主要为15*20m尺寸的建筑空间。独立院落和路径满足人群对相对大空间的要求，满足高端市场人群租住以及经营需求。同时大空间也能满足经营较大规模业态需求。该种面积提供两种户型以供选择。两种户型都有屋顶泥土和藤架种植两种方式体验耕种生活。

The architectures are 15*20m scale, which meet people's demand for relatively spacious interior space. High-level market also need more big scale space architecture to maintain large scale business. This scale provide two type of villa both with roof planting and frame cultivation.

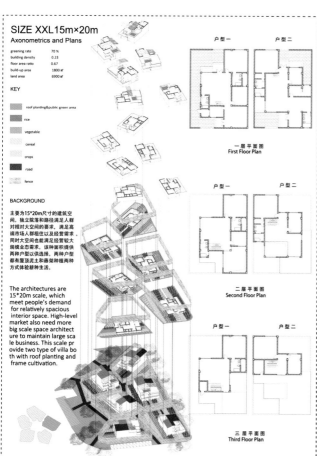

户型一   户型二

一层平面图
First Floor Plan

户型一   户型二

二层平面图
Second Floor Plan

户型一   户型二

三层平面图
Third Floor Plan

SIZE XL 10m×15m
Axonometrics and Plans

greening rate	68 %
building density	0.26
floor area ratio	0.62
build-up area	1050 ㎡
land area	4000 ㎡

KEY

- roof planting&public green area
- rice
- vegetable
- cereal
- crops
- road
- fence

BACKGROUND

主要为10*15m尺寸的建筑空间。独立院落和路径满足人群对相对大空间的要求，满足较高端市场人群租住以及经营需求。同时大空间也能满足经营较大规模业态需求。屋面提供藤架种植和屋顶泥土种植。

The architectures are 10*15m scale, which meet people's demand for relatively spacious interior space. High-level market also need more big scale space architecture to maintain large scale business. his scale provide two type of villa both with roof planting and frame cultivation.

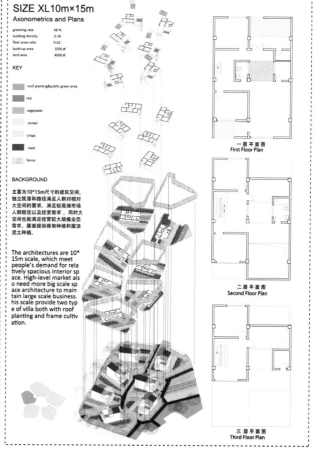

一层平面图
First Floor Plan

二层平面图
Second Floor Plan

三层平面图
Third Floor Plan

■ 作品名称　城市喂养
■ 设计者　林佳思 储一帆
■ 学　校　苏州科技大学
■ 指导老师　邱德华 周曦 张昊雁

5十二届

2016

杭州·万科·良渚文化村玉鸟流苏创意街区规划与建筑设计

全国五校建筑学专业联合毕业设计

■ 苏州科技大学
■ 天津城建大学
■ 安徽建筑大学
■ 浙江工业大学
■ 烟台大学

164

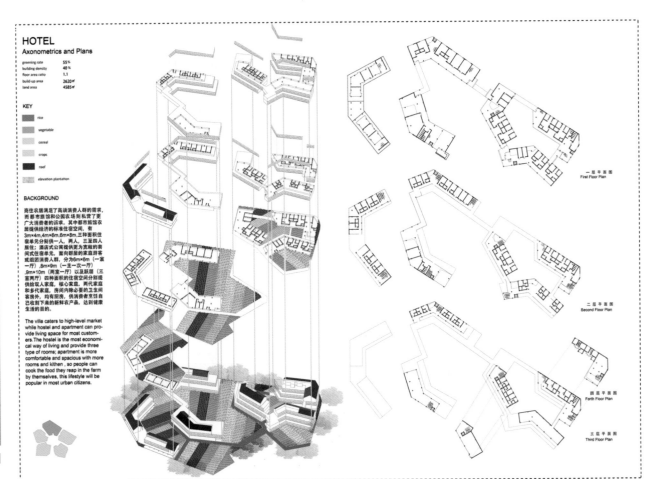

HOTEL
Axonometrics and Plans

greening rate	55 %
building density	40 %
floor area ratio	1.1
build-up area	2620 ㎡
land area	4585 ㎡

KEY

- rice
- vegetable
- cereal
- crops
- roof
- elevation plantation

BACKGROUND

商住农居满足了高端消费人群的需求，而都市旅馆和公园农场则私营了更广大消费者的诉求。其中都市旅馆农居提供经济的标准住宿空间，有3m×4m,4m×6m,8m×8m,三种面积住宿单元分别供一人，两人，三至四人居住；旅店式公寓提供更为宽敞的套间式住宿单元，面向群居的家庭游客或组团消费人群，分为6m×6m（一室一厅），8m×9m（一室一次一厅），9m×10m（两室一厅）以联排（三室两厅）四种面积的住宿空间分别提供给双人家庭，核心家庭，两代家庭和多代家庭。房间内除必要的卫生间和客房外，均有厨房，供消费者烹饪自己收割下来的新鲜农产品，达到健康生活的目的。

The villa caters to high-level market while hostel and apartment can provide living space for most customers. The hostel is the most economical way of living and provide three type of rooms; apartment is more comfortable and spacious with more rooms and kithen , so people can cook the food they reap in the farm by themselves, this lifestyle will be popular in most urban citizens.

一层平面图
First Floor Plan

二层平面图
Second Floor Plan

四层平面图
Forth Floor Plan

三层平面图
Third Floor Plan

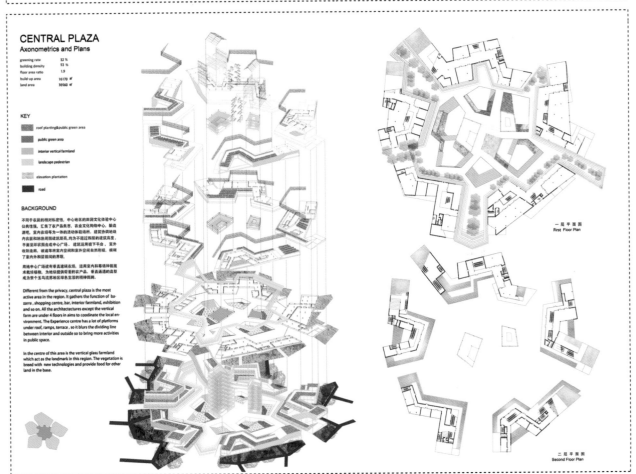

CENTRAL PLAZA
Axonometrics and Plans

greening rate	53 %
building density	53 %
floor area ratio	1.9
build-up area	16170 ㎡
land area	30560 ㎡

KEY

- roof planting&public green area
- public green area
- interior vertical farmland
- landscape pedestrian
- elevation plantation
- road

BACKGROUND

不同于农居的相对私密性，中心地区的园田文化体验中心公共性强，汇集了农产品集市，农业文化购物中心，酿造酒吧，室内农场等为一体的活动场所场所。建筑协调地块内农业和地块周围的建筑层高，均为不过四周的建筑高度。平面呈环形流园合成中心广场。建筑运用坡平台，室外收割走廊，坡道等将室内空间和室外空间内容附缝，模糊了室内外和屋顶间的界面。

用地中心广场设有垂直玻璃农场，运用室内和毒话种植技术水栽培植物，为地块提供需要的农产品。垂直通透的造型成为整个玉乌流苏地区绿色生活的精神标图肉。

Different from the privacy, central plaza is the most active area in the region. It gathers the function of bazarre , shopping centre, bar, interior farmland, exhibition and so on. All the architectures except the vertical farm are under 4 floors in aims to coordinate the local environment. The Experience centre has a lot of platforms under roof, ramps, terrace , so it blurs the dividing line between interior and outside so to bring more activities in public space.

In the centre of this area is the vertical glass farmland which act as the landmark in this region. The vegetation is breed with new technologies and provide food for other land in the base.

一层平面图
First Floor Plan

二层平面图
Second Floor Plan

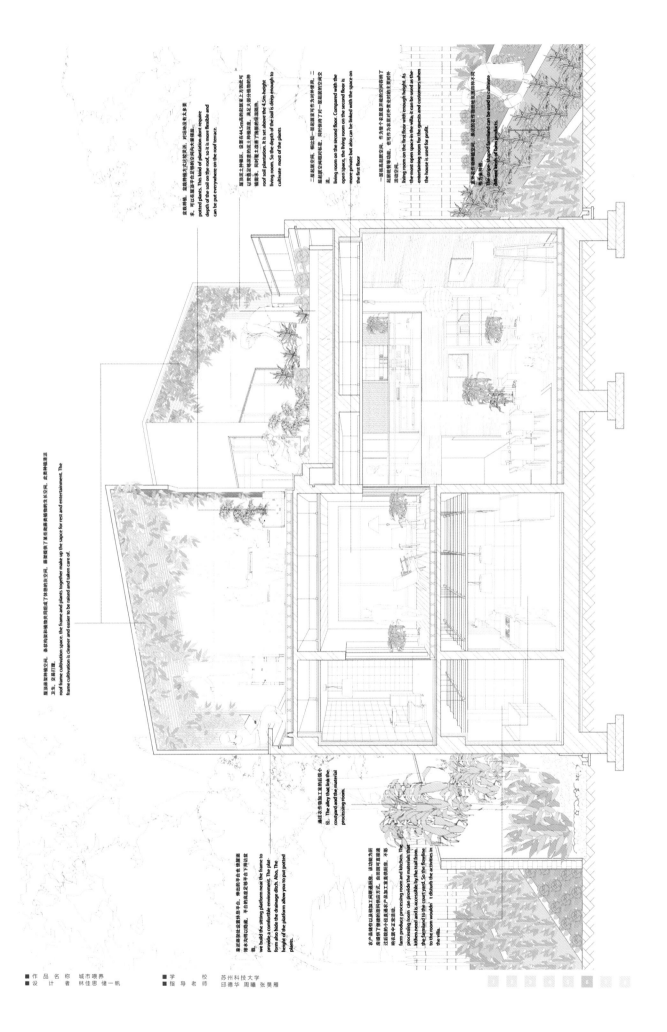

5＋1｜高·ART
2016
全国五校建筑学专业联合毕业设计

杭州·万科·良渚文化村玉鸟流苏创意街区规划与建筑设计

■ 天津城建大学
■ 苏州科技大学
■ 安徽建筑大学
■ 浙江工业大学
■ 烟台大学

165

盆栽种植，盆景种植方式比较灵活，对培养基有大要求，可以在屋面平台的空间中大量摆放盆栽植物。This kind of plantation don't require depth of the soil on the roof, so it is more flexible and can be put everywhere on the roof terrace.

屋面覆土种植区，这里有着44.5m高的起居室上方做起可以让这些绿色和堆在种植区，起这人更大的差做种植空间，同时有十足的下面植物的种高度，So the depth of the soil is deep enough to roof soil plantation. It is set above the 4.5m-height living room. So the depth of the soil is deep enough to cultivate most of the plants.

二层的起居空间，相比较一层起居室可作为半开放的大空间的二层起居室空间的私密性更强，同时拥有了一个起居阳光更加充足，As the living room on the second floor. Compared with the open space, the living room on the second floor is more private but also can be linked with the space on the first floor

一层的开放起居空间，作为拥有个充足的开放的空间起居室有了比较开敞的起居室空间，也可作为客居对外经营的一些起居室空间的用的地方活动空间，living room on the first floor with enough height. As the most open space in the villa, it can be used as the entertaining room for the guests. and customers when the house is used for profit.

真正的果产品加工与种植的不同的，作为不同的果蔬的处理与种植作物不同。the single roof food cultivation can be used to cultivate different kinds of farm projects.

屋面覆层种植空间，各种构架和种植池共同组成了休息的友空间，屋架增加了某些屋顶来能铺的生长空间，此类种植清洁卫生，又易打理。roof frame cultivation space. the frame and plants together make up the sapce for rest and entertainment. The frame cultivation is cleaner and easier to be raised and taken care of.

我们建的坐式休息台，靠近种植平台的位置能够提供一个舒适的休息环境，平台的高度足够好台合适下面的盆排水沟隐藏起来。同时。we build the sitting platform near the frame to provide a comfortable environment. The plat form also hide the drainage ditch. Also, The height of the platform allow you to put potted plants.

连接庭院与果产品加工间的小巷。The alley that link the courtyard and the material processing room.

农产品加工处理间和厨房，活力能为别房提供了各种原料的原材料加工，活力可以为厨房，need and is accessible by the trail room. The processing room can provide the materials that kitchen. need and is accessible by the trail room. So the farmland to the courtyard. So the flowline the farmland to the courtyard. So the flowline to the room wouldn't disturb the activities in the villa.

■ 作品名称　城市喂养
■ 设计者　林佳思 储一帆
■ 学校　苏州科技大学
■ 指导老师　邱德华 周曦 张昊雁

5+智
2016
全国五校建筑学专业联合毕业设计
杭州·万科·良渚文化村玉鸟流苏创意街区规划与建筑设计

■ 天津城建大学
■ 苏州科技大学
■ 安徽建筑大学
■ 浙江工业大学
■ 烟台大学

166

重点描述农作物种植空间，也可栽植较高树种为家庭和空间带来绿意。
Interior farmland in the courtyard. People can also plant trees in the yard to bring green atmosphere for taller space.

重点描述建中增下充分提供活动留排水构造设计
的场所，同以建成透风景观自然林带建的
部分目的自然
Disheartened space in the courtyard provide activity space neither in or outside the house to make visitors

屋顶种植空间设置坐凳平台，建筑种植和植物共同组成了体的灰空间，框架结构框架整体了某些
尾部类植物的生长空间，此处种植既清洁卫生，交易打理。
roof frame cultivation space, the frame and plants together make up the space for rest and entertainment. The frame cultivation is cleaner and easier to be raised and taken care of.

重点描述建中就设置坐凳平台，框架种植树种植合屋顶排水构造设计，我们建造坐凳平台附近的种植框架来构建了某经历舒适类环境。Also, the construction design of rain drainage is used for the plantation of vegetation.

女儿墙结合植物打造室内景观，
water drainage is designed together with plants.

小户型农舍多栖体并用可以带来更家庭的开敞空间，在其中搭建平台，则布上空间产生更多交流。
The combination of the smallest-sized villa can bring more spacious courtyard. In the yard, platforms are designed to bring more vitality to the space.

重点农作物种植空间，条状的农作物可以带地种机图
庭院天籁作为庭相桩。
The stripe-shaped farmland can be used to cultivate different kinds of farm products.

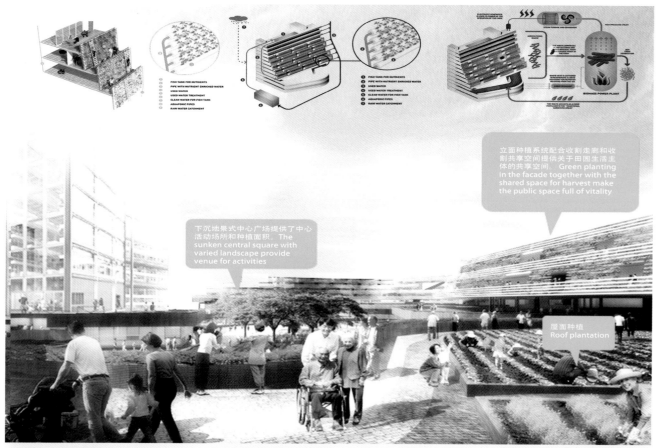

5+富
2016
杭州·万科·良渚文化村玉鸟流苏创意街区规划与建筑设计

全国五校建筑学专业联合毕业设计

天津城建大学
苏州科技大学
安徽建筑大学
浙江工业大学
烟台大学

167

立面种植系统配合收割走廊和收割共享空间提供关于田园生活主体的共享空间。Green planting in the facade together with the shared space for harvest make the public space full of vitality

下沉地景式中心广场提供了中心活动场所和种植面积。The sunken central square with varied landscape provide venue for activities

屋面种植
Roof plantation

种植立面收割
facade platation harvest

随时与中心共享空间发生互动Interaction with central space

中心绿塔
Green tower

中心共享空间
Central shared public space

入口麦田景观
Weatfield

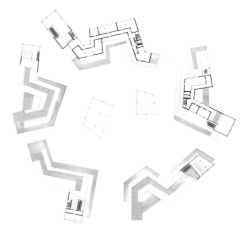

三层平面图
Third Floor Plan

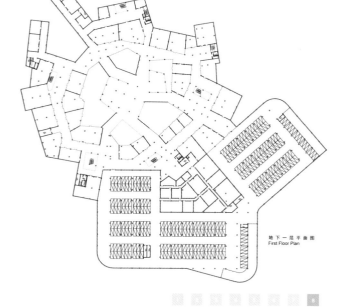

地下一层平面图
First Floor Plan

■ 作品名称　城市喂养
■ 设计者　林佳思 储一帆
■ 学　校　苏州科技大学
■ 指导老师　邱德华 周曦 张昊雁

5

2016

杭州·万科·良渚文化村玉鸟流苏创意街区规划与建筑设计

全国五校建筑学专业联合毕业设计

■ 天津城建大学
■ 苏州科技大学
■ 安徽建筑大学
■ 浙江工业大学
■ 烟台大学

168

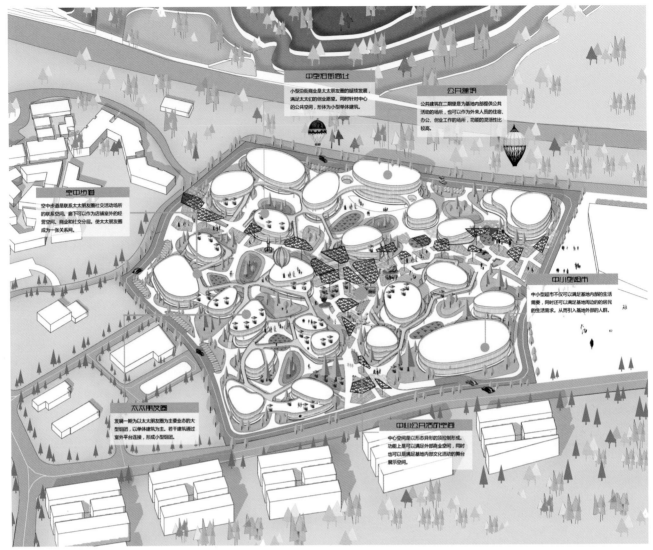

中型沿街商业
小型沿街商业是太太朋友圈的延续发展，满足太太们的创业愿望。同时针对对中心的公共空间，形体为小型单体建筑。

公共建筑
公共建筑在二期里是为基地内部提供公共活动的场所，也可以作为外来人员的住宿、办公、创业工作的场所，功能的灵活性比较高。

空中步道
空中步道是联系太太朋友圈社交活动场所的联系空间。廊下可以作为店铺室外的经营空间、商业和社交分层。使太太朋友圈成为一张关系网。

中小型超市
中小型超市不仅可以满足基地内部的生活需要，同时还可以满足基地周边的居民的生活需求。从而引入基地外部的人群。

太太朋友圈
发展一期为以太太朋友圈为主要业态的大型组团，以单体建筑为主，若干建筑通过室外平台连接，形成小型组团。

中心公共活动空间
中心空间是以形态异形的顶控制形成。功能上是可以外部商业空间，同时也可以是满足基地内部文化活动的舞台展示空间。

太太朋友圈 Mrs. circle
针对太太们的体验式随机遇见消费 01

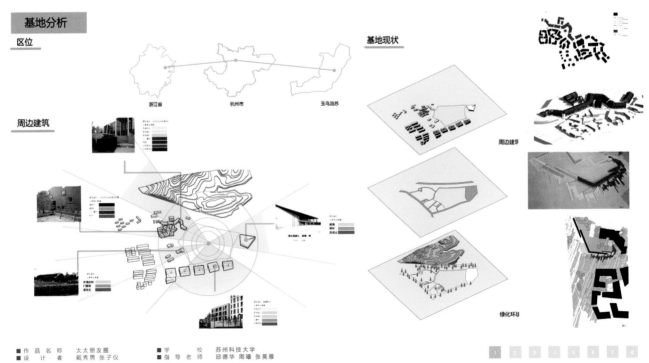

基地分析

区位

浙江省　　杭州市　　玉鸟流苏

周边建筑

基地现状

周边建筑

绿化环境

■ 作品名称　太太朋友圈　　　■ 学　校　苏州科技大学
■ 设计者　戴秀男 张子仪　　　■ 指导老师　邱德华 周曦 张昊雁

太太朋友圈 Mrs. circle
针对太太们的体验式随机遇见消费 02

概念初步

我们发现基地内部居民中太太这一人群可以活动的
空间相对单调，所以想以太太为主要人群，为她们
提供实现自己兴趣爱好的女性空间，激活基地。

以太太们为主要圈向人群，从玉鸟流苏内部引入太太作为第一类激活力者。从太太们的爱好出发给基地带来新的活力。

通过对爱好的培养和提高，需要通过专业人员的培养。因此可以从外来地区引入外来培训人员作为第二类激发活力人群，增大基地与外部的联系。

通过培训则可以独立创作，则可以经营自己的独立商业。同时在培训过程中所需的器材、材料等也可以由外部商业来满足。这就引入外来商业，进一步激发内部活力。

通过商业取得的经济收入，以及对爱好的热爱，可以进一步向文化发展，开展各种文化展览和演出可以集聚人气，带来更多商业机会。继续发展，呈良性循环。

泰森多边形

流动空间对比

室内空间为流动空间 | 点状空间为室外空间，形成庭院 | 建筑为点状单体 | 室外空间为流动空间，满足遇见式消费

概念生成

基地的北边为创意街区，通过街道的引导，自然引入基地内部，形成一个入口。

基地的南部为住宅楼，并有次级道路。可以将内部居民引入基地，因此形成第二个入口。

基地东部为一个居民活动中心，与创意街区可以形成视觉通廊。因此形成第三个入口。

三个入口向基地内部延伸，形成主要的路径方向。

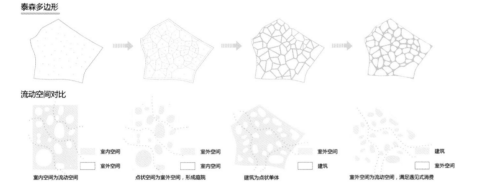

■ 作品名称　太太朋友圈　　　■ 学校　苏州科技大学
■ 设计者　戴秀男 张子仪　　　■ 指导老师　邱德华 周曦 张昊雁

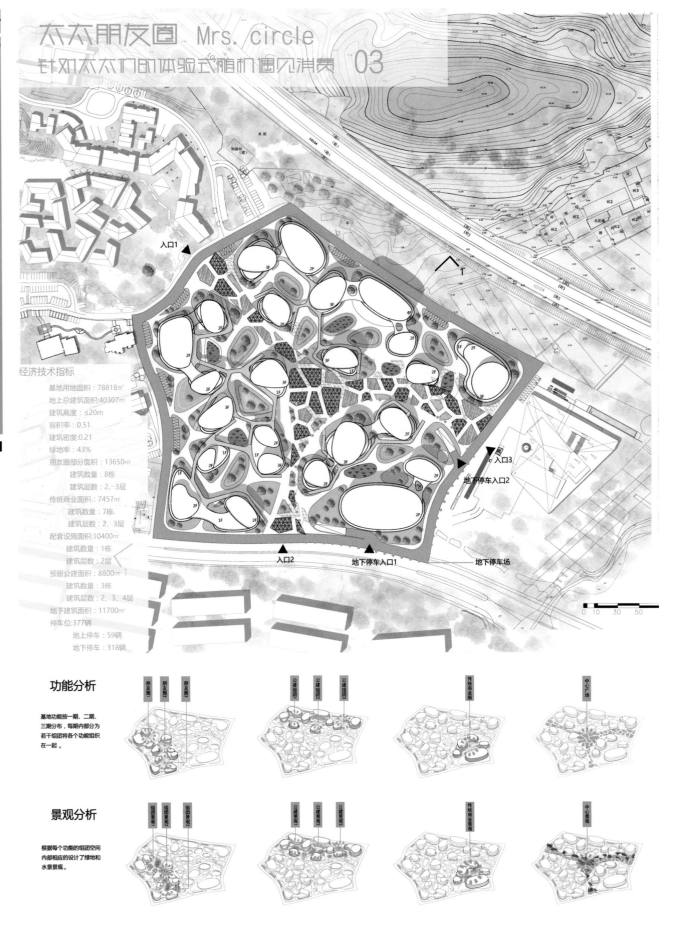

全国五校建筑学专业联合毕业设计

太太朋友圈 Mrs. circle
针对太太们的体验式随机遇见消费 03

天津城建大学
苏州科技大学
安徽建筑大学
浙江工业大学
烟台大学

170

经济技术指标

基地用地面积:78818m²
地上总建筑面积:40307m²
建筑高度:≤20m
容积率:0.51
建筑密度:0.21
绿地率:43%
朋友圈部分面积:13650m²
　建筑数量:8栋
　建筑层数:2、3层
传统商业面积:7457m²
　建筑数量:7栋
　建筑层数:2、3层
配套设施面积:10400m²
　建筑数量:1栋
　建筑层数:2层
预留公建面积:8800m² 1
　建筑数量:3栋
　建筑层数:2、3、4层
地下建筑面积:11700m²
停车位:377辆
　地上停车:59辆
　地下停车:318辆

入口1
入口2　地下停车入口1　地下停车入口2　入口3
地下停车场

0 10 30 50

功能分析

基地功能按一期、二期、三期分布,每期内部分为若干组团将各个功能组织在一起。

朋友圈1　朋友圈2　朋友圈3　公建组团1　公建组团2　公建组团3　传统商业区　中心广场

景观分析

根据每个功能的组团空间内部相应的设计了绿地和水景景观。

组团景观1　组团景观2　公建景观1　公建景观2　公建景观3　传统商业区　中心景观

太太朋友圈 Mrs. circle
针对太太们的体验式随机遇见消费 04

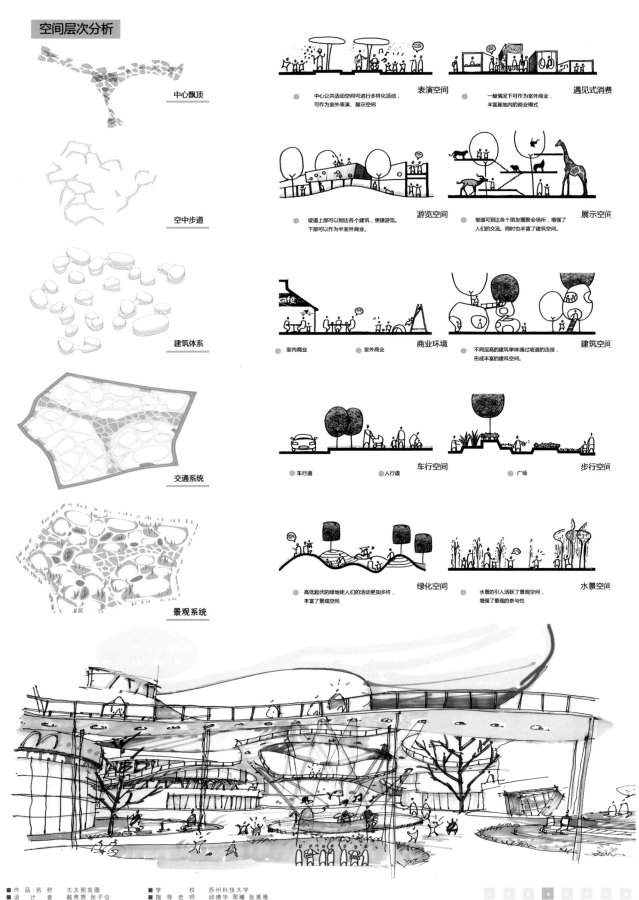

空间层次分析

中心飘顶

空中步道

建筑体系

交通系统

景观系统

● 中心公共活动空间可进行多样化活动，可作为室外表演、展示空间　**表演空间**

● 一般情况下可作为室外商业，丰富基地内的商业模式　**遇见式消费**

● 坡道上部可以到达各个建筑，便捷游览。下部可以作为半室外商业。　**游览空间**

● 坡道可到达各个朋友圈聚会场所，增强了人们的交流。同时也丰富了建筑空间。　**展示空间**

● 室内商业　● 室外商业　**商业环境**

● 不同层高的建筑单体通过坡道的连接，形成丰富的建筑空间。　**建筑空间**

● 车行道　● 人行道　**车行空间**

● 广场　**步行空间**

● 高低起伏的绿地使人们的活动更加多样，丰富了景观空间　**绿化空间**

● 水景的引入活跃了景观空间，增强了景观的参与性　**水景空间**

5+二
2016
杭州·万科·良渚文化村玉鸟流苏创意街区规划与建筑设计

全国五校建筑学专业联合毕业设计

■ 天津城建大学
■ 苏州科技大学
■ 安徽建筑大学
■ 浙江工业大学
■ 烟台大学

171

■ 作品名称　太太朋友圈　　■ 学　校　苏州科技大学
■ 设计者　戴秀男 张子仪　　■ 指导老师　邱德华 周曦 张昊雁

5+高层
2016
杭州·万科·良渚文化村玉鸟流苏创意街区规划与建筑设计

全国五校建筑学专业联合毕业设计

天津城建大学
苏州科技大学
浙江工业大学
安徽建筑大学
烟台大学

172

太太朋友圈 Mrs. circle
针对太太们的体验式随机遇见消费 05

分层商业空间分析

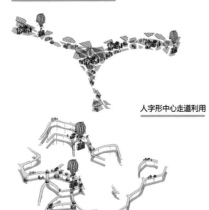

人字形中心走道利用

坡道空间利用

建筑空间利用

绿化空间利用

商铺类型分析

朋友圈小型商铺： 该类建筑总面积　　1200㎡

示例建筑总面积	400㎡
单间商铺面积	40-60㎡
一带二形式商铺面积	80-120㎡
公摊公共空间面积	50㎡
室外附赠可营业面积	40-60㎡/户

建议入驻商铺类型：个人画室，个人工作室，私人展览室，个人花圃种植等
建议租金范围：1-1.5万/月
面向入驻人群：社区内部承租能力较弱的太太，商业诉求个人，私密的太太

朋友圈中型商铺： 该类建筑总面积 12700㎡

示例建筑总面积	1700㎡
单间商铺面积	90-110㎡
一带二形式商铺面积	180-320㎡
公摊公共空间面积	100㎡
室外附赠可营业面积	110-140㎡/户

建议入驻商铺类型：小型餐饮，手工作坊，个人服装设计店，咖啡店，
　　　　　　　　　　小书店，花店等
建议租金范围：2-2.5万/月
面向入驻人群：社区内部承租能力较强的太太，商业性需求较强的太太
引入人群种类：低消费人群：服务生，保洁人员

传统商业商铺： 总面积 3000㎡

单间商铺面积	300-350㎡
一带二形式商铺面积	600-700㎡
公摊公共空间面积	100㎡
室外附赠可营业面积	400-600㎡/户

建议入驻商铺类型：spa，理疗，服装，美容中心，亲子中心，餐饮
建议租金范围：3-4万/月
面向入驻人群：外来成熟商业连锁或个人
引入人群种类：高消费人群：商铺老板（有购买力）
　　　　　　　　中消费人群：技术员工，早教师，理疗技工
　　　　　　　　（有承租力）美容师
　　　　　　　　　　低消费人群：服务生，保洁人员

配套商业设施： 总面积 5000㎡

商铺商用面积 3600㎡

交通空间面积	600㎡
库房空间面积	640㎡
其他部分面积	160㎡

建议入驻商铺类型：中型超市类，百货商铺
建议租金范围：20-25万/月
面向入驻人群：外来成熟超市连锁
引入人群种类：高消费人群：商铺老板（有购买力）
　　　　　　　　中消费人群：技术员工，超市中层干部（有承租力）
　　　　　　　　低消费人群：服务生，保洁人员

■ 作品名称　太太朋友圈　　　■ 学　校　苏州科技大学
■ 设计者　戴秀男 张子仪　　　■ 指导老师　邱德华 周曦 张昊雁

太太朋友圈 Mrs. circle
针对太太们的体验式随机遇见消费 06

朋友圈空间分析

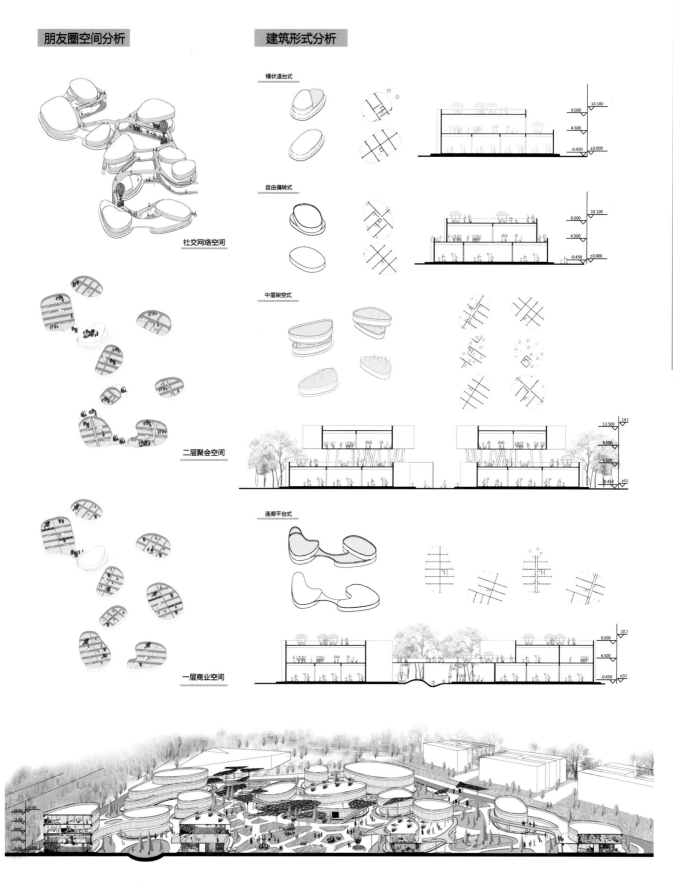

社交网络空间

二层聚会空间

一层商业空间

建筑形式分析

桶状退台式

自由偏转式

中层架空式

连廊平台式

5
2016
杭州·万科·良渚文化村玉鸟流苏创意街区规划与建筑设计

全国五校建筑学专业联合毕业设计

天津城建大学
苏州科技大学
浙江工业大学
安徽建筑大学
烟台大学

173

■作品名称 太太朋友圈
■设计者 戴秀男 张子仪
■学校 苏州科技大学
■指导老师 邱德华 周曦 张昊雁

5 **2016**
全国五校建筑学专业联合毕业设计

杭州·万科·良渚文化村玉鸟流苏创意街区规划与建筑设计

■ 天津城建大学
■ 苏州科技大学
■ 安徽建筑大学
■ 浙江工业大学
■ 烟台大学

174

人群分布

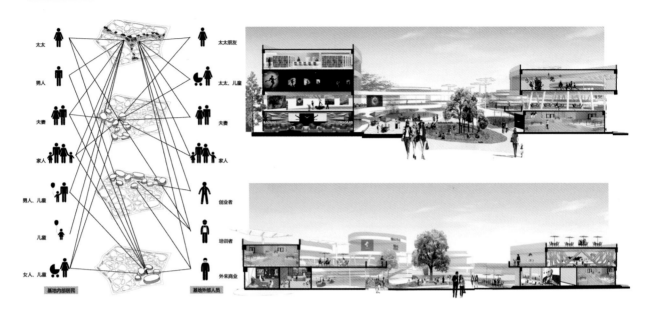

地下停车

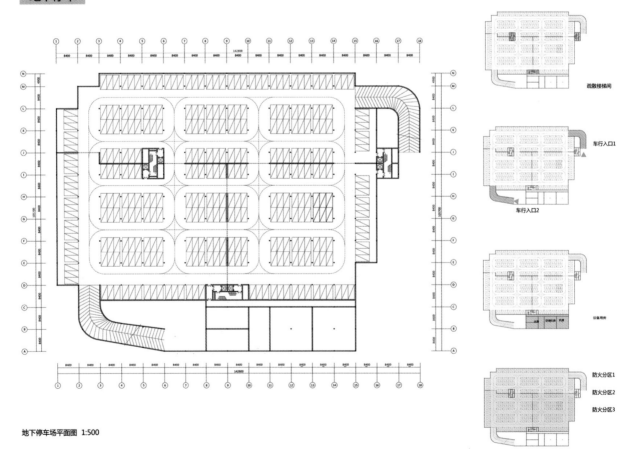

地下停车场平面图 1:500

■ 作品名称　太太朋友圈　　■ 学　校　苏州科技大学
■ 设计者　戴秀男 张子仪　　■ 指导老师　邱德华 周曦 张昊雁

太太朋友圈 Mrs. circle
针对太太们的体验式随机遇见消费 08

朋友圈平面图

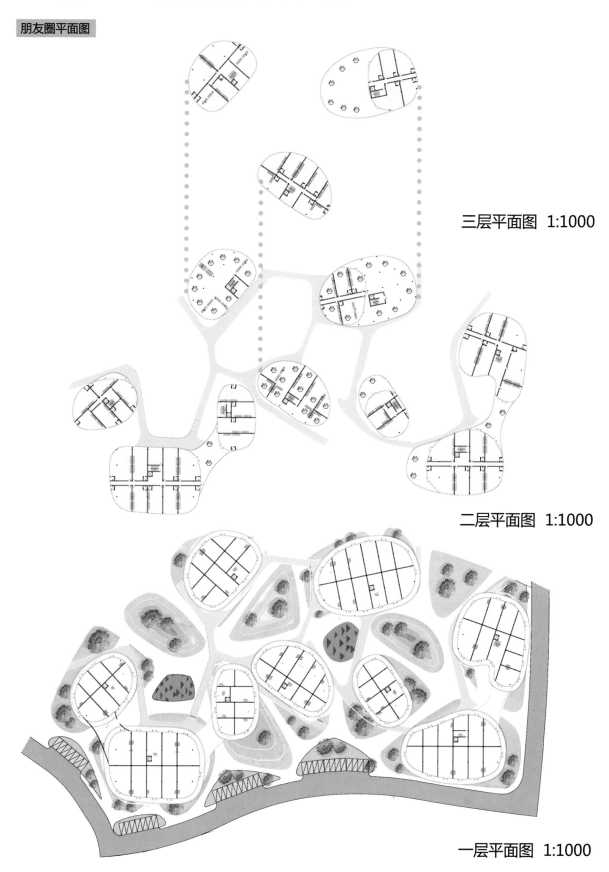

三层平面图 1:1000

二层平面图 1:1000

一层平面图 1:1000

5+1
2016
全国五校建筑学专业联合毕业设计
杭州·万科·良渚文化村玉鸟流苏创意街区规划与建筑设计

天津城建大学
苏州科技大学
安徽建筑大学
浙江工业大学
烟台大学

175

■ 作品名称　太太朋友圈
■ 设 计 者　戴秀男 张子仪
■ 学　　校　苏州科技大学
■ 指导老师　邱德华 周曦 张昊雁

8

隋杰礼

贾志林

高宏波

任彦涛

宫奥西

孙世杰

侯岳申

王　森

彭志威

丁琳玲

曹永青

王　楠

烟台大学
YANTAI UNIVERSITY

5+
2016
全国五校建筑学专业联合毕业设计

天津城建大学
苏州科技大学
安徽建筑大学
浙江工业大学

178

基地现状分析图
· 基地现状分析生物主角苏南安全区，否则为单动。
· 景观分析引入水系，叶乐山景

基地现状图基地和地形分析图

方案生成
亮点控制：
区域联系最中区

方案生成
流线系统：

意境预入：

网络系统：
模地化：

调研一

烟台大学　王森/侯岳申/陈海宁/丁倩文/王沛文

设计意向 创客中心

· 意向来源：原良渚区域为杭州市政府和万科规划的新城，为创造新的城市生活，规划清晰合理，基础设施完善，但是始终缺乏人气。

· 活力装置：创客中心能为该区域带来固定人群和相应的流动人口，并带来相应产值，成为城市的活力装置。

· 返璞归真：为了创造一种新的城市生活方式，新石器时代的生活，数字时代的生活，工作生活在邻近的区域

鸟瞰图

总平面图

· 轴视控制

功能分析

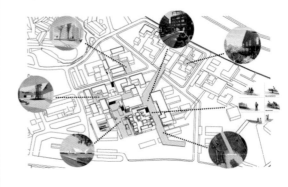

意向图

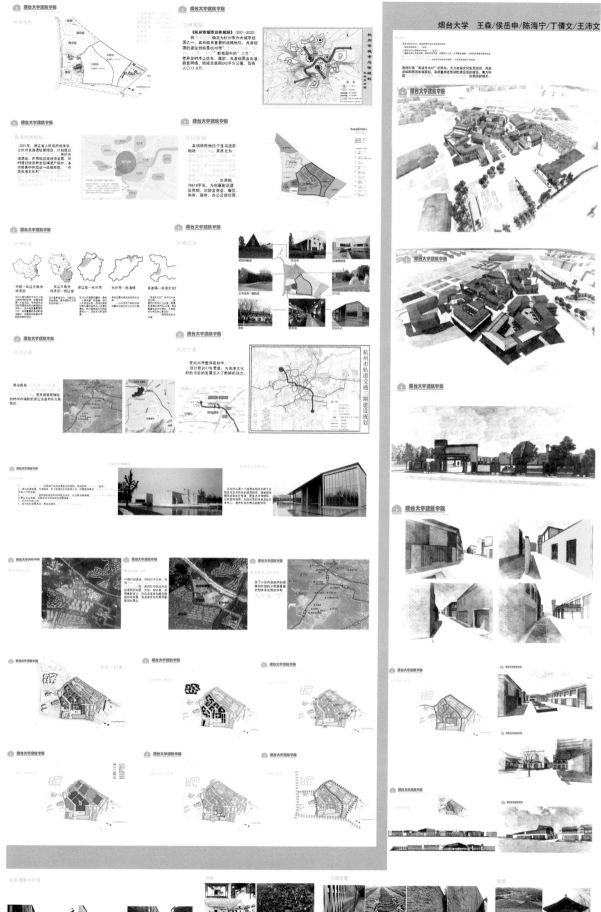

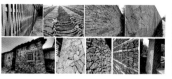

5+1
2016
全国五校建筑学专业联合毕业设计

天津城建大学
苏州科技大学
安徽建筑大学
浙江工业大学

179

烟台大学　王森/侯岳申/陈海宁/丁倩文/王沛文

5+ 2016

全国五校建筑学专业联合毕业设计

天津城建大学
苏州科技大学
安徽建筑大学
浙江工业大学

180

杭州市城市总体规划
形成"一主三副，双心双轴，六大组团、六条生态带"开放式空间结构模式。良渚区属于六大组团之一。

良渚区功能
是城市西北部以良渚文化和生态农业为主题的文化休闲旅游基地。严格保护良渚文化遗址群，合理控制用地规模。北部为良渚遗址保护区、西部、东南部为居住生活区，西南为生态农业旅游区。

良渚文化村项目
计划通过良渚遗址保护与开发互动，保护良渚遗址带动区域经济发展同时通过经济开发反哺遗产保护。在此项目集中体现这一战略思想，共同形成一个集遗产保护、文物展示、文化交流、生态旅游为一体的国家考古遗址公园。

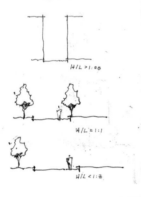

H/L>1:05

H/L=1:1

H/L<1:2

封闭

开放

半开放

调研二

烟台大学 宋汝洋/于永康/代文魁/徐宗胜/李浴阳

分期情况	2002.04 竹径茶语公寓3-5层	2003.06 白鹭郡北多层公寓	2004.03 白鹭郡南多层公寓	2006.04 阳光天际联体排屋 叠排	2008.09 白鹭郡东多层公寓	今后 金色水岸、绿野花野在规划中，白鹭郡西尚未推出
价格走势	花园洋房开盘均价5000元/㎡目前市场平均估价：20000元/㎡	均价13535元/㎡	均价12000元/㎡	均价24000元/㎡	均价16000元/㎡	

名称	物业类型	面积 ㎡	销售情况
竹径茶语	4-5层的坡地花园房、坡地排屋、独栋别墅以及坡地叠排的居住村落	190-335	各期物业均热销
白鹭郡北	山地花园洋房	92-186	
白鹭郡南	4-5层公寓/精装修多层公寓	55-89/120-240	
阳光天际	山地联体排屋、叠排	190-230	
白鹭郡东	3-5层建筑，以两房、三房为主的中小居住单元	80-120	

案例：纽约SOHO区

SOHO区：开始是艺术，结局是商业

半个世纪前，纽约开始了从工业中心到金融中心的转型，曼哈顿岛的SOHO区出现了大量空置厂房。这些仓库厂房多为高顶没有隔间的统楼房（Loft）风格。

颓旧的厂房因租金低廉，使SOHO区渐渐成为艺术家聚集的地方。这里成了自由、艺术、前卫的代名词和开放的艺术中心。而Loft也逐渐成为一种鲜明的建筑风格乃至个人的生活方式。

当SOHO成为美国现代艺术的中心，来此淘金的游客吸引了时尚店和各类酒吧的进驻。画廊、名牌时装、特色餐饮汇集于此，而爵士、蓝调、钢琴、摇滚、说唱乐等各种音符充溢在各色酒吧之中。
在SOHO，处处可感受创意和灵感的流泻，甚至坐品咖啡闲看人流都是一种密集的视觉享受。

43

租金的不断攀升使SOHO区的一些艺术家被迫迁出。但时尚、活力、自由的艺术气质已经深入骨髓，并且成为纽约城市故事中一个不断续写的篇章。

44

改造前的港口住宅区——被遗忘的地区

1980年代之前Dockland是都柏林破败的港口工业区，经济衰退、码头废弃导致Dockland经济社会状况一落千丈。

利菲河两岸到处排满了拥挤破旧的低矮公寓，紧邻的重工业区造成严重的空气污染，大型运输船只、铁路将住宅围绕起来。

失业人口迅速增加，人口大规模迁出，留下的多是老人和失业者。

爱尔兰港口住宅区

目前形象

欧洲大陆上变化最快的、最令人兴奋的、世界性的地区之一。二十年的改造使其由一个"被人遗忘的地区"变成了以特色餐饮、酒吧、咖啡吧著称的最有活力的城市一极

项目概况

状况、基础设施入手；并将利菲河确立为地区的核心元素，以此创建宜居环境。根据市场的变化及时调整规划，促进地区全面发展

案例：爱尔兰港口住宅区

案例总结

- **艺术是SOHO成功发展的主要驱动力**

  艺术带来人流，而人流又带来商业。艺术是SOHO繁荣的驱动力，同时艺术与商业的结合，更增添了SOHO前卫、时尚、自由的现代气息。良渚地块中艺术与商业的结合也是非常有前瞻性的尝试，形成典型的江南快慢生活的生活方式。

- **低廉租金带来艺术**

  艺术、文化的核心是人，低廉的租金吸引了具有活跃思想、创意灵感的穷困艺术家，而先锋的、多元的思想之间的碰撞形成造就了城市的活力源头。地块中文化创意版块的发展可以借鉴的思路。

- **传统建筑元素的应用**

  传统建筑是一座城市的历史、文化的积淀，承载了城市独有的精神，其与现代艺术的融合形成了一种极佳的城市故事表述方式，成为城市不可复制的魅力内核。地块中建筑文脉的关注，是对整个良渚镇整体开发的缩影。

保存当地原有文化建筑

铸铁建筑（Cast_Iron Architecture）是流行于19世纪中叶至20世纪初的一种建筑风格。它是按照法兰西第二王朝的风格，将铸铁弯曲、油漆，模仿成大理石圆柱和拱型窗户。格林街（Greene Street）是SOHO区内现存铸铁建筑最完整的区域，沿着格林街走，一列列的楼梯并排在平顶楼房外。漆成不同色彩的铸铁墙面透露着1869至1895年间的风貌

烟台大学　宋汝洋/于永康/代文魁/徐宗胜/李浴阳

三个阶段的改造

第一阶段（1987年规划）

以开发一个高品质，多功能的有活力的区域为目标。首先改善了交通状况，完善基础设施，多功能的复合利用土地，吸引人们居住。

第二阶段（1994年规划）

将重心转移到地区经济发展上来，建设了国际金融服务中心，促进了地区经济振兴。

第三阶段（1997年成立都柏林港口区发展机构DDDA）：目标是创建生态的、适合生活工作的可持续发展的区域。

案例总结

- **标志性建筑**

  形成强烈的视觉冲击，体现区域都市气质。个性独特的建筑风格，丰富的建筑立面，表达都市的活力，一系列举措Docklands成为都柏林最富活力的地区、向世界展示的窗口。良渚地块开发中标志性建筑的独特个性表达地域文化特征。

- **以利菲河为核心。**

  建造了大规模公共开放空间以及特色休闲娱乐设施。住宅产品多样化，福利住宅、高档住宅并存，满足了不同人群的需求。良渚地块开发现有居住产品可借鉴多样去化，满足中高端不同人群的居住需求。

- **致力于区域的可持续发展。**

- **为当地居民提供就业机会，20%的新增就业岗位专门提供给当地居民。**良渚地块未来可持续发展也可更大程度挖掘内部潜力。

设计意向

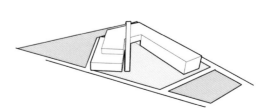

5
2016
全国五校建筑学专业联合毕业设计

杭州·万科·良渚文化村玉鸟诸新创意街区规划与建筑设计

天津城建大学
苏州科技大学
浙江工业大学
安徽建筑大学
湖南大学

5+
2016
全国五校建筑学专业联合毕业设计

天津城建大学
苏州科技大学
安徽建筑大学
浙江工业大学

山风水韵

设计所悟

方案的深入就是对路、跑道、室内体育场馆、二层平台、湖心岛的设计，跑道的设计用曲直结合的中国书法元素，将刚性与柔性结合，提供给人直线加速与曲线漫步的体验。

室内体育馆采用服务与被服务的空间关系，在较大的公共性建筑里面，分区明确不容易迷路。虽然我们将其进行了线性分割，但在交通流线上采用的是开敞的流线，这样在一层就比较自由，增加公共活动的更多可能性。便于人的交流，我们将一层打开，二层封闭既保证大型场馆的管理需求，又保证空间利用的灵活性。二楼平台实际上是跑道的延伸，给人提供休息、暂留、交流的机会。再加上垂直交通的作用，使得跑道与建筑真正融为一体。我们把跑道看做建筑的延伸，同时室外的场地更是人视线的延伸。场地与跑道自然形成了看与被看的关系。

设计的总体思路都是从基地任一需要解决的问题入手，用建筑语言进行策略演变。区域规划和设计是一个漫长的过程，设计离不开环境，环境中夹杂矛盾。我们要做的不是去消除矛盾，而是采用最优的方式达到一种人与自然的平衡。

■ 作品名称　山风水韵　　　　　■ 学　　校　烟台大学
■ 设计者　宫奥西 孙世杰　　　■ 指导老师　高宏波

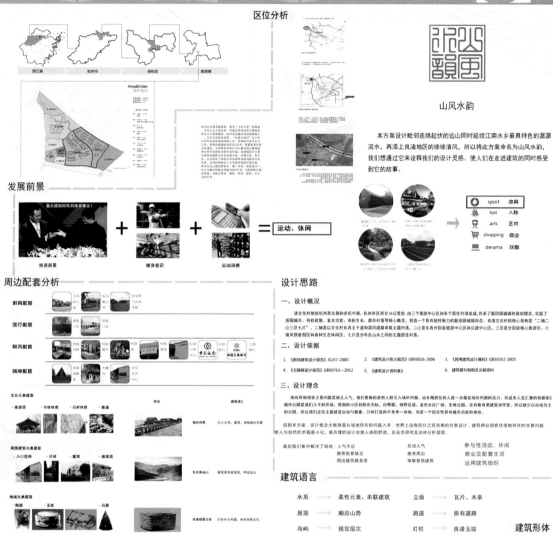

5+design
5+2016
全国五校建筑学专业联合毕业设计

天津城建大学
苏州科技大学
浙江工业大学
安徽建筑大学

183

2016
杭州·万科
良渚文化
玉鸟流苏
创意街区
·
规划和建筑设计

区位分析

浙江省　杭州市　余杭区　良渚镇

Area&Index

山风水韵

本方案设计毗邻连绵起伏的远山同时延续江南水乡最具特色的潺潺流水，再添上良渚地区的徐徐清风，所以将此方案命名为山风水韵，我们想通过它来诠释我们的设计灵感。使人们在走进建筑的同时感受到它的故事。

- sport 体育
- hot 人脉
- arts 艺术
- shopping 商业
- derama 戏剧

发展前景

看大健如何布局体育事业？

投资前景　+　健身意识　+　运动消费　=　运动、休闲

周边配套分析

教育配套
医疗配套
服务配套
精神配套

中国银行　BANK OF CHINA　ICBC 中国工商银行

文化元素提取
· 坡屋顶　· 竹材材质　· 石材材质　· 巷道　　　　特点　　　建筑语言

周边建筑元素提取
· 入口空间　· 片材　· 窗洞　· 坡屋顶

地域元素提取
· 陶器　· 玉琮　· 石器

设计思路

一、设计概况

二、设计依据

1.《城镇建筑设计规范》JGJ57-2000　　2.《建筑设计防火规范》GB50016-2006
3.《民用建筑设计通则》GB50352-2005　4.《无障碍设计规范》GB50763—2012
5.《建筑设计资料集》　　6. 建筑类期刊相关文献资料

三、设计理念

最后我们集中解决了场地：人气不足　　　拉动人气　　　参与性活动、休闲
服务配套缺乏　　服务周边　　　商业及配套生活
周边建筑联系差　串联各组建筑　运用建筑组织

建筑语言

水系　→　柔性元素、串联建筑　　　　立面　→　瓦片、木条
屋顶　→　顺应山势　　　　　　　　　跑道　→　原有道路
岛屿　→　视觉层次　　　　　　　　　灯柱　→　良渚玉琮

建筑形体

■ 作品名称　山风水韵　　　　　■ 学　校　烟台大学
■ 设 计 者　宫奥西 孙世杰　　　■ 指导老师　高宏波

5+
2016
全国五校建筑学专业联合毕业设计

天津城建大学
苏州科技大学
安徽建筑大学
浙江工业大学

184

5+design

Shan Feng Shui Yun

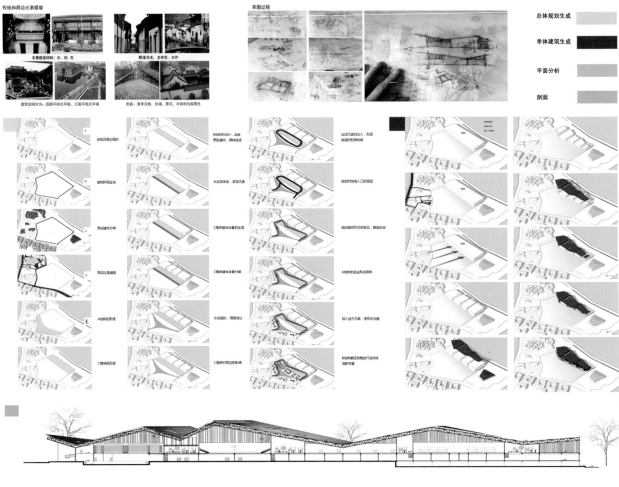

传统和周边元素提取

主要建筑材料：木、砖、瓦

建筑空间分为：四面环绕式平面，三面环绕式平面

色彩：清净淡雅，白墙，黑瓦，木料列为棕照色

草图过程

总体规划生成
单体建筑生成
平面分析
剖面

5+设计
2016
全国五校建筑学专业联合毕业设计

天津城建大学
苏州科技大学
浙江工业大学
安徽建筑大学
烟台大学

185

Shan Feng Shui Yun

设计理念

山风水韵：建筑围合于山水之间，借山势将建筑延伸，周边串联成一组，水将周边水系进行串联和整合，以三条水系将各个方向的视线汇聚，而整个场地的视觉中心落在可登临的塔上，塔配合游览路线统领全局。跑道有曲有折，使得人们有多种体验，并且跑道成为了天然的看台，增加了跑道的趣味，给运动的人一种参与的心理暗示风在运动中产生，配合山水，形成一种全身心的放松体验。

经济技术指标

总用地面积：78818㎡　　建筑占地面积：32627㎡　　建筑密度：49%
建筑面积：39254㎡　　绿化率：32.5%　　容积率：0.41

| 沿街商业 | 广场入口 | 水系 | 岛桥 | 水系 | 户外场地 | 跑道、漫路 | 体育建筑 |

购物、逛街　　交谈　　娱乐　　运动　　漫步　　健身

总平面图

绞辙·主脉韵络

经济技术指标

总用地面积：78818㎡
建筑面积：39254㎡
建筑占地面积：32627㎡
绿化率：32.5%
建筑密度：49%
容积率：0.41

建筑要素　　　　**场地要素**

建筑：
① 商业-周边
② 场地-室外
③ 场馆-室内

场地：
④ 广场-层次
⑤ 水系-串联
⑥ 跑道-组织

结合：
运用建筑和场地要素
得基地整合。
建筑上依照场地
场地上配合功能

规划景观节点图

我们分别在运动场地旁空间占周围布直了一些景观节点，在靠近运动场围周布置有两个向上凸起的观景台，攀登当地网球场地球场的看台你可以当作为湖水水空间的观景平台，资讯空间丰富，能使人们得到更大的愉悦感。在地块水系水心有一个平台，使人们在漫游场地时拥有了单一的沿河岸行走的模式，绵则进一步多水的目的，在中心环品的中心布置了一座塔台人们可以登临塔台观看到地块全貌和后面山体景色，同时又成为地块的一个地标建筑为人们指明方向。在南向商业街入口处设有两处广场空间，使人们在购物顾及之余，离开喧嚣的商业空间之后得到一点宁静，同时又为人们提供不可缺少的休息空间。在跑道的起点设有一个下沉式广场，为大妈们在文化艺术中心/门口门广场舞提供场地布局，避免大妈们占用场地旁西侧入口处设有一处绿化景观，及缓冲了玉鸟流苏初入体育场场的落差感，又把两边建筑区别开来。

功能区划图

我们分别将场地划分为南部商业街区，中部运动场馆区和北部室内场馆区。首先依照基地旁的水系，以基础地文脉，我们将水元素这一红南传统元素贯穿了整个基地。另外由于南部商业街区邻多个住宅区，可到达性较强，我们所设计相地理位置的优越性和人流的聚集方向将这块地块作为商业街区，既能满足周边小区居民生活娱乐的需求，同时周边广场又能满足居民的健康需求。经过前期调研得知周围居民的消费能力很强，所以以依据周围人群的生活方式与生活品质多元素，所以我们将上部设计为室内场馆区。阳光体育自动一直是近些年来我国提倡的一项基本健身标准，所以我们将场地中部设计为室外活动场地，满足人们阳光下的需求，另外在中部场地，我们中部场地的人们漫慢的跑道，为人们的体育锻炼提供健身场地，另外又起到联结玉鸟流苏和文化博物馆的作用让人们能够想倾向于从玉鸟流苏地块漫步到文化中心地块，加强我们地块的人流量和经济效益。

路网

通过对地块内边街道路网的调研分析得出，我们在地块内采用人车分流的形式在地块内置一圈车型环路，和一条室内运动场馆需要的车行通道，剩余的其他地块区域全部采取步行或骑行的形式，使人们达到更加贴近自然的目的，同时将安全性提升到最高，避免出现更多车辆伤害，另外连接一元素将中心局部和两边地块连接起来，使人们享受行街健身快乐。在商业方向的时候得到最多大性，避免地块的形式。另外以玉鸟流苏地块为起点设置一些不同的步行街漫跑，使人们在曲直的时候得到最大的放松，增加地块的老龄化运动健身，跑道作为联结商业运动场的路线很大程度上能链接人群从商业地块到达运动场地，并且在长程中地块的氛围所感染，从而使人们的运动量更加保证。

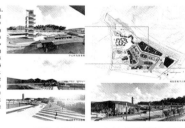

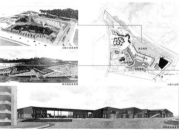

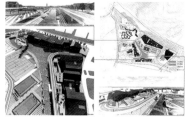

■ 作品名称　山风水韵　　　■ 学　校　烟台大学
■ 设计者　宫奥西 孙世杰　　■ 指导老师　高宏波

4

5+
2016
全国五校建筑学专业联合毕业设计

天津城建大学
苏州科技大学
安徽建筑大学
浙江工业大学

186

Shan Feng Shui Yun

跑道联系场地又成为天然看台，成为最活跃的建筑要素出现在设计场地之内，灯柱的设计遵从了玉琮。从细节处体现传统文化。

跑道生成及围合场地分析

加入运动元素，首先想到跑道。跑道的初步形式是一个环形，比较常规的形式。它的作用主要是联系各个场地的关系，是三块建筑融为一体。

跑道的出口与入口接近人流的来向，最大程度保证跑道的最大使用率，同时增加更多的漫游体验。

跑道的最终形态的确立根据场地的水元素和山的元素，形成一个有曲有直，刚柔并济的形态。跑道宽度有8.4米，分为八根跑道分有加速和漫游道路。

跑道起到联系各部分的作用，于是周边的商业根据周边原有建筑形态，和与跑道相结合的场地关系，最终形成分散体块。

同理我们分析出另一商业用地地块的建筑形态，商业的模式对于中国人的心理暗示，最好的形态会产生街道，于是在建筑之间产生红色的街道。

基地内建筑排布好之后，布置场地要素，室外场地基本上是与跑道穿行的方向垂直，更好的增加人观看与被观看的交流。

跑道与活动场地的关系

跑道与场地的关系

跑道与建筑的关系

■ 作 品 名 称　山风水韵　　　　■ 学　　　校　烟台大学
■ 设 计 者　宫奥西 孙世杰　　■ 指 导 老 师　高宏波

5

5+2016
全国五校建筑学专业联合毕业设计
杭州·万科·良渚文化村玉鸟流苏创客区规划与建筑设计
天津城建大学
苏州科技大学
安徽建筑大学
浙江工业大学
烟台大学

187

入口广场用简洁的结构解决了跨度大的问题，巨大的灰空间给观景提供了很好的"心理抚慰"也起到了框景的作用。
平面的功能区块划分明显，最大程度提高效率。

平面分析

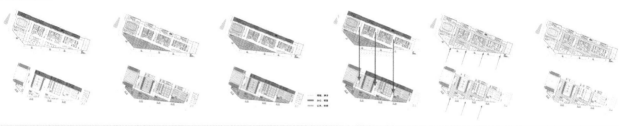

| 办公区域 | 公共区域 | 功能分区 | 交通位置 | 视线穿越 | 公共流线 |

服务区
被服务区
被服务区
一层平面

场馆区
休息、等候区
二层平面

一层平面分析：

一层平面主要以淋浴和更衣为主，红黄绿三个色块分别表示办公、淋浴、公共空间功能与二层对应便于识别，是一块公共性的活动区域。

一层的设置比较开敞，并且各个分区有自己独立的更衣淋浴区域，配合着商品和咖啡休息，一层形成一个自由灵活的室内空间 下车库位置放置在一层以下，随地势的形状以及高度的变化形成一块可以平进的地下车库，北边的道路主要是行车道路形成人从南边入口进入，车从北边入口将人流疏散，紧急情况下还可以当做消防车的行车路。最大限度地保证了人流的快速输出与输入，一层功能简洁有序。

二层平面分析：

二层平面主要以体育场馆为主，灰色部分是公共部分，主要是供人停留并伴随展览，是一块公共性的活动区域。
场馆本身可以独立使用，内部办公、卫生间、以及场馆都合为一个综合体，南侧则是为跑步者或者场馆内的人员设置的休闲娱乐的地方，包含健身和咖啡休息。

■ 作品名称　山风水韵　　　　　　■ 学　校　烟台大学
■ 设计者　宫奥西 孙世杰　　　　■ 指导老师　高宏波

5+
2016
全国五校建筑学专业联合毕业设计

天津城建大学
苏州科技大学
安徽建筑大学
浙江工业大学

188

Shan Feng Shui Yun

塔的作用成为整块地的视觉中心，塔不是单纯地标志物而是顺应游览路线，变成了可登临的塔，让游人尽情体会移步异景的感受。

屋顶的设计吸取中国传统元素，木头的纹理，但材质确是钢材角钢和桁架支撑起整个屋顶结构，木片使得建筑给人一种温暖感，充当了天花的作用，使结构隐藏，并增加了光影的特殊效果。

场馆二层入口结构

屋顶结构分析

屋顶结构剖面图

墙柱面石材干挂横剖面图

屋顶结构各部分图

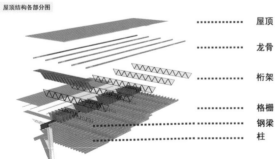

········· 屋顶
········· 龙骨
········· 桁架
········· 格栅
········· 钢梁
········· 柱

屋顶结构各部分图

场馆二层入口结构示意图

悬挑屋顶的结构图

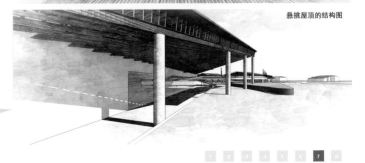

■ 作品名称　山风水韵　　　　　■ 学　校　烟台大学
■ 设计者　宫奥西　孙世杰　　　■ 指导老师　高宏波

7

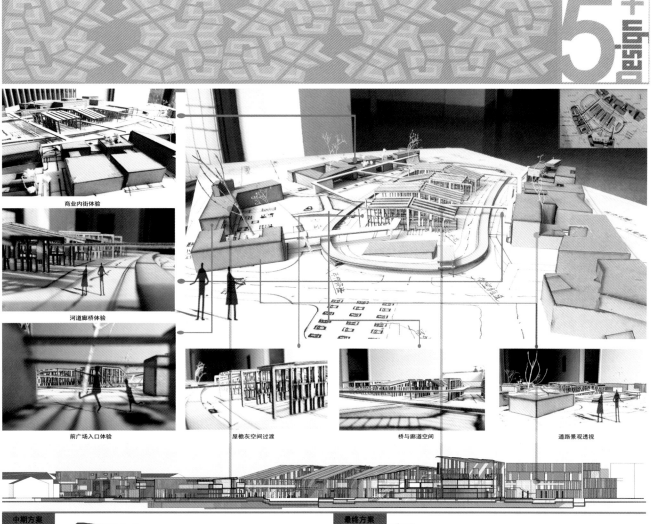

商业内街体验

河道廊桥体验

前广场入口体验

屋檐灰空间过渡

桥与廊道空间

道路景观透视

5+ design
5+
2016

杭州·万科·良渚文化村正品港创意园区规划与建筑设计

全国五校建筑学专业联合毕业设计

■ 天津城建大学
■ 苏州科技大学
■ 安徽建筑大学
■ 浙江工业大学
■ 烟台大学

189

中期方案

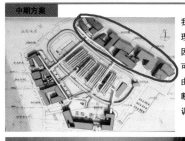

我们在中期方案阶段发现C地块由于地理位置原因可能会出现人气不足的问题。因为基于C地块原有的配套服务和餐饮。可能不会成为人们一定要来的因素。而且由于中间场地的阻隔和A地块的联系被切断了。所以在这个问题上我们经过重新调研整理，得出了我们的最终方案。

最终方案

最终方案将C地块设计成为供人们进行室内活动的大型活动场馆。一是解决了C地块吸引力不足的根本问题。二是满足人们日益增长的运动需求。而且对跑道的形式进一步优化。通过跑道与体育馆平台的连接增强了跑道与室内场馆的联系，同时也增强了各个地块之间的联系。使人们更乐于更方便的到达C地。

最终模型展示

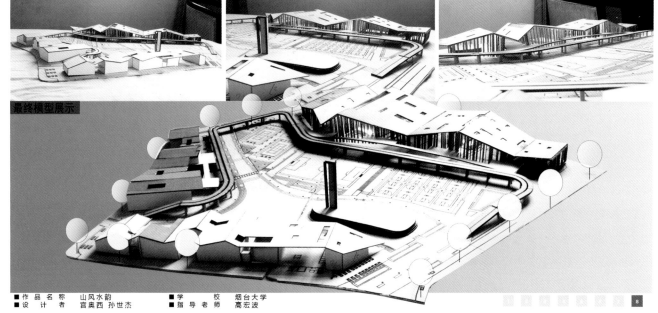

■ 作品名称　山风水韵　　　　■ 学　　校　烟台大学
■ 设计者　宫奥西 孙世杰　　■ 指导老师　高宏波

8

5+
design+
5+
2016
全国五校建筑学专业联合毕业设计

天津城建大学
苏州科技大学
安徽建筑大学
浙江工业大学

190

总平面

创意街区
次入口2
次入口3
次入口4
次入口1
菜市场
食街
公交车站
地下车库入口2
人行主入口
车行主入口1
文化艺术中心
风暻大道
嘉树
N
河流

良渚文明的发现

文明综述
良渚文化是环太湖流域分布的以黑陶和琢光玉器为代表的新石器时代晚期文化,因1936年首先发现于良渚而命名,距今5300~4000年,对"良渚遗址"出土的人物,经基因鉴定确认,良渚人是越族后裔。

中国文明的曙光是从良渚升起的,良渚作中华民族和东方文明的圣地,国家文物局已正式将清道地列入《世界文化遗产名录》预备清单,良渚文化是分布于环太湖流域一支著名的史前考古学文化,距今5300~4000年,良渚遗址是良渚文化的中心遗址和文化命。

名地,位于浙江省杭州市余杭区的良渚、瓶窑两镇。

历史演变
1986年,良渚反山遗址先被发现,发掘出11座大型墓葬,有陶器、石器、象牙及玉饰等有随葬品1200多件,这几年,良渚文化遗址从40多处增加到135处,有村落、墓地、祭坛等各种遗存。

域文化面貌呈现出大同小异的局面。
早期:动荡期,部分继承浮文化的遗风,特征性起源于嵩泽晚芽并逐渐形成,但在太湖的各区则有较大形制的差异,**中期**:高峰期,以物质层面的陶磨和精神层面的玉器为代表,文化认同是的环太湖各区。

地理位置
位于中国长江中下游地区的新石器时代晚期文化,发现于浙江余杭良渚距今约5250~4150年,是良渚文化分布最密集的地方,也是古代良渚社会的政治、经济、宗教、文化中心。

良渚文明的发展

良渚文化玉器
达到了中国史前文化之高峰,其数量之众多、品种之丰富、雕琢之精湛,在同时其他国乃至环太平洋辉有其传统的部族外,独占鳌头,而其深邃的文化历史底蕴,更给世人带来了无限的遐想。

良渚文化陶器
良渚文化以黑陶著称,胎质细腻,造型规整,器种变化多样,其是鼎、豆、壶的组合,构成了富有良渚文化特色的器物群。

良渚文化石器
在文明早先时期,稻作生产已经相当发达,从出土的大量三角形石犁等农具来看,良渚人已深脱一个一农的耕作方式,而率先进入了连续耕种的新阶段,从而为当时社会的繁荣奠定了雄厚的物质基础。

良渚文明的发掘

1936年
西湖博物馆的施昕更先生,在余杭良渚镇一带发掘和调查了以黑陶为特征的新石器时代遗址,拉开了良渚考古的序幕。

1959年
荣获英国学术院、德意志考古研究所、美国全国科学院等七个外国最高学术机构颁发的荣誉称号,人称"七国院士的夏鼐先生正式提出了良渚文化的命名。

1973年
江苏吴县草鞋山遗址首次发现随葬玉器的良渚大墓。

1986年
浙江余杭反山发现良渚最高等级的大墓:反山墓地是中国长江下游地区新石器时代良渚文化最高等级的大型墓地之一(另一处为瑶山墓地)。

1987年
浙江余杭瑶山发现良渚祭坛和贵族墓地。

2007年
正式确认发现良渚古城。

2015年
考古人员开始对老虎岭、鲤鱼山、狮子山等水坝进行正式发掘。

2015年
因新近又确认古城外保存有一个规模宏大的水利系统,这是中国保存最为的大型水利工程,将中国水利史的距离大大推前了距今5000年左右,因其国际上的重要性,成为全国十大考古。

2020年
按照国家文物局的预计,到"十三五",良渚将申遗成功。

肌理设想

三位一体

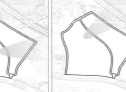
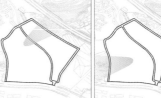

考古挖掘现场
陶器碎片纹理
水墨晕染意境
文化艺术中心
远山
基地西南侧临辅助区

■ 作品名称 三园　　　■ 学校 烟台大学
■ 设计者 彭志威 丁琳玲　　■ 指导老师 贾志林

5+design

5
2016
全国五校建筑学专业联合毕业设计

■天津城建大学
■苏州科技大学
■安徽建筑大学
■浙江工业大学
■烟台大学

191

鸟瞰图一

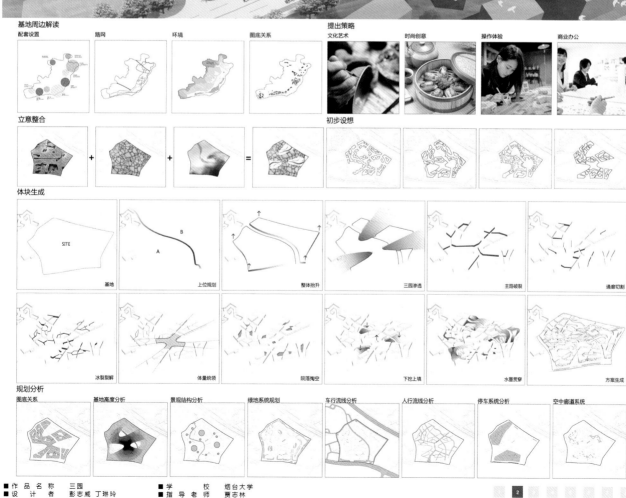

基地周边解读
配套设置　路网　环境　图底关系

提出策略
文化艺术　时尚创意　操作体验　商业办公

立意整合

初步设想

体块生成

基地	上位规划	整体抬升	三园渗透	主路破裂	通廊切割

冰裂裂解	体量统领	院落掏空	下挖上填	水墨贯穿	方案生成

规划分析
图底关系　基地高度分析　景观结构分析　绿地系统规划　车行流线分析　人行流线分析　停车系统分析　空中廊道系统

■作品名称　三园　　　　■学　　号　　烟台大学
■设计者　彭志威　丁琳玲　　■指导老师　贾志林

2

5+design

2016
全国五校建筑学专业联合毕业设计

天津城建大学
苏州科技大学
安徽建筑大学
浙江工业大学

192

鸟瞰图 2

建筑意向
屋面肌理　　山脉延续　　粉墙黛瓦

道路断面
主行车道　　主人行道　　巷道

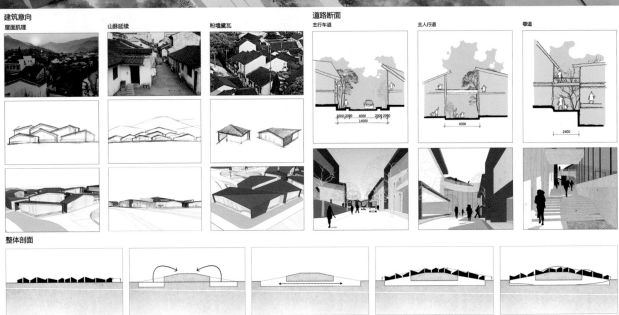

整体剖面

遮挡视线　　下挖上填　　连接通道　　丰富体验　　活跃流线

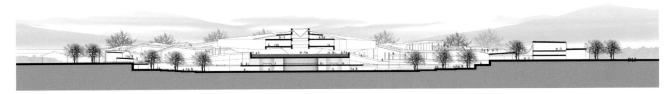

5+
2016
全国五校建筑学专业联合毕业设计

■天津城建大学
■苏州科技大学
■安徽建筑大学

■浙江工业大学

193

饭店鸟瞰

体块生成

一层平面 1 : 600

二层平面 1 : 600

三层平面 1 : 600

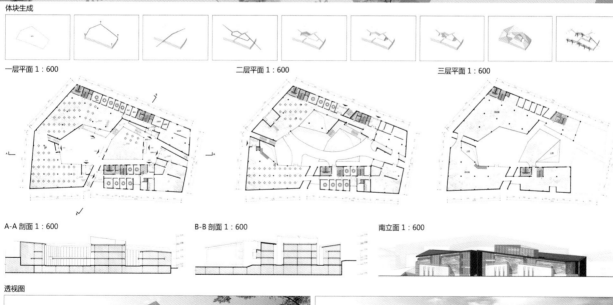

A-A 剖面 1 : 600

B-B 剖面 1 : 600

南立面 1 : 600

透视图

■ 作品名称　三园　　　　　　　　　■ 学　　校　烟台大学
■ 设 计 者　彭志威 丁琳玲　　　　　■ 指导老师　贾志林

4

5+design 2016
全国五校建筑学专业联合毕业设计

天津城建大学
苏州科技大学
安徽建筑大学
浙江工业大学

194

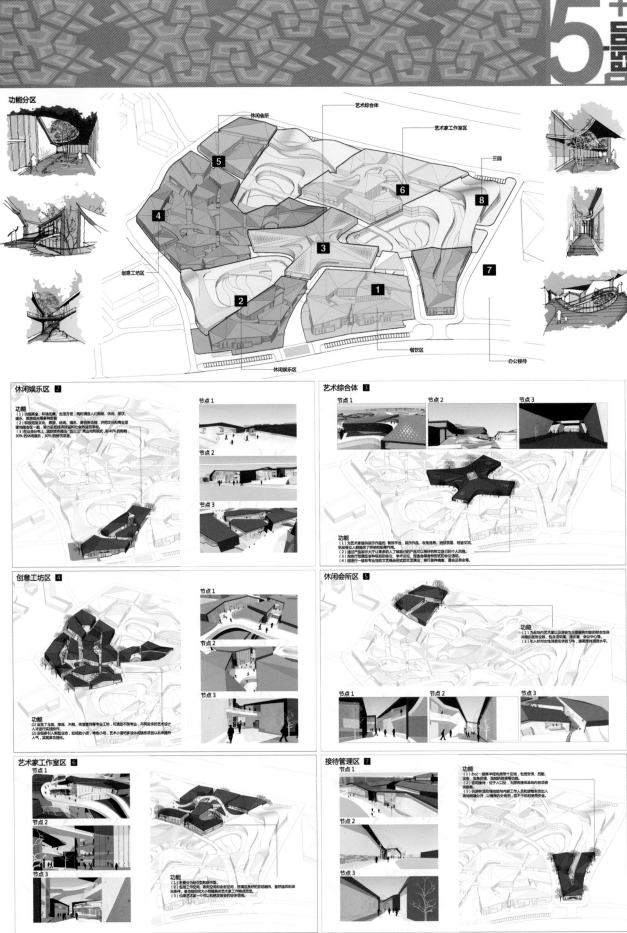

功能分区

休闲会所
艺术综合体
艺术家工作室区
三园
创意工坊区
餐饮区
休闲娱乐区
办公接待

休闲娱乐区 2

功能
（1）功能齐全，环境优美，生活方便，可满足人们购物、休闲、餐饮、娱乐、旅游观光等多种需要。
（2）把旅游和文化、旅游、休闲、美食联合起来，并把文化的高论系密地维系在一起，努力实现经济效益和社会效益双丰收。
（3）商业布分布上，因经销售商品，即"三三"商业构筑模式，即40%的购物、30%的休闲娱乐、30%的餐饮美食。

节点1
节点2
节点3

艺术综合体 3

节点1　节点2　节点3

功能
（1）为艺术家提供展示作品的、有效平台、展示所，收集信息、提供消息、经验交流，拓展受众个人群提供了们搭建的起作用。
（2）通过产品展示大厅主要针对艺术村村可以树村的独立自己的个人风格。
（3）容各可能展出各种展的研会，学术论坛、报告会等等各种形式的会议展出。
（4）组织举行一般专业性的文艺晚会形式的文艺演出，举行各种演出、酒会及聚会等。

创意工坊区 4

节点1
节点2
节点3

功能
（1）设置了玉器、漆器、木雕、珠宝首饰等专业工坊，可请进不同专业、不同层次的艺术设计人才进行驻场创作。
（2）治结多种入驻创业态，如画院小院、特色小院、艺术小院等多设休闲娱乐项目以此来提升人气，实现多功能化。

休闲会所区 5

节点1　节点2　节点3

功能
（1）为园区内艺术家以及游客为主要服务对象的综合性身体休乐服务设施，包含活动室、展示室、会议中等。
（2）引入针对女性消费需求的SPA，提高整体消费水平。

艺术家工作室区 6

节点1
节点2
节点3

功能
（1）主要分为创作范围和创作间。
（2）每间工作空间、既有空间的社会性工作空间，并满足良好的采光角角，自然通风和采光条件。
（3）每间的可以大小根据具体艺术家工作特点而定。
（4）也是艺术家一个可以和朋友聚会的给休空间。

接待管理区 7

节点1
节点2
节点3

功能
（1）办公：服务半径包括整个区域，包括安保、回购、设施、业务管理、园林的维修等功能。
（2）咨询接待：位于入口处，为游客提供最大的内容项资询服务。
（3）供游客活动场地与内部工作人员的管理车流出入场地明确分开，以确保内外有别，及不干扰其使用与安全。

5+ design
5+ 2016
全国五校建筑学专业联合毕业设计

■ 天津城建大学
■ 苏州科技大学
■ 安徽建筑大学
■ 浙江工业大学

195

玉园

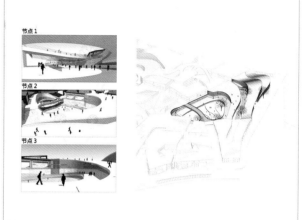

节点1

节点2

节点3

陶园

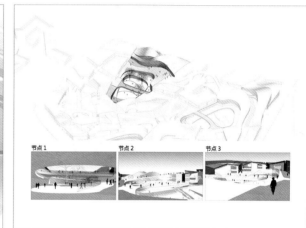

节点1　节点2　节点3

石园

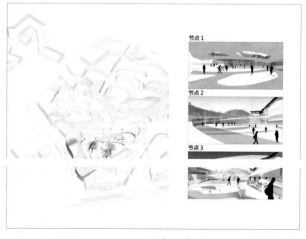

节点1

节点2

节点3

北立面

5+
2016
全国五校建筑学专业联合毕业设计

天津城建大学
苏州科技大学
安徽建筑大学
浙江工业大学

196

艺术综合体

休闲娱乐区

创意工坊区

休闲会所区

艺术家工作室区

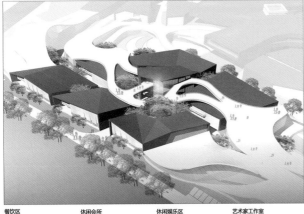

接待管理区

餐饮区
一层建筑面积：3954m²
二层建筑面积：3775m²
三层建筑面积：3221m²
总建筑面积：10950m²
建筑用地面积：5665m²
容积率：1.93
绿化率：19.6%
密度：69.3%

休闲会所
一层建筑面积：1455m²
二层建筑面积：1521m²
总建筑面积：2976m²
建筑用地面积：4001m²
容积率：0.74
绿化率：33.1%
密度：36.3%

休闲娱乐区
一层建筑面积：2497m²
二层建筑面积：2833m²
总建筑面积：5330m²
建筑用地面积：5915m²
容积率：0.9
绿化率：22.6%
密度：42.2%

艺术家工作室
一层建筑面积：4157m²
二层建筑面积：3227m²
三层建筑面积：314m²
总建筑面积：7698m²
建筑用地面积：8902m²
容积率：0.86
绿化率：21.8%
密度：46.7%

艺术综合体
一层建筑面积：1644m²
二层建筑面积：4454m²
三层建筑面积：3004m²
总建筑面积：9012m²
建筑用地面积：5421m²
容积率：1.66
绿化率：11.3%
密度：30.3%

办公接待
一层建筑面积：2119m²
二层建筑面积：1537m²
总建筑面积：3656m²
建筑用地面积：4664m²
容积率：0.78
绿化率：24.3%
密度：51.3%

创意工坊
一层建筑面积：8051m²
二层建筑面积：7235m²
三层建筑面积：1026m²
总建筑面积：16312m²
建筑用地面积：14892m²
容积率：1.10
绿化率：35.4%
密度：49.4%

三园
建筑面积：6322m²
建筑用地面积：28362m²
容积率：0.229
密度：22.9%

南立面

鸟瞰图 3

5+
2016
杭州·万科·良渚文化村玉鸟流苏创意街区规划与建筑设计

全国五校建筑学专业联合毕业设计

天津城建大学
苏州科技大学
安徽建筑大学
浙江工业大学
烟台大学

197

复道行空

巷道

院落

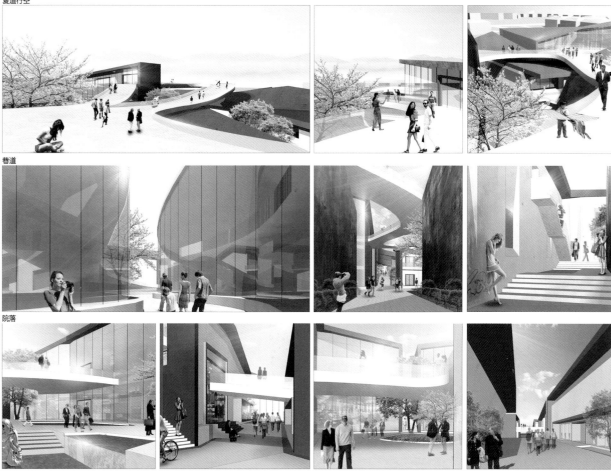

■ 作品名称 三围 ■ 学 校 烟台大学
■ 设 计 者 彭志威 丁琳玲 ■ 指导老师 贾志林

8

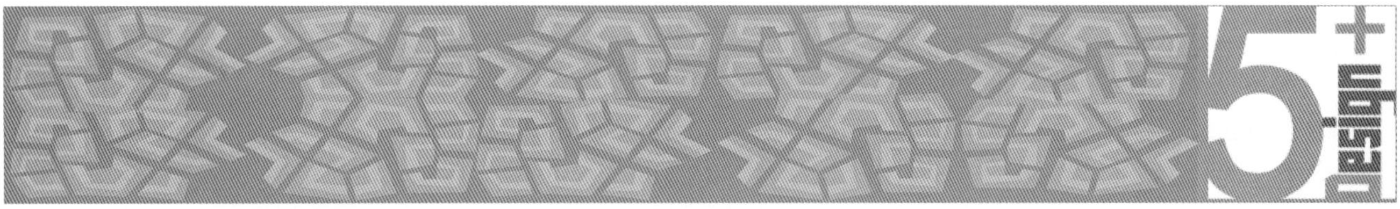

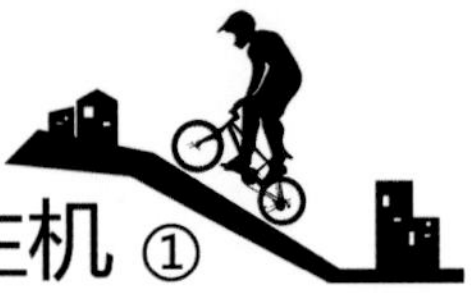

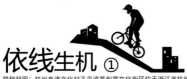

依线生机 ①

规划起因：杭州良渚文化村玉鸟流苏创意文化街区位于浙江省杭州市西北部良渚组团核心区，距离杭州市中心16公里，距离良渚遗址保护区2公里。既紧靠著名的文化遗址，又有距杭州市区中心最近的丘陵绿地和水网平原相结合的生态环境。文化村所在的良渚组团是杭州市“一主三副六组团”发展战略规划中重要组团之一被赋予“北秀”的内涵，是杭州市旅游西进战略的重点项目。

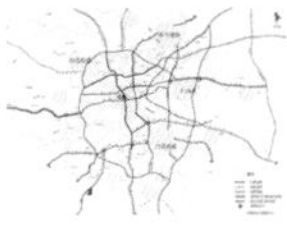

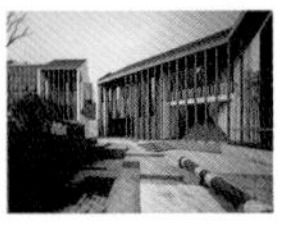

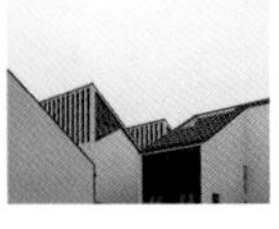

2016为十三五计划的开局之年，推进新型城镇化建设站在新起点，重点放在优化城镇结构。在全国多个城市群中，长三角区位条件优越、经济基础雄厚、城镇体系完整、一体化发展基础较好，是我国综合实力最强的区域。杭州作为长三角地区的核心城市，其发展举足轻重。

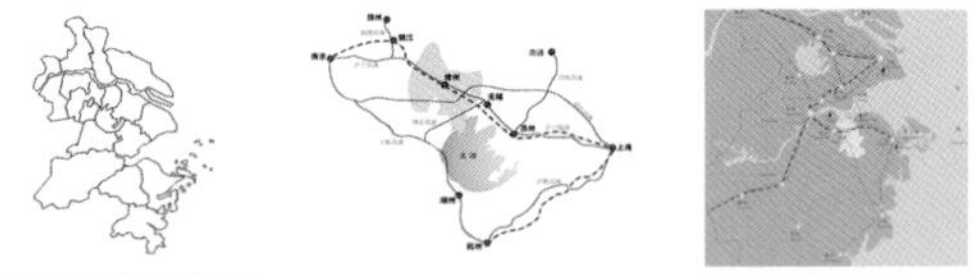

杭州市城市规划发展策略：

《杭州市城市总体规划（2001～2020年）》表述的空间发展思路，是“城市东扩，旅游西进，沿江开发，跨江发展”。

杭州城市空间全方位发展,全方位的城市空间扩展，仍然是以西湖为中心 。

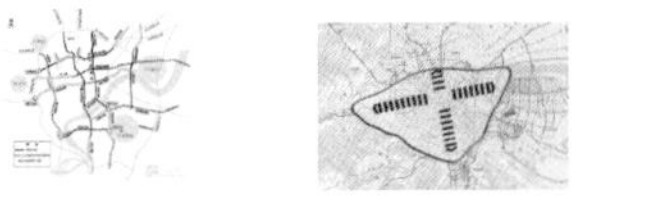

产业布局

杭州市文化创意产业布局的总体思路是：

以“环西湖、环西溪、沿运河、沿钱塘江”为主线，以市级文化创意产业园区为重点，充分发挥各区、县（市）的产业优势和区位特点，积极拓展新兴文化创意产业园区，逐步形成“两圈集聚、两带带动、多组团支撑”的文化创意产业空间新格局，为打造全国文化创意中心提供良好的载体支撑。

区域文化

历史背景：杭州是中国著名的风景旅游和历史文化名城。从新石器时代的萧山跨湖桥文化开始，杭州已有8000年的历史文化积淀。历史上先后在五代吴越国和南宋时期成为都城。

茶文化：茶文化作为名茶之乡的杭州，自古茶肆林立。老龙井产茶，为两山绝品。郡志称宝云、香林、白云诸茶，未若龙井茶之清馥隽永也。”

丝绸文化：丝绸文化杭州素有“丝绸之府”的美誉,距今四千七百年的良渚出土丝织物就已揭示了杭州丝绸的历史之久。

佛教文化：杭州自古有“东南佛国”之称，佛寺、道观加上大量民间祠庙，以及始于南宋并在元代以后形成规模的伊斯兰教的传播，

为杭州历史文化充实了内涵，留下了丰富多彩的艺术情趣。

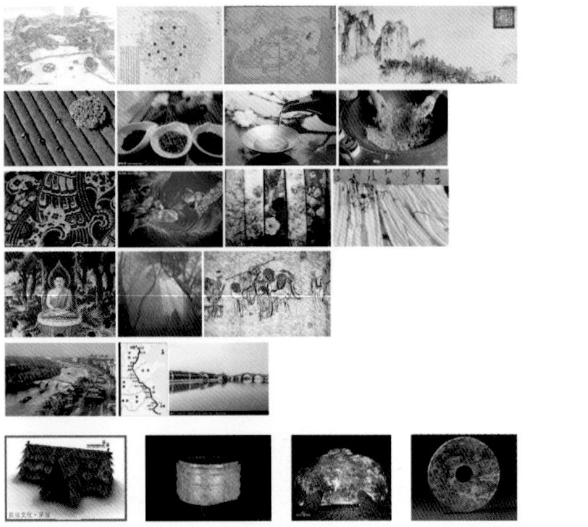

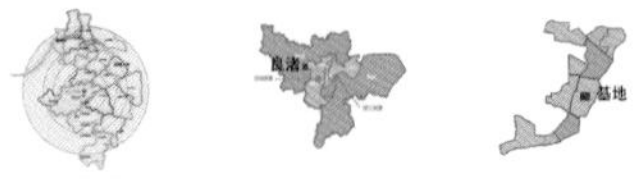

杭州市城市结构与基地关系：

本方案地块位于良渚镇区西南角大美丽洲区域，距离良渚镇中心区域约2公里。

该地区以良渚文化遗址为依托，以良渚文化深厚内涵和自然环境优势为基础，致力于发展文化休闲旅游业、文化会展业和时尚消费业。是杭州市十大创意产业基地之一。

杭州市区域交通与基地关系：

城市交通路网　　道路交通和轨道交通　　区域交通概述

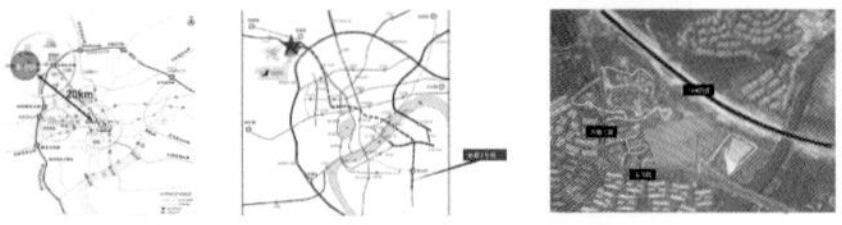

杭州良渚文化村玉鸟流苏街区位于京杭高速旁地块东北面为104国道，向东经良渚镇通向杭州市区，向西连接德向四车道，是该区域的交通主干道。基地南面双向四车道，两侧有绿化带隔离的非机动车道及人行道，是基地与外界通行的主要道路。

余杭区域生态环境：

良渚组团区域风景优美，自然条件得天独厚。天目山余脉和东笤溪、京杭大运河支流贯穿其中基地。

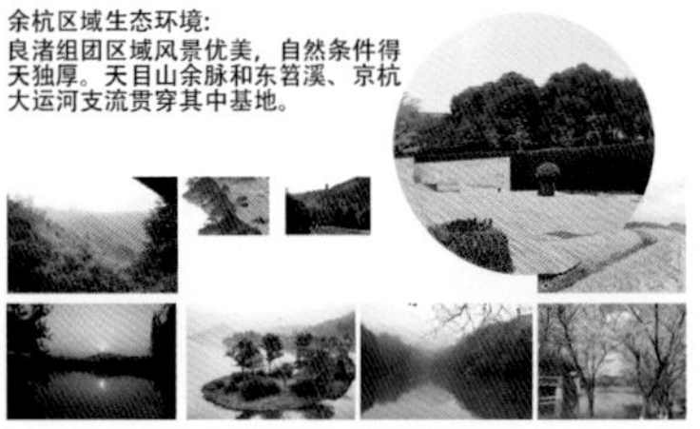

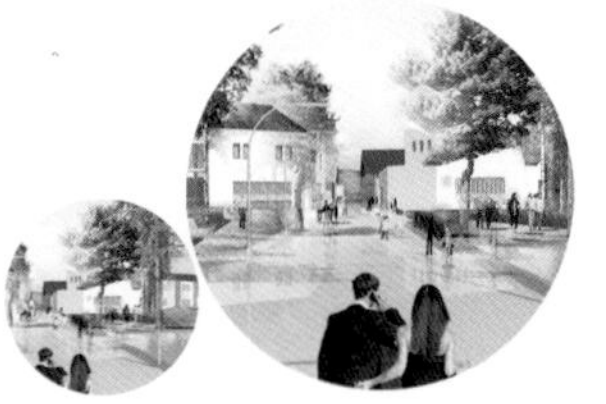

区域经济

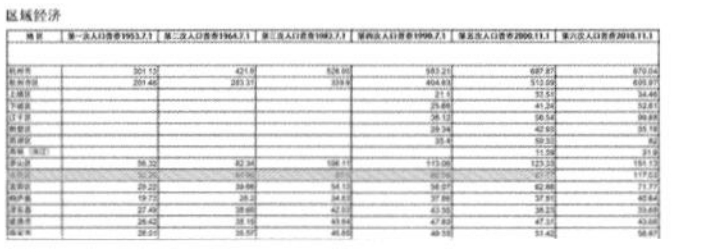

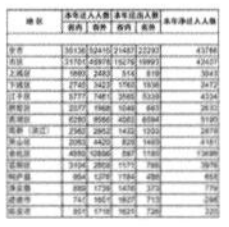

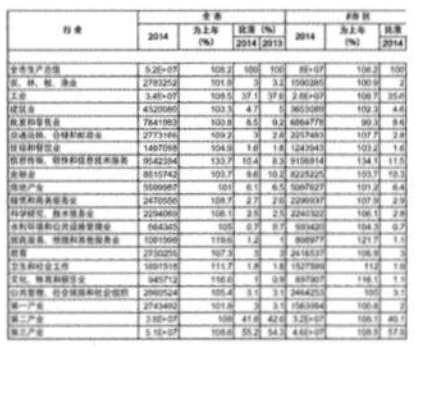

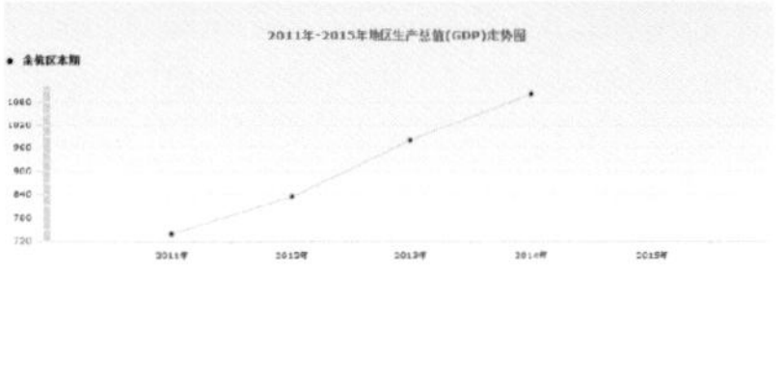

地区	生产总值	第一产业	第二产业	第三产业	工业	建筑业	户籍人口人均GDP（元）	常住人口人均GDP（元）
全市	9.2E+07	2743492	3.8E+07	5.1E+07	3.4E+07	4E+06	129448	103813
市区	8E+07	1563084	3.2E+07	4.6E+07	2.8E+07	4E+06	153152	112322
#上城区	8005940	-	3555001	4450938	3369525	185477	242715	227441
下城区	6898798	-	507846	6390952	204456	303442	169963	129470
江干区	4566848	5573	1333886	3227389	636701	697362	119598	65120
拱墅区	3939940	-	989683	2950257	806021	183717	121772	69919
西湖区	8020086	42407	1058316	6919363	624695	433881	125373	99666
高新（滨江）	6930324	17074	3680504	3232746	3499731	180863	372498	211484
萧山区	1.7E+07	615991	9282655	7377691	8526903	758368	138255	112286
余杭区	1.1E+07	455424	4412453	6144452	4008284	406179	120439	91279
富阳区	6014722	399288	3165902	2449532	2917814	250999	90809	82751
桐庐县	3061292	217826	1721284	1122181	1556780	166296	75186	74484
淳安县	1920615	301077	762658	856881	582588	180802	41912	56158
建德市	2989338	286495	1612988	1089854	1471828	142406	58695	68312
临安市	4316686	375008	2338814	1602864	2162550	177487	81701	75053

全年经济“稳开高走、质效提升、转型加快、民生改善”发展中三大需求增长乏力、新旧动力转换尚需时日、资源要素制约加剧等问题和矛盾依然存在，经济仍存在下行压力。

结论：

通过分析统计数据可以知道，余杭区经济飞速增长，其中第三产业所占的比重和增幅远远超过第一和第二产业，因此若要考虑创意街区的经济效益，则应把目光放在第三产业上，这在一定程度上决定了建筑类型。

地区、行业	就业人员年平均人数		在岗职工年平均人数		其他就业人员年平均人数	
	合计	#非私营单位	合计	#非私营单位	合计	#非私营单位
全市	4E+06	2864164	4E+06	2683190	297453	180974
市区	4E+06	2649012	4E+06	2478017	275707	170995
#上城区	257929	201707	232959	179551	24970	22156
下城区	270562	227946	254819	215691	15743	12255
江干区	387514	212509	324513	196030	63001	16479
拱墅区	346157	179671	318358	159692	27799	19979
西湖区	617080	504799	563663	465173	53417	39626
高新（滨江）区	273679	204467	264263	196491	9416	7976
萧山区	902059	550846	876586	535740	25473	15106
余杭区	443636	235420	430170	228972	13466	6448
富阳区	241114	119584	224376	111863	16738	7721
桐庐县	97672	43124	91179	40561	6493	2563
淳安县	62582	38137	57089	36335	5493	1802
建德市	78088	44765	73330	42837	4758	1928
临安市	156927	89126	151925	85440	5002	3686
按国民经济行业分组						
农、林、牧、渔业	1076	1076	1055	1055	21	21
采矿业	3043	1483	2917	1370	126	113
制造业	1E+06	712367	1E+06	702872	15580	9495
电力、热力、燃气及水生产和供应	22697	21259	22182	20762	515	497
建筑业	2E+06	806773	1E+06	723206	182392	83567
批发和零售业	263700	184235	253764	176129	9936	8106
交通运输、仓储和邮政业	136364	114376	133255	111949	3109	2427
住宿和餐饮业	104294	69706	92917	59367	11377	10339
信息传输、软件和信息技术服务业	132325	102484	131179	101831	1146	653
金融业	95179	94033	87119	86065	8060	7966
房地产业	118627	93430	113078	89329	5549	4101
租赁和商务服务业	138693	97824	130629	91708	8064	6116
科学研究、技术服务业	109420	84240	101788	78259	7632	5981
水利、环境和公共设施管理业	45897	32655	42148	29817	3749	2838
居民服务、修理和其他服务业	24518	14383	23281	13791	1237	592
教育	180239	174594	165280	159890	14959	14704
卫生和社会工作	106159	101806	94098	90146	12061	11660
文化、体育和娱乐业	25754	22727	20681	17798	5073	4929

区域功能分析

基于对杭州市经济发展脉络的深入解读，综合研究区域发展格局，统筹比较其发展趋势与不足，本着与杭州市和余杭区发展定位相结合的原则，有利于良渚文化村和周边街区经济增长的原则，有利于增加常驻人口，提升地区活力的原则，将本区建成自主创新推动，产业集群发展，生态环境良好的街区。

玉鸟流苏街区功能定位：

创新，产业，生态——研发中心，服务业基地，工作生活居住区——创客中心

相关政策解读

为抢抓创意经济时代所赋予的历史机遇，充分发挥杭州的文化优势、人才优势、市场优势和产业优势，杭州市委、市政府于2007年提出了打造全国文化创意产业中心的战略目标。

《杭州市“十二五”文化创意产业发展规划》是今后一段时期推动我市文化创意产业科学、健康、快速发展的指导性文件。

到2015年的具体目标是：

全市文化创意产业增加值在GDP中的占比力争达到15%左右。

限额以上文化创意企业就业人数以年均10%左右的速度递增。

核心层在文化创意产业增加值中占比达70%左右。

方案设计背景：本着与杭州市和余杭区发展定位相结合的原则，有利于良渚文化村和周边街区经济增长的原则，有利于增加常驻人口，提升地区活力的原则将本区建成自主创新推动，产业集群发展，生态环境良好的街区。玉鸟流苏街区功能定位：创新，产业，生态——研发中心，服务业基地，工作生活居住区——创客中心 。

现状分析及上位规划解读：良渚文化村”总占地面积约为11000亩（约8平方公里），由万科南都房产集团投资的是一个以生态、观景、人文名胜、休闲游乐与人居为定位的功能完整、形态丰富的泛旅游城镇。良渚文化博物馆以及良渚圣地公园构成了良渚文化村的精神内核，良渚国际度假酒店、玉鸟流苏商业街区则充分展现了小镇商业、休闲和娱乐的多元与丰富，集中了齐欣、张雷等前卫建筑师作品的玉鸟流苏创意街区一期已于2008年完工。

■ 作 品 名 称　依线生机　　■ 学　　校　烟台大学
■ 设　计　者　王楠 曹永青　　■ 指 导 老 师　任彦涛

全国五校建筑学专业联合毕业设计

杭州·万科·良渚文化村玉鸟流苏创意街区规划与建筑设计

天津城建大学
苏州科技大学
安徽建筑大学
浙江工业大学
烟台大学

199

相关文创区研究

纽约SOHO艺术区：世界十大创意产业区之一
园区产业定位：
1. 以艺术品经营为主体
2. 时尚产业为为特色
园区经验：工业建筑改造保留独特建筑风貌
非政府组织对建筑的存留起着重要作用

台湾1914：园区经验
城市中心怀旧的建筑，实现新与旧的结合
多种多类的表演和活动
以酷和玩为主，吸引大量人流
众多明星在园区开设店铺吸引顾客

纽韩国henri艺术村：世界十大创意艺术区之一
园区经验：具有艺术气息的不同风格的建筑成为重要吸引力
全年无休的艺术活动吸引了大量的人流
艺术全产业链模式，产业研一体化
政府的政策支持

北京798：2008北京奥运文化旅游景点
经验：从昔日盛极而衰的国营电子厂
到今日举世瞩目的民间艺术区
艺术区的发展最初的艺术实验发展到商业

共性：
准确的发展定位
良好的交通区位
丰富的景观优势
功能的多元综合
容积率相对较低

基地现状

纽约SOHO区
韩国Henri艺术村
台湾毕业华1914

杭州良渚文化村玉鸟流苏创意街区将会成为怎样的街区？

功能复合　　科技引领　　文化产业

一、任务书
设计位于著名的良渚文化发源地，周边具有与历史环境相协调的文化创意产业街区。"良渚文化村"总占地面积约为11000亩（约8平方公里），由万科南都房房产集团投资的是一个以生态、观景、人文名胜、休闲游乐与人居为定位的功能完整、形态丰富的泛旅游城镇。良渚文化博物馆以及良渚圣地公园构成了良渚文化的精神内核，良渚国际度假酒店、玉鸟流苏商业街区则充分展现了小镇商业、休闲和娱乐的多元与丰富，集中了齐欣、张雷等前卫建筑师作品的玉鸟流苏创意街区一期已于2008年完工。

二、前期调研
根据开发商创意设想进行业态研究和市场分析，针对调研信息、市场需求和当前楼市状况提出开发策略。此外，研究当地历史与地域环境，能够在调查研究的基础上对基地文脉传承及表达方式提出自己的见解。
首先对建设基地及周边环境以及整个良渚文化村、杭州楼市进行调研，做出区位分析、基地环境分析、社会需求分析及楼市经济效益分析，确定功能业态。

三、方案要求
1. 城市设计：对建设用地进行整体规划设计，包括功能设定、功能分区、建筑形态与空间设计、交通组织（含停车）、景观空间设计。
2. 建筑设计：自选50%以上建筑面积的完整建筑组团进行创意街区群体建筑设计及内外空间与景观设计。

四、工程要求
城市设计层面：
学习城市设计理论与方法，理解城市形态与建筑类型的关系，探讨建设项目之功能分区、交通组织、景观环境处理的规划策略，掌握建筑聚落中空间、路径、边界、地区、节点、地标等的关系和处理方法，在聚落规划设计中为街区注入新的活力。

建筑设计层面：
掌握现代中式聚落类建筑设计的基本原理与规律，掌握建筑尺度与体量的控制方法，探讨商业、文化创意类建筑性格的表达及其设计语言与手法。掌握在特殊地段进行建筑创新的方法，加深理解建筑与区域、历史、社会、文化、环境的关联性，让建筑与社区生活相融合。

五、设计题目分析
为了尽快融入社会，让学生在低端的建筑设计市场中具有竞争能力，本毕设要求学生根据开发商创意设想进行业态研究和市场分析，针对调研信息、市场需求和当前楼市状况提出开发策略。此外，研究当地历史与地域环境，能够在调查研究的基础上对基地文脉传承及表达方式提出自己的见解。

六、经济技术指标
总用地78818 m²，为创意街区建设用地
规划容积率0.40~1.00
建筑限高20m，
绿地率不小于30%
停车位≥100
本工程可设地下停车及附属用房

七、成果要求
1. 本项目对于营运空间、办公空间、交流空间、共享空间、居住空间和服务空间有很高的品质要求，在设计中要营造多层次的、丰富的、可体验的人居空间。有活力、有鲜明特色的街区空间。
2. 必须考虑周边环境，建筑布局符合《杭州市城市规划管理技术规定》，车行、步行交通流线合理，停车位符合《杭州市城市建筑工程机动车停车位配建标准实施细则》，并符合消防等有关规范，景观环境优美，绿化设计符合《杭州市城市绿化管理条例》，总体布局合理。

建筑及环境设计阶段
不少于地上10000m²的完整建筑组团进行建筑设计。

二心 二轴 三区 六片　　Area&Index

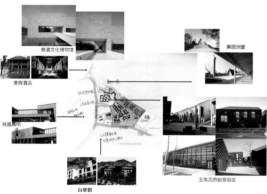

良渚文化博物馆
美丽洲堂
度假酒店
陆园墨旺
玉鸟流苏蓉旺区
白鹭郡

中期模型

中期方案意向

依线生机②

■ 作品名称　依线生机
■ 设计者　王楠 曹永青
■ 学校　烟台大学
■ 指导老师　任鹰涛

5+ 2016
全国五校建筑学专业联合毕业设计

棉纺 万科 嘉德文化创意产业苏州创意街区规划与建筑设计

天津城建大学
苏州科技大学
浙江工业大学
安徽建筑大学
烟台大学

200

总平面图

依线生机 ③

■ 作品名称　依线生机　　　■ 学校　烟台大学
■ 设计者　王楠 曹永青　　　■ 指导老师　任彦涛

依线生机 ④

5+design

5+2016
全国五校建筑学专业联合毕业设计
杭州·万科·良渚文化和玉鸟流苏创意街区规划与建筑设计

天津城建大学
苏州科技大学
安徽建筑大学
浙江工业大学
烟台大学

201

■ 规划生成

对于场地，结合周围玉鸟流苏街区和文化艺术中心，提出概念想法。

提出两套轴网，一套为延续周围建筑轴网，其次为山景水景的渗透，形成视线通廊。

在此基础上规划场地内主要街道轴网，形成两条主要轴线。

街道将场地分为若干区，确定主要街道，提高场地整体性，将分区串联。

进一步细化组团内部街道，以10m、8m、6m街道尺度，并提高组团间的联系。

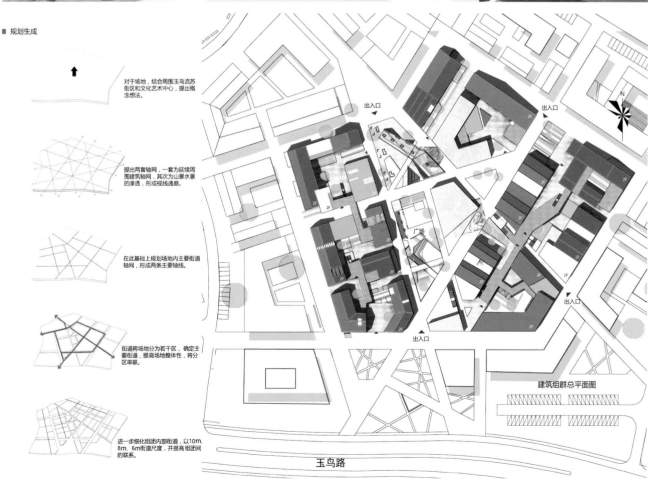

建筑组群总平面图

玉鸟路

■ 作品名称　依线生机　　　　　　■ 学　校　烟台大学
■ 设 计 者　王楠 曹永青　　　　　■ 指导老师　任彦涛

4

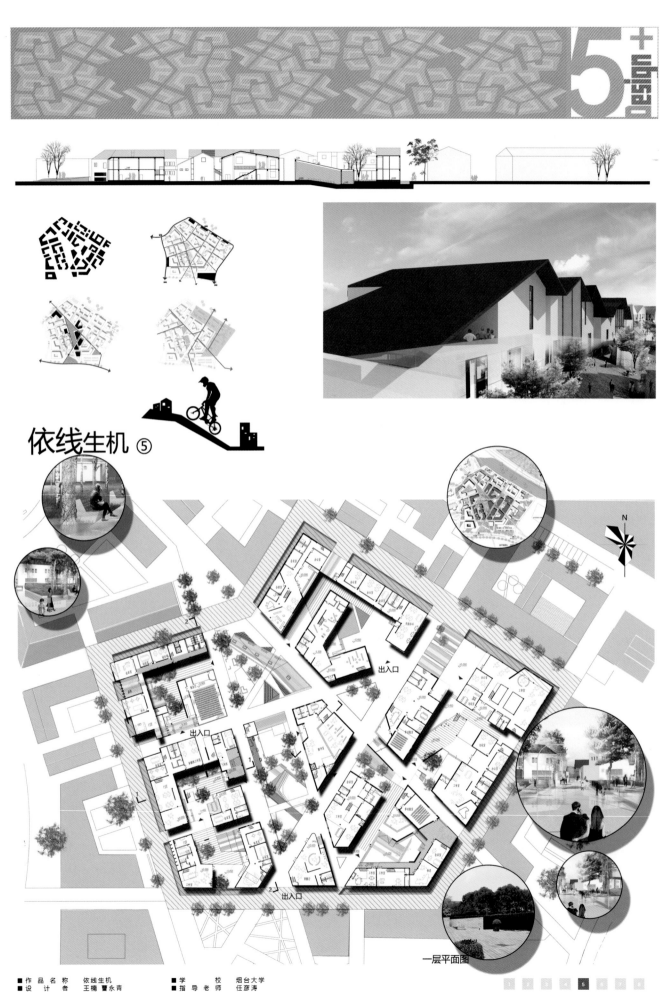

5+design

2016
全国五校建筑学专业联合毕业设计

天津城建大学
苏州科技大学
安徽建筑大学

浙江工业大学

202

依线生机 ⑤

出入口

出入口

出入口

N

一层平面图

■ 作 品 名 称　依线生机　　　　■ 学　　　校　烟台大学
■ 设 计 者　王楠 曹永青　　　　■ 指导老师　任彦涛

5 +design
+
5 2016
+
全国五校建筑学专业联合毕业设计

天津城建大学
苏州科技大学
浙江工业大学
安徽建筑大学
烟台大学

203

设计说明

总体规划结合周边建筑以及山景水景的渗透，提出线性发散的想法，以"依线生机"为概念，将场地分为几个地块，合理安排不同功能分区，提高活力并发散影响整个片区活力。

总平面设计

在本次规划中，通过前期调研确定人流集中处，将场地南侧与玉鸟路相邻面设计为主要人行车行出入口，场地周围形成车行环路，内部为人行交通。对于整个场地内部，结合北侧已有玉鸟流苏的步行街轴线，将此轴线在场地内延续，出现第一条线。其次考虑玉鸟路与东侧山景的视线呼应，形成第二条线——视线通廊。以两条轴线向场地四周发散，将场地分为多个建筑组群。轴线相交处形成活力空间——广场或绿地、水景，提高整体活力，并渗透在场地中。

三层平面图

二层平面图

依线生机 ⑥

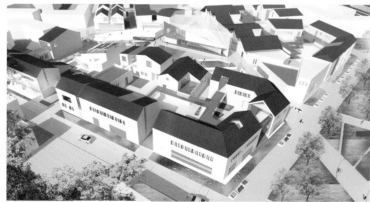

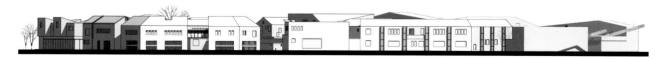

5+
2016
全国五校建筑学专业联合毕业设计

杭州·万科
南屏文化街区苏州河区域规划与城市设计

天津城建大学
苏州科技大学
安徽建筑大学
浙江工业大学

204

依线生机 ⑦

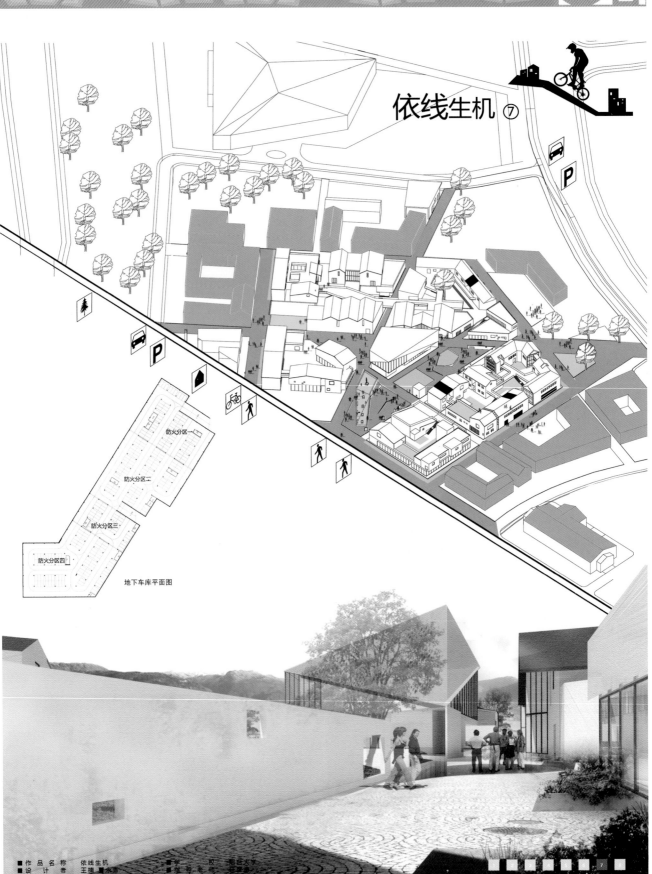

防火分区一
防火分区二
防火分区三
防火分区四

地下车库平面图

■作品名称 依线生机　　■学　　校 浙江大学
■设　　计 王楠　永清　　■指导老师 杨毅

5+design
2016
全国五校建筑学专业联合毕业设计

杭州·万科·良渚文化村五期流苏创意街区规划与建筑设计

天津城建大学
苏州科技大学
安徽建筑大学
浙江工业大学
烟台大学

205

规划分为工作区、商业区和生活区。商业区靠近菜市场，生活区设置在场地东北侧，以山景为景观面。对于基地内街道分为10m、8m、6m的街巷等级，外环为车行道，内部设置为人行街巷，将人流、车流分开。其次借鉴传统街巷组团，组团内部设置庭院，庭院之间相互联系，将整个场地内绿化成一体系。

依线生机 ⑧

作品名称　依线生机　　学校　烟台大学
设计者　王楠 曹永青　　指导老师　任壁涛

5+design
2016
全国五校建筑学专业联合毕业设计

天津城建大学
苏州科技大学
安徽建筑大学
浙江工业大学

206

区域特点分析

文化/良渚

良渚文化是一支分布在中国东南地区太湖流域的新石器文化类型，代表遗址为良渚遗址，距今5300～4500年左右。良渚文化分布的中心地区在太湖流域，而遗址分布最密集的地区则在太湖流域的东北部、东部和东南部。该文化遗址最大特色是所出土的玉器。挖掘自墓葬中的玉器包含有璧、琮、钺、璜、冠形器、三叉形玉器、玉镯、玉管、玉珠、玉坠、柱形玉器、锥形玉器、玉带及环等；另外，陶器也相当细致。

生态/西湖

西湖，位于浙江省杭州市西面，是中国大陆首批国家重点风景名胜区和中国十大风景名胜之一。它是中国大陆主要的观赏性淡水湖泊之一，也是现今《世界遗产名录》中少数几个和中国唯一一个湖泊类文化遗产。西湖三面环山，面积约6.39 km²，东西宽约2.8 km，南北长约3.2 km，绕湖一周近15 km。
湖中被孤山、白堤、苏堤、杨公堤分隔，按面积大小分别为外西湖、西里湖、北里湖、小南湖及岳湖等五片水面，苏堤、白堤越过湖面，小瀛洲、湖心亭、阮公墩三个小岛鼎立于外西湖湖心，夕照山的雷峰塔与宝石山的保俶塔隔湖相映，由此形成了"一山、二塔、三岛、三堤、五湖"的基本格局。

运河/钱塘江

杭州有着江、河、湖、山交融的自然环境。全市丘陵山地占总面积的65.6%，平原占26.4%，江、河、湖、水库占8%，世界上最长的人工运河—京杭大运河和以大涌潮闻名的钱塘江穿过。钱塘江是浙江省最大河流，是宋代两浙路的命名来源，也是明初浙江省成立时的省名来源。以北源新安江起算，河长588.73km；以南源衢江上游马金溪起算，河长522.22km。自源头起，流经今安徽省南部和浙江省，流域面积55058 km²，经杭州湾注入东海。钱塘江潮被誉为"天下第一潮"，是世界一大自然奇观，它是天体引力和地球自转的离心作用，加上杭州湾喇叭口的特殊地形所造成的特大涌潮。

5+
design+

5+
2016
杭州 万科 良渚文化村西区块及创意街区规划与建筑设计

全国五校建筑学专业联合毕业设计

天津城建大学
苏州科技大学
浙江工业大学
安徽建筑大学
烟台大学

207

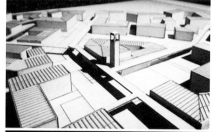

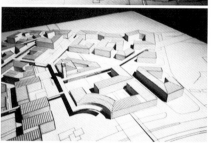

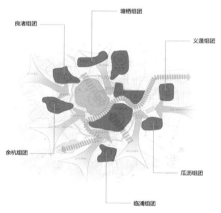

塘栖组团
良渚组团
义蓬组团
余杭组团
瓜沥组团
临浦组团

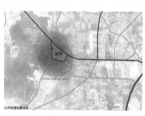
公共交通便捷高效

区位分析　环境、历史和经济背景

杭州市，简称杭，浙江省省会，位于中国东南沿海、浙江省北部、钱塘江下游、京杭大运河南端，是浙江省的政治、经济、文化和金融中心，中国七大古都之一，中国重要的电子商务中心之一。

杭州以风景秀丽著称，素有"人间天堂"的美誉。市内人文古迹众多，西湖及其周边有大量的自然及人文景观遗迹。　杭州是吴越文化的发源地之一，历史文化积淀深厚。其中主要代表性的独特文化有良渚文化、丝绸文化、茶文化、以及流传下来的许多故事传说成为杭州文化代表。

城市总体布局
城市布局形态为从以旧城为核心的团块状布局，转变为以钱塘江为轴线的跨江、沿江，网络化组团式布局。
采用点轴结合的拓展方式，组团之间保留必要的绿色生态开敞空间，形成"一主三副、双心双轴、六大组团、六条生态带"开放式空间结构模式。

中心城区：
即一主三副，由主城、江南城、临平城和下沙城组成。承担生活居住、行政办公、商业金融、旅游服务、科技教育、文化娱乐、都市型和高新技术产业功能。逐步形成体现杭州城市形象的主体区域。

六大组团：
分成北片和南片，北片由塘栖、良渚和余杭组团组成，南片由义蓬、瓜沥和临浦组团组成。吸纳中心城区人口及产业等功能的扩散，形成相对独立、各具特色、功能齐全、职住平衡、设施完善、环境优美的组合城镇。

六条生态带：
在各组团之间、组团与中心城区之间，利用自然山体、水体、绿地（农田）等形成绿色开敞空间，划定生态敏感区，避免城市连片发展而影响生态、景观和城市整体环境水平。

美丽洲教堂

商业街

良渚文化博物馆

商业街

幼儿园

村民食堂

市场

良渚文化中心

■ 作品名称　生态·村落
■ 设计者　王森 侯岳申
■ 学　　校　烟台大学
■ 指导老师　隋杰礼

5+
2016
杭州·万科·良渚文化村玉鸟流苏创意街区规划与建筑设计

全国五校建筑学专业联合毕业设计

天津城建大学
苏州科技大学
浙江工业大学
安徽建筑大学
烟台大学

208

将传统手工业与现代技术产业融合，着力打造文化体验、生态观光、休闲娱乐"三位一体"的旅游发展新模式。

本项目用地位于玉鸟流苏地块中部空地，其西北为已建创意街区一期（齐欣、张雷设计），东北为城市绿地，东侧为已建文化中心（安藤忠雄设计），南侧贴临城市道路，西侧为停车场、食街菜场和公交车站，总用地78 818m²，为创意街区建设用地，规划容积率0.67，建筑限高20m，功能含商业、餐饮、休闲、接待、办公及居住等；绿地率达37%左右。考虑到远处的山体景观，在设计的过程中有意将景观视野引向山体，形成景观轴线，其次在主次入口的选择上充分考虑到周边建筑的功能属性以及未来的发展可能性所带来的人流问题，故将主入口设在基地南端，并在人流密集处设置出入口。

周边建筑图底关系

景观轴线的生成

周边功能分布

主次入口的生成

人流流向图

■ 作品名称　生态·村落　　　■ 学　　校　烟台大学
■ 设计者　王淼 侯岳申　　　■ 指导老师　靳杰礼

3

5+
2016
杭州·万科·良渚文化村玉鸟流苏创意街区规划与建筑设计
全国五校建筑学专业联合毕业设计

天津城建大学
苏州科技大学
安徽建筑大学
浙江工业大学
烟台大学

Z09

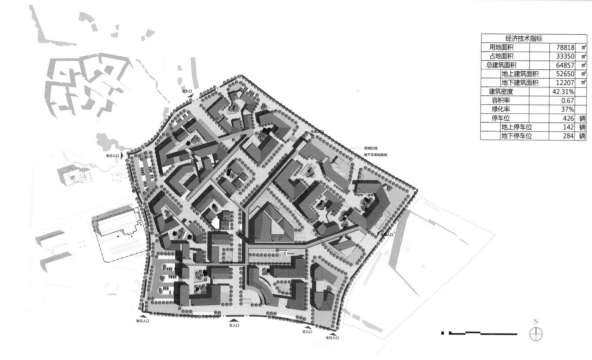

经济技术指标		
用地面积	78818	㎡
占地面积	33350	㎡
总建筑面积	64857	㎡
地上建筑面积	52650	㎡
地下建筑面积	12207	㎡
建筑密度	42.31%	
容积率	0.67	
绿化率	37%	
停车位	426	辆
地上停车位	142	辆
地下停车位	284	辆

总平面图 1:1500

策略性商业功能

市场定位

市场街巷图

业态分析 商人

基地业态功能面积配比

院落效果图

业态分析 游人

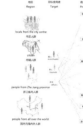

功能分布图

作坊街巷图

■ 作品名称　生态·村落
■ 设计者　王森 侯岳申
■ 学　校　烟台大学
■ 指导老师　隋杰礼

4

5+ 竞赛
2016
全国五校建筑学专业联合毕业设计

天津城建大学
苏州科技大学
安徽建筑大学
浙江工业大学

210

5+design

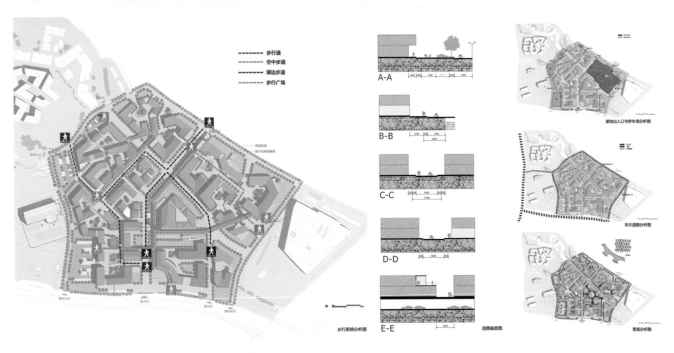

步行道
空中步道
湖边步道
步行广场

A-A

B-B

C-C

D-D

E-E

步行系统分析图

道路截面图

基地出入口与停车场分析图

车行道路分析图

景观分析图

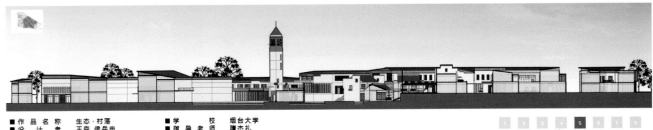

■ 作品名称　生态·村落　　　　■ 学　校　烟台大学
■ 设 计 者　王森 侯岳申　　　　■ 指导老师　隋杰礼

5

总平面图

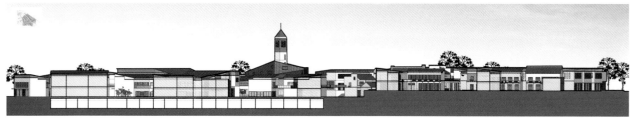

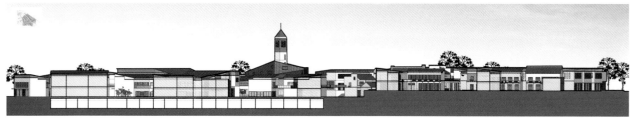

设计说明

一、结构组织

基地的主入口设在基地南侧的玉鸟路，商住区入口一个于玉鸟路延长线东侧，另一个设于基地北侧，商业步行街入口与基地主入口相连。商住区内部道路以南北向纵向通路为主，次要道路穿插东西横向，停车场和交汇点布置小广场形态，空间序列具有较强的内敛核心作用。商业步行街位于区域内东侧位置，贯穿东西横向，以场地中心文化展览中心为形态核心具有较强的内敛核心作用。建筑单体沿通路两侧错落排列，不同面积标准的建筑按节状分布，与南北向蜿蜒流过的水流形成合功的搭配，使建筑院落与水景相得益彰，增添了丰富的诗情画意和灵秀之气。

二、功能分区

项目规划主要由"手工作坊区"、"商业步行街"和"商务办公"三个功能片区组成，杭州地方民居形式分为"一正一厢"、"一正两厢"、"一正两厢一照壁"和"四合院"等几种，当地民居建筑风格与江南水乡的徽派建筑风格有极大的相似性，故在规划形态时，以有机的建筑形态，整合自由曲折的流水，点缀形态丰富的小桥，充分体现了江南水乡文化的意境和情趣。营造出热烈丰富的商业氛围和宁静雅致的居住环境。根据需要，在各个功能分区别规划设置了必要的车辆停放场所，成为街道和环境空间上的必要节点。

三、道路交通规划

1、基地内道路按双向行驶设计，车辆原则上集中停放于停车场，日常以步行游览为主，原则上不占用组团内部道路，特殊情况下，消防车、救护车可顺畅到达区内任何位置。

2、规划区内道路与建筑的空间尺度，按照1:1.5～1:2的间距控制，充分满足日照要求和街坊景观比例关系。

3、综合考虑建筑物高度，人流活动空间尺度和车辆通行宽度，对组团内道路宽度按6m设置，消防环道按4m设置，在住区内主要入口部分按不同要求适当扩大空间尺度。

四、建筑群体布置与设计

1、建筑类型与特征：建筑类型有居住建筑、公共建筑和商住复合建筑三种，建筑群体呈现单体式和街坊式两类，按照地方传统民居和现代民居住建筑设计理念进行设计，建筑单体充分考虑使用功能要素，均偏东西向为主要朝向，基本保证所有房间有较好的日照要求。

2、建筑形象塑造：继承民居传统建筑形态和体型尺度，采用仿木、砖瓦结构形态，在屋顶采用斜坡瓦顶式，山墙而采用穿梁马头封火悬墙形式，体现传统砖木技术的美感，建筑外墙色彩采用白色外墙涂料加以粉饰，并以吉祥图案和符号以点缀和装饰。

五、景观绿化规划

A、街道与建筑景观规划

1、景观系统规划重点在于尊重和继承传统民居的街巷形态，使商住区和作坊区形成不同的街坊式景观。

2、景观系统规划，严格控制建筑体量，沿街、沿河道对建筑进行错位和退台，控制和协调建筑形态尺度与色彩，在统一规划下，对使用功能进行弹性分配，使建筑高低错落，前后退让，绿化景观穿插其中，建筑与景观融为一体。

B、水景和绿地系统

1、规划区内的水景系统由沟、渠、池共同构成。水沟主要沿次要街巷和区域边界分布，汇合后形成较大的水渠，形成中心水源景观。

2、绿地系统主要由集中绿地，街巷绿地带和院落绿地点构成，形成"点、线、面"的格局。面状绿地主要分布于规划区主入口处、各边临区核心广场、停车场周边；带状绿化区主要分布于建筑沿街沿路一侧，在统一规划下，按重点部位、重点处理的原则进行设计，达到步随景移的效果。点状绿化主要分布于单体建筑的后院，用于私秘空间，用户可根据自身要求，适当调整绿化配置。

3、植物配置以混合式为规划原则，树种以当地常绿植物为主，上层空间以常绿阔叶林木遮蔽，中层空间以灌木为点缀，下层地面以草坪绿化覆盖。

■ 作品名称　生态·村落　　　　■ 学　　校　烟台大学
■ 设计者　王森 侯岳申　　　■ 指导老师　隋杰礼

5+design
2016

Z11

6

5+

2016

全国五校建筑学专业联合毕业设计

天津城建大学
苏州科技大学
安徽建筑大学
浙江工业大学

5+
design

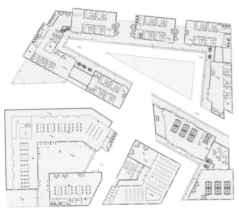

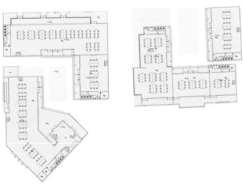

一层平面图

墙身防水大样

地下室防水大样

屋面变形缝大样

■作品名称　生态·村落　　　■学　校　烟台大学
■设计者　王森　侯岳申　　　■指导老师　隋杰礼

5+
design

5+
2016
全国五校建筑学专业联合毕业设计

天津城建大学
苏州科技大学
安徽建筑大学
浙江工业大学

213

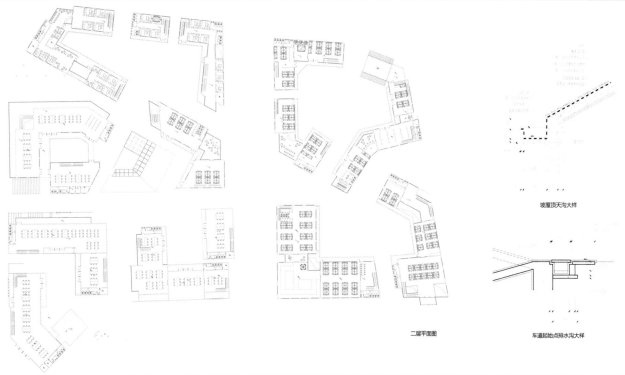

坡屋顶天沟大样

二层平面图

车道起始点排水沟大样

活动大事记

第二届全国五校建筑学专业联合毕业设计系列活动于 2015 年 12 月到 2016 年 6 月如期举办。来自安徽建筑大学、天津城建大学、苏州科技大学、烟台大学和浙江工业大学的五所院校的部分师生参加了本次活动。今年的毕设安排呼应国家"卓越工程师"计划，针对当前建筑行业社会需求发生的变化，推出了"N+1"的毕业设计教学模式，即"多所院校 + 一个当地建筑行业机构"。本年度的"甲方"是浙江万科南都房地产开发有限公司，选址为杭州良渚文化村玉鸟流苏街区。从预备阶段、基地调研、城市设计、中期答辩、建筑设计到终期答辩，本次联合毕设总体分为六大阶段，如表 1-1：

表 1-1　　2016 联合毕设总体安排

阶段	时间	工作内容	地点
预备阶段	2015年12月12日	筹备组会议： 1、建设用地现场踏勘； 2、讨论设计任务书，安排具体工作时间及内容。	杭州
第一阶段	2016年3月4~9日	基地调研、开题汇报； 1、讲解规划条件及调研要求； 2、基地现场调研，杭州楼盘调研、市场需求调研，杭州建筑考察； 3、完成现场调研及项目定位报告，以PPT形式进行成果汇报； 4、相关讲座。	杭州
第二阶段	2016年3月、4月	各校自行安排讲课、收集案例、分析整理、理念构思、规划方案设计。	各自学校
第三阶段	2016年4月22~24日	中期答辩及交流： 1、各校中间成果展示及PPT汇报； 2、天津建筑考察。 3、相关讲座。	天津
第四阶段	2016年5月~6月上旬	深化场地空间环境和总体地块总图布局，完善、优化单体建筑方案设计，完成建筑设计成果和模型。	各自学校
第五阶段	约2016年06月11~12日	成果答辩、展览及交流： 1、各校最终成果展示及PPT汇报； 2、杭州运河考察。 3、交流座谈，确定下届主办单位。	浙江工业大学

12 月 12 日

全天　　建设用地现场踏勘、讨论设
计任务书，安排具体工作时间及内容

2016 年
3 月 3 日

全天　　各校老师学生到达
浙江工业大学附近

3 月 4 日

上午
9:00~10:30　　万科丁总：关于良
渚文化村建设及设计的报告
10:30~11:50　　参观大卫·奇普菲
尔德的良渚博物馆

下午
基地考察、大师作品参观：
齐欣和张雷的玉鸟流苏一期，
日本津岛事务所的良渚美丽洲堂、安
腾忠雄的良渚文化中心
参观郡西别墅和良渚君澜度假酒店。

晚上　　自由参观

3 月 5 日

上午
8:30~11:30　　王澍作品考察
特别推荐：王澍的水岸山居和隈研吾
的民俗博物馆
下午
1:00~3:30　　西溪湿地游览
参观湿地公园，江南民居风格景观建
筑及商业街
4:00~:6:50　　大师作品考察
参观西溪天堂：
悦榕庄、矶崎新的西溪湿地博物馆、
大卫·奇普菲尔德的悦居住宅、陈喜
汉的杭州曦轩酒店、
西溪天堂休闲街区、外婆家室内设计

全天　　分组制作调研报告（内容根据任务书要求）

晚上
学术报告：
烟台大学建筑学院隋杰礼的《建筑的生命》、苏州科技学院建筑系周曦的《建筑与绿化的融合》

3月8号

上午
调研报告修改

下午
PPT 汇报及点评

4月23日

8:30-12：00
分组汇报

13:30~17:30
分组汇报

19:00~20:30
学术报告

4 月 24 日

9:00~14:00
文化中心游览推荐天津博物馆内的《天津大学建筑学院设计实验教学作品展》

15:00~19：30
意大利风情街区游览，推荐参观城市规划馆

6 月 12 日

全天
分组汇报

17:00-18:00
六校老师交流，商量下一届选题及工作安排

6 月 13 日

9:30-12:00
参观京杭大运河边的拱宸桥西、博物馆区、小河直街

后记 Postscript

在开放、创新、协作、互动的氛围中，2016 年全国建筑学专业五校联合毕业设计进行了"新常态"下建筑学专业本科教学模式的新探索，收获了一份满意的答卷。

本次活动由浙江工业大学、安徽建筑大学、苏州科技学院、天津城建大学、烟台大学五所大学兄弟建筑院系联合主办，浙江万科南都房地产有限公司及丁洸付总从毕业设计预备、出题到整个活动一直积极参与，给予活动大力支持，给同学们许多成熟有效的鼓励与建议，在此，我们衷心感谢！

本书集结过程中，浙江工业大学建筑学本科学生冯建豪、唐经纬、杨泽晖、蒋志斌为版面设计与编排等付出了艰辛的劳动，在此一并感谢！

浙江工业大学

2016 年 7 月